EUL VERLAG

MARKETING, HANDEL UND MANAGEMENT

Herausgegeben von Univ.-Prof. Dr. Rainer Olbrich, FernUniversität in Hagen

Band 7
Jörg Tauberger
Konsumentengerichtete Verkaufsförderung – Verfahren zur Wirkungsmessung auf der Basis von POS-Daten
Lohmar – Köln 2008 • 370 S. • € 55,- (D) • ISBN 978-3-89936-662-4

Band 8
Marc Knuff
Die Selektion auszulistender Artikel im Einzelhandel – Ein Beitrag zur Sortimentspolitik
Lohmar – Köln 2008 • 362 S. • € 54,- (D) • ISBN 978-3-89936-663-1

Band 9
Anja Voerste
Lebensmittelsicherheit und Wettbewerb in der Distribution – Rahmenbedingungen, Marktprozesse und Gestaltungsansätze, dargestellt am Beispiel der BSE-Krise
Lohmar – Köln 2009 • 332 S. • € 62,- (D) • ISBN 978-3-89936-839-0

Band 10
Gundula Grewe
Handelsmarken und Marktdurchdringung – Ursachen und Auswirkungen auf den Konsumgüterhandel
Lohmar – Köln 2010 • 280 S. • € 58,- (D) • ISBN 978-3-89936-885-7

Band 11
Tina Schäfer
Handelsmarken und Erosion industrieller Markenartikel – Ursachen und Auswirkungen auf die Konsumgüterdistribution
Lohmar – Köln 2010 • 348 S. • € 63,- (D) • ISBN 978-3-89936-883-3

Band 12
Carsten D. Schultz
Suchmaschinenwerbung – Zur ökonomischen Wirkung der Steuerungsinstrumente unter Berücksichtigung einer Werbestrategie in Zeitungen
Lohmar – Köln 2012 • 284 S. • € 58,- (D) • ISBN 978-3-8441-0174-4

JOSEF EUL VERLAG

Reihe: Marketing, Handel und Management · Band 12

Herausgegeben von Univ.-Prof. Dr. Rainer Olbrich, FernUniversität in Hagen

Dr. Carsten D. Schultz

Suchmaschinenwerbung

Zur ökonomischen Wirkung der Steuerungsinstrumente unter Berücksichtigung einer Werbestrategie in Zeitungen

Mit einem Geleitwort von Univ.-Prof. Dr. Rainer Olbrich, FernUniversität in Hagen

EUL VERLAG

Bibliografische Information der Deutschen Nationalbibliothek

Die Deutsche Nationalbibliothek verzeichnet diese Publikation in der Deutschen Nationalbibliografie; detaillierte bibliografische Daten sind im Internet über <http://dnb.d-nb.de> abrufbar.

Dissertation, FernUniversität in Hagen, 2012, unter dem Titel: Suchmaschinenwerbung – Zur ökonomischen Wirkung der Steuerungsinstrumente unter Berücksichtigung der gleichzeitigen Schaltung von Zeitungsanzeigen

ISBN 978-3-8441-0174-4
1. Auflage August 2012

JOSEF EUL VERLAG GmbH
Brandsberg 6
53797 Lohmar
Tel.: 0 22 05 / 90 10 6-6
Fax: 0 22 05 / 90 10 6-88
E-Mail: info@eul-verlag.de
http://www.eul-verlag.de

Bei der Herstellung unserer Bücher möchten wir die Umwelt schonen. Dieses Buch ist daher auf säurefreiem, 100% chlorfrei gebleichtem, alterungsbeständigem Papier nach DIN 6738 gedruckt.

Geleitwort des Herausgebers

Die Schriftenreihe „Marketing, Handel und Management" greift Themenstellungen auf, die in besonderer Weise marktgerichtete Managementprobleme betreffen. Hiermit sind Problemstellungen angesprochen, die das industrielle Marketing, das Marketing des Handels und des Dienstleistungssektors, aber auch marktgerichtete Managementprobleme sonstiger Institutionen (z. B. aus den Bereichen Politik und Gesellschaft) unmittelbar betreffen oder berühren.

Der zwölfte Band dieser Schriftenreihe, der von Herrn Dr. Schultz in Form seiner Dissertationsschrift vorgelegt wird, befasst sich am Beispiel eines Dienstleistungsunternehmens mit der Suchmaschinenwerbung. Obwohl diese Werbemaßnahme in der unternehmerischen Praxis eine zunehmende Verbreitung erfährt, war bislang eine umfassende wissenschaftliche Auseinandersetzung mit der Suchmaschinenwerbung und ihrer ökonomischen Wirkung nicht Gegenstand wissenschaftlicher Publikationen. Diese Forschungslücke schließt die vorliegende Arbeit.

Die von Herrn Dr. Schultz verfasste Arbeit beschäftigt sich zum einen mit der Beantwortung der Frage, welchen Beitrag einzelne Steuerungsinstrumente der Suchmaschinenwerbung zur Erreichung des ökonomischen Werbeziels leisten. Vor dem Hintergrund, dass üblicherweise mehrere kommunikationspolitische Maßnahmen kombiniert eingesetzt werden, wird zum anderen die Frage, welchen Einfluss die paralle Schaltung von Zeitungsanzeigen auf die Zielgrößen der Suchmaschinenwerbung ausübt, beantwortet. Mit der Untersuchung der Steuerungsinstrumente der Suchmaschinenwerbung sowie des Einflusses von Zeitungsanzeigen auf die ökonomische Wirkung der Suchmaschinenwerbung legt Herr Dr. Schultz eine umfassende Analyse zur Suchmaschinenwerbung und ihrer ökonomischen Wirkung vor.

Anhand der dreijährigen Werbeaktivitäten eines Dienstleistungsunternehmens exemplifiziert die Arbeit ein Verfahren, das in der Lage ist, die ökonomischen Wirkungen zu schätzen. Unternehmen wird hiermit ein Verfahren aufgezeigt, das die Wirkung der Steuerungsinstrumente mit Blick auf eine ökonomische Zielgröße offenlegt. Anhand der vorliegenden Untersuchung werden erstmals empirisch belastbare Ergebnisse zum Vergleich einzelner Steuerungsinstrumente der Suchmaschinenwerbung präsentiert.

Zu der aus Sicht der Wissenschaft und der Praxis hochrelevanten Frage möglicher Wechselwirkungen zwischen der Suchmaschinenwerbung und der gleichzeitigen Schaltung von Zeitungsanzeigen liefert die empirische Untersuchung die Antwort, dass ein Teil der durch die Werbemaßnahmen realisierten ökonomischen Ergebnisgröße auf den kombinierten Einsatz beider Werbemaßnahmen zurückzuführen ist. Die durch Zeitungsanzeigen aktivierten Interessenten nutzen teilweise die Suchmaschinenwerbung als Wegweiser zu den Unternehmenswebseiten.

Das Werk verdient ein ausgeprägtes Interesse sowohl von Seiten der Wissenschaft als auch von der unternehmerischen Praxis. Angesichts der von Herrn Dr. Schultz aufgezeigten Erkenntnisse besteht für Unternehmen die Notwendigkeit, klassische Werbemaßnahmen mit einer zumindest geringen Präsenz von Suchanzeigen zu kombinieren, um nicht einen Teil der aktivierten Interessenten der Konkurrenz zu überlassen. Im Umkehrschluss können Unternehmen mit geringem Werbebudget durch die Suchmaschinenwerbung an den klassischen Werbeaktivitäten der Konkurrenz partizipieren und sich als Alternative bei den bereits aktivierten Interessenten präsentieren.

Hagen, im Mai 2012

Univ.-Prof. Dr. Rainer Olbrich

Vorwort des Autors

Auch die längste Forschungsreise beginnt mit einem ersten Schritt – mit der Suche nach einem bedeutsamen, herausfordernden und faszierenden Promotionsthema. Dass mich das Thema ‚Suche' in den folgenden Jahren auf so vielfältige Weise begleiten würde, ist nun Gegenstand der Geschichte.

Die vorliegende Schrift zum Thema Suchmaschinenwerbung fand ihren Ursprung in der Zusammenarbeit mit dem kooperierenden Dienstleistungsunternehmen. Mit Erstaunen ist die geringe wissenschaftliche Auseinandersetzung mit der ökonomischen Wirkung der Suchmaschinenwerbung, trotz ihrer hohen Verbreitung und praktischen Relevanz, festzustellen. Durch die theoretische und empirische Fundierung der Suchmaschinenwerbung sowie der Instrumente zur Steuerung einer Suchmaschinenwerbekampagne wird dieser Forschungslücke in dieser Arbeit begegnet und so eine sukzessive Theoriebildung zur Suchmaschinenwerbung ermöglicht. Mit der Zielsetzung, einen Zusammenhang zwischen klassischer Anzeigenschaltung in Zeitungen und der Suchmaschinenwerbung aufzuzeigen, geht die Dissertation den ersten Schritt, die in Praxis und Wissenschaft anhaltend aktuelle und relevante Frage zu ergründen: Wie sind die indirekten Wirkungszusammenhänge bei gleichzeitiger Schaltung mehrerer Werbemaßnahmen in deren Evaluation und Planung einzubeziehen?

Auf dieser Forschungsreise haben mich eine Reihe von Menschen begleitet, die alle auf ihre Weise einen Beitrag zum Erfolg meines Promotionsvorhabens beigetragen haben. Ihnen möchte ich recht herzlich danken.

Mein besonderer Dank gilt meinem akademischen Lehrer, Herrn Univ.-Prof. Dr. Rainer Olbrich, für seine Unterstützung und fachliche Betreuung. Durch die mir eröffneten Freiräume und vor allem sein Vertrauen hat er zum Gelingen der vorliegenden Arbeit beigetragen und meine fachliche Entwicklung stets gefördert. Herrn Univ.-Prof. Dr. Hermann Gehring danke ich für seinen Zuspruch und die Übernahme des Koreferats.

Des Weiteren danke ich der Geschäftsführung des Dienstleistungsunternehmens, ohne deren Bereitschaft dieses Forschungsvorhaben nicht hätte realisiert werden können. Für die gute Zusammenarbeit im Rahmen der Datenerhebung bedanke ich mich bei den Mitarbeitern des Unternehmens.

Meinen Kollegen am Lehrstuhl danke ich für die gemeinsame Zeit, die gute Arbeitsatmosphäre und ihre Bereitschaft über Themen von fachlicher bis alltäglicher Natur zu diskutieren.

Meinen Vorgängern in der vorliegenden Schriftenreihe Prof. Dr. Dirk Battenfeld, Dr. Carl-Christian Buhr, Dr. Marc Knuff, Prof. Dr. René Peisert, Dr. Tina Schäfer, Dr. Jörg Tauberger und Dr. Anja Voerste gelang es durch ihr Vorbild und ihren Zuspruch, das Unbehagen auf das Projekt Dissertation zu nehmen. Für den Austausch über den Weg des Wissenschaftlers danke ich ihnen.

Für ihre Hilfsbereitschaft und freundliche Unterstützung auf den letzten Schritten dieser Schrift gilt meinen Kollegen Patrick Bormann, Dr. Gundula Grewe, Christian Holsing, Michael Hundt, Hans Christian Jansen, Ruth Orenstrat und Benedikt Teller mein herzlicher Dank.

Mit Patric Albrecht teilte ich mir während unserer gemeinsamen Anfangszeit das Büro und die Gedankenwelt zum Electronic Marketing. Durch seine freundliche und offene Art, gepaart mit seiner Diskussionsfreude und Hilfsbereitschaft, hat er zur Realisierung einer Reihe von Projekten beigetragen.

Meiner Familie und meinen Freunden danke ich für ihr Vertrauen und ihre Zuversicht in meinen Forschungsweg. Unseren gemeinsamen Freizeitaktivitäten verdanke ich die notwendige Ablenkung. Ihnen danke ich insbesondere für den Blick über den fachlichen Tellerrand hinaus sowie die Perspektive auf die wichtigen Dinge neben der Dissertation.

Nadine Marth bin ich neben zahlreichen Hilfestellungen für ihren liebevollen Rückhalt zu Dank verpflichtet. Ihre Ausdauer das Thema mitzuleben und ihr Verständnis für Schreibtischsitzungen haben maßgeblich zur Fertigstellung dieser Schrift beigetragen.

Zu guter Letzt möchte ich insbesondere meinen Eltern, Marlene und Werner Schultz, für die Liebe und Zuversicht danken, mit der sie mich jederzeit in allen Phasen meines Lebensweges begleitet haben. Meine persönlichen Ziele haben sie stets unterstützt und mir alle erdenklichen Freiheiten gegeben, um diese Ziele zu verwirklichen.

Meiner Familie widme ich diese Schrift.

Essen, im Mai 2012

Carsten Schultz

Inhaltsverzeichnis

Geleitwort des Herausgebers V

Vorwort des Autors VII

Abbildungsverzeichnis XV

Abkürzungsverzeichnis XIX

1. Die Stellung der Suchmaschinenwerbung im Werbemarkt 1

1.1. Problemstellung und untersuchungsleitende Fragestellungen 1

1.2. Wissenschaftstheoretische Einordnung 6

1.3. Aufbau der Untersuchung 9

2. Grundlagen der Suchmaschinenwerbung 15

2.1. Überblick 15

2.2. Einführung in die Suchmaschinenwerbung 16

2.2.1. Einordnung der Suchmaschinenwerbung in das Suchmaschinenmarketing 16

2.2.2. Funktionsweise der Suchmaschinenwerbung 20

2.2.3. Prozess der Suchmaschinenwerbung 24

2.2.4. Faktoren und Instrumente der Suchmaschinenwerbung 29

2.2.5. Zusammenfassung und Bewertung der Suchmaschinenwerbung 36

2.3. Stand der Suchmaschinenwerbung im Schrifttum 40

2.3.1. Überblick 40

2.3.2. Auktionsdesign der Suchmaschinenwerbung 42

2.3.2.1. Verfahren zur Auktionierung der Suchmaschinenwerbung ... 42

2.3.2.2. Algorithmus zur Rangbildung der Werbeanzeigen 47

2.3.2.3. Bepreisung von Werbeanzeigen in Suchmaschinen 50

2.3.2.4. Bietverhalten, Bietstrategien und Bietsysteme 54

2.3.3. Suchverhalten von Suchmaschinennutzern 58

2.3.4. Identifikation und Selektion von Suchworten 63

2.3.5. Klickbetrug 69

2.3.6. Zum parallelen Einsatz von klassischen und Online-Werbemaßnahmen ... 76
2.4. Ableitung der Hypothesen ... 83
2.4.1. Überblick ... 83
2.4.2. Zum Einfluss von Zeitungsanzeigen auf die Suchmaschinenwerbung ... 84
2.4.3. Zum Einfluss von Instrumenten zur Steuerung der Suchmaschinenwerbung ... 86
2.4.4. Zum Verhalten der Zielgruppe im Rahmen der Suchmaschinenwerbung ... 91
2.5. Zwischenfazit zum zweiten Kapitel ... 94

3. Methodische Grundlagen und Vorgehensweise der empirischen Untersuchung ... 97
3.1. Einführung in die Strukturgleichungsmodellierung ... 97
3.2. Verfahren zur Schätzung von Strukturgleichungsmodellen ... 103
3.3. Validierung von varianzbasierten Strukturgleichungsmodellen ... 111
3.3.1. Gütebeurteilung reflektiver Messmodelle ... 111
3.3.2. Gütebeurteilung des Strukturmodells ... 118
3.4. Zwischenfazit zum dritten Kapitel ... 125

4. Empirische Befunde zur ökonomischen Wirkung der Suchmaschinenwerbung ... 127
4.1. Aufbau der empirischen Untersuchung ... 127
4.2. Datengrundlage der Untersuchung ... 128
4.2.1. Einführung in die Datengrundlage ... 128
4.2.2. Erfassung und Aufbereitung der Daten ... 133
4.2.3. Besondere Charakteristika der Datengrundlage ... 137
4.3. Operationalisierung der Daten ... 144
4.4. Empirische Ergebnisse der Untersuchung ... 147
4.4.1. Darstellung der Untersuchungsergebnisse ... 147

4.4.2. Empirische Ergebnisse auf Basis der Datengrundlage 148
4.4.2.1. Überblick 148
4.4.2.2. Güteprüfung der Messmodelle 150
4.4.2.3. Güteprüfung des Strukturmodells 157
4.4.2.4. Diskussion der Untersuchungsergebnisse 166
4.4.3. Empirische Ergebnisse auf Basis der Suchmaschinenwerbedaten 171
4.4.3.1. Überblick 171
4.4.3.2. Güteprüfung der Messmodelle unter Berücksichtigung der Nutzer der Suchmaschinenwerbung 172
4.4.3.3. Güteprüfung des Strukturmodells unter Berücksichtigung der Nutzer der Suchmaschinenwerbung 177
4.4.3.4. Interpretation der Ergebnisse auf Basis der Suchmaschinenwerbedaten 183
4.5. Weiterführende Analysen 187
4.5.1. Überblick 187
4.5.2. Zum Einfluss der Suchmaschinennutzung auf das Such- und Surfverhalten 187
4.5.3. Zum Einfluss der Mediennutzung auf den Vertragsabschluss 194
4.6. Würdigung der empirischen Resultate 200
4.7. Zwischenfazit zum vierten Kapitel 203

5. Fazit und Ausblick 207
5.1. Zusammenfassung und Implikationen der zentralen Ergebnisse 207
5.2. Ausblick auf zukünftige Forschung 213

Literaturverzeichnis 217

Abbildungsverzeichnis

Abb. 1: Entwicklung des deutschen Werbemarktes ... 2
Abb. 2: Entwicklung des deutschen Online-Werbemarktes ... 2
Abb. 3: Entwicklung des US-amerikanischen Online-Werbemarktes ... 3
Abb. 4: Analyseschritte der Untersuchung ... 12
Abb. 5: Aufteilung des Marktes für Suchanfragen im Jahr 2011 ... 17
Abb. 6: Instrumente des Suchmaschinenmarketing ... 20
Abb. 7: Idealtypischer Ablaufprozess der Suchmaschinenwerbung ... 21
Abb. 8: Zielgrößen der Suchmaschinenwerbung ... 24
Abb. 9: Prozess der Suchmaschinenwerbung ... 26
Abb. 10: Einflussfaktoren der Suchmaschinenwerbung ... 30
Abb. 11: Charakteristika der Suchmaschinenwerbung ... 40
Abb. 12: Ergebnis einer Blickaufzeichnungsstudie bei den Suchmaschinenanbietern Google, MSN und Yahoo ... 59
Abb. 13: Arten des Klickbetruges ... 71
Abb. 14: Trend der Messgrößen im Fall von Klickbetrug ... 71
Abb. 15: Ebenen eines Systems zur Erkennung von Klickbetrug ... 73
Abb. 16: Profitabilitätsbetrachtung unter Berücksichtigung betrügerischer Klicks .. 74
Abb. 17: Studien zum Vergleich von Kommunikationsmaßnahmen im Internet und in anderen Medien ... 80
Abb. 18: Untersuchungsmodell ... 84
Abb. 19: Vergleich von varianz- und kovarianzbasierten Ansätzen zur Analyse von Strukturgleichungsmodellen ... 108
Abb. 20: Kriterien zur Gütebeurteilung von Messmodellen ... 118
Abb. 21: Kriterien zur Gütebeurteilung eines Strukturmodells ... 125
Abb. 22: Beispiel eines Eintrages im NCSA Combined Log Format ... 131
Abb. 23: Verteilung der Informationsanfragen im Untersuchungszeitraum ... 133
Abb. 24: Reichweite der Werbemaßnahmen pro Woche ... 138
Abb. 25: Verlauf der Werbeausgaben pro Woche ... 139
Abb. 26: Verteilung der Zeitungsanzeigen pro Wochentag ... 139

Abb. 27: Verlauf der Anzeigenschaltung abhängig vom Wochentag 140
Abb. 28: Zeitdifferenz zwischen Informationsanforderung und Vertragsschluss ... 143
Abb. 29: Kennzahlen der Suchmaschinenwerbung pro Woche im Überblick 147
Abb. 30: Modell zum parallelen Einsatz von Suchmaschinenwerbung und Zeitungsanzeigen 149
Abb. 31: Ergebnisse der Prüfung der Inhaltsvalidität 152
Abb. 32: Indikatorreliabilität 154
Abb. 33: Diskriminanzvalidität anhand des Fornell-Larcker-Kriteriums 156
Abb. 34: Diskriminanzvalidität anhand von Kreuzladungen 157
Abb. 35: Ergebnisse der Beziehungen im Strukturmodell 159
Abb. 36: Effektstärken der latenten Variablen 162
Abb. 37: Konstruktbezogene Stone-Geisser-Werte Q^2 164
Abb. 38: Pfadbezogene Stone-Geisser-Werte q^2 165
Abb. 39: Totaleffekte in Bezug auf die Zahl an Vertragsabschlüssen 169
Abb. 40: Modell zum parallelen Einsatz von Anzeigen in Suchmaschinen und in Zeitungen unter Berücksichtigung der Nutzer der Suchmaschinenwerbung 171
Abb. 41: Ergebnisse der Prüfung der Inhaltsvalidität 173
Abb. 42: Indikatorreliabilität unter Berücksichtigung der Suchmaschinendaten 174
Abb. 43: Diskriminanzvalidität anhand des Fornell-Larcker-Kriteriums unter Berücksichtigung der Suchmaschinendaten 175
Abb. 44: Diskriminanzvalidität anhand von Kreuzladungen unter Berücksichtigung der Suchmaschinendaten 176
Abb. 45: Ergebnisse der Beziehungen im Strukturmodell unter Berücksichtigung der Nutzer der Suchmaschinenwerbung 178
Abb. 46: Effektstärken f^2 der latenten Variablen unter Berücksichtigung der Suchmaschinendaten 181
Abb. 47: Pfadbezogene Stone-Geisser-Werte q^2 unter Berücksichtigung der Nutzer der Suchmaschinenwerbung 182
Abb. 48: Konstruktbezogene Stone-Geisser-Werte Q^2 unter Berücksichtigung der Nutzer der Suchmaschinenwerbung 182

Abb. 49: Totaleffekte in Bezug auf die Zahl an Vertragsabschlüssen unter Berücksichtigung der Nutzer der Suchmaschinenwerbung 186
Abb. 50: Such- und Surfverhalten abhängig von der Nutzung einer Suchmaschine und vom Kontakt mit einer Suchmaschinenwerbeanzeige 189
Abb. 51: Deskriptive Ergebnisse der nicht-parametrischen Analyse 190
Abb. 52: Einfluss der Nutzung einer Suchmaschine sowie der Suchmaschinenwerbung auf die Verweildauer und die Verweiltiefe 191
Abb. 53: Interaktionsdiagramm für die Verweildauer 192
Abb. 54: Einfluss auf das Such- und Surfverhalten 193
Abb. 55: Vertragsabschlussquoten 195
Abb. 56: Vertragsabschlüsse abhängig vom Ursprung der Informationsanfrage 196
Abb. 57: Entscheidungsdauer in Tagen abhängig vom Ursprung der Informationsanfrage 198

Abkürzungsverzeichnis

Abb.	Abbildung
ACM	Association for Computing Machinery
akt.	aktualisierte
Aufl.	Auflage
Bd.	Band
bspw.	beispielsweise
BVDW	Bundesverband Digitaler Wirtschaft e. V.
bzgl.	bezüglich
bzw.	beziehungsweise
ca.	circa
d. h.	das heißt
DEV	durchschnittlich erfasste Varianz
durchges.	durchgesehene
Diss.	Dissertation
e. V.	eingetragener Verein
ed.	editor
eds.	editors
erg.	ergänzte
erw.	erweiterte
et al.	et alii
f.	folgende [Seite]
ff.	fortfolgende [Seiten]
ggf.	gegebenenfalls

GoF-Index	Goodness-of-Fit-Index
GSCA	Generalized Structured Component Analysis
Hrsg.	Herausgeber
i. d. R.	in der Regel
IAB	Interactive Advertising Bureau
IP	Internet Protokoll
IVW	Informationsgemeinschaft zur Feststellung der Verbreitung von Werbeträgern e.V.
Jg.	Jahrgang
korr.	korrigierte
KW	Kalenderwoche
n. s.	nicht signifikant
NCSA	National Center for Supercomputing Applications
No.	Number
Nr.	Nummer
o. Nr.	ohne Nummer
o. O.	ohne Ortsangabe
o. S.	ohne Seite
o. V.	ohne Verfasser
OVK	Online Vermarkterkreis
p.	page
PLS	Partial Least Squares
pp.	pages
S.	Seite
u.	und

u. a.	unter anderem (bei Literaturangaben: und andere)
u. U.	unter Umständen
überarb.	überarbeitete
Univ.	Universität
US	United States
USA	United States of America
vgl.	vergleiche
VDauer	Verweildauer
Vol.	Volume
vollst.	vollständig
vs.	versus
VTiefe	Verweiltiefe
w/o	ohne
z. B.	zum Beispiel
zugl.	zugleich

1. Die Stellung der Suchmaschinenwerbung im Werbemarkt

1.1. Problemstellung und untersuchungsleitende Fragestellungen

Mit der Verbreitung der modernen Informations- und Kommunikationstechnologie haben sich wesentliche Veränderungen in Gesellschaft, Politik und Wirtschaft ergeben. Dieser technologische Fortschritt hat z. B. zu einem Wandel betrieblicher Prozesse geführt und neuartige Möglichkeiten geschaffen, potenzielle Interessenten zu erreichen und mit ihnen zu interagieren. Die Erweiterung der unternehmerischen Absatz- und Beschaffungspolitik mittels dieser Informations- und Kommunikationstechnologien wird als Electronic Marketing bezeichnet.[1] Insbesondere die digitale Vernetzung durch das Internet stellt eine Basistechnologie des Electronic Marketing dar. Neben der Nutzung als Absatzkanal hat das Internet als Medium für kommunikationspolitische Maßnahmen an Bedeutung gewonnen.[2] Im Rahmen der Online-Werbung sind vor allem die zielgerichtete Ansprache von Interessenten und die verbesserte Werbeerfolgskontrolle als wesentliche Vorteile des Mediums anzusehen.[3] Diese Vorteile und die weite Verbreitung des Internet dürften auch den kontinuierlich wachsenden Anteil der Online-Werbung am Werbemarkt teilweise erklären.

Die Entwicklung des deutschen Werbemarktes in Bezug auf das Marktvolumen, gemessen in Euro (€), ist in Abbildung 1 dargestellt. Seit der Erfassung durch den Online-Vermarkterkreis (OVK) des Bundesverbandes Digitaler Wirtschaft (BVDW) e. V. ist der Anteil des Internet am deutschen Werbemarkt kontinuierlich angestiegen, während vornehmlich der Anteil der Printmedien, in Form von Fachzeitschriften, Publikumszeitschriften und Zeitungen, zurückgegangen ist.

---

1 Vgl. für eine Einführung FRITZ 2004, S. 131-140 sowie OLBRICH 2006, S. 211-213.

2 Vgl. Abbildung 1.

3 Vgl. zu den Vorteilen des Internet einführend FRITZ 2004, S. 140-144.

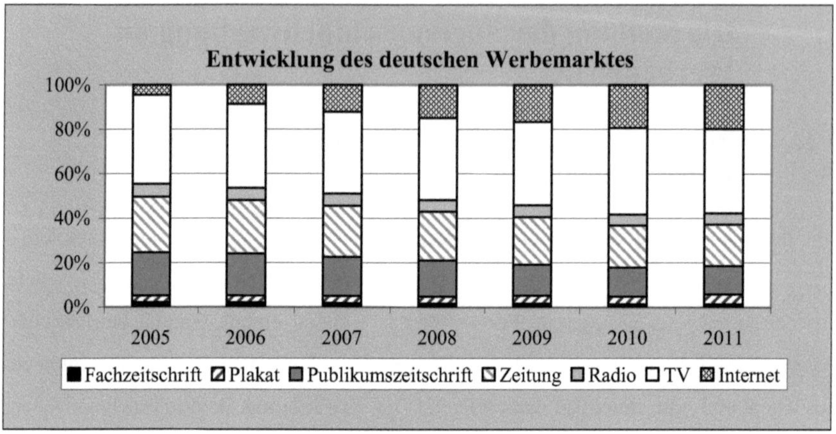

Abb. 1: Entwicklung des deutschen Werbemarktes[4]

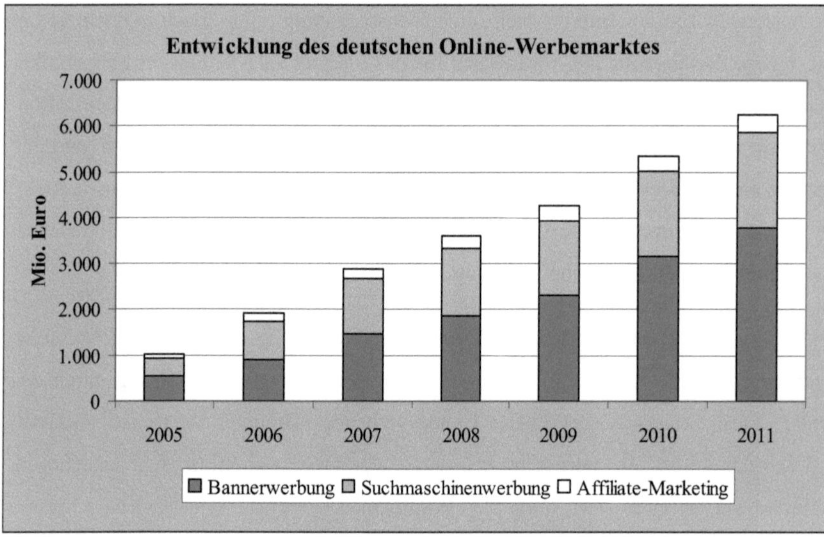

Abb. 2: Entwicklung des deutschen Online-Werbemarktes[5]

---

4 Erstellt in Anlehnung an den Online-Vermarkterkreis (OVK) des Bundesverbandes Digitaler Wirtschaft (BVDW) e. V. 2006-2011. Die Werte für das zweite Halbjahr 2011 beruhen auf Hochrechnungen des OVK.

5 Erstellt nach Angaben des OVK 2006-2011, der den Begriff ‚klassische Online-Werbung' verwendet. Zur Abgrenzung zum generischen Begriff ‚Online-Werbung'

Abbildung 2 verdeutlicht das stetige Wachstum des Online-Werbemarktvolumens. Den größten Marktanteil weist in dem Zeitraum von 2005 bis 2011 jeweils die Bannerwerbung auf, gefolgt von Suchmaschinenwerbung und Affiliate-Marketing. Ein Blick auf den US-amerikanischen Online-Werbemarkt bestätigt die Bedeutung der Suchmaschinenwerbung, die einen dominanten Anteil am Werbemarkt besitzt und im Jahr 2010 einen Anteil am US-amerikanischen Online-Werbemarkt von 49 % aufweist. Aus Sicht der Werbetreibenden erscheint die selektive Ansprache potenzieller Interessenten in Abhängigkeit von der Suchanfrage im Rahmen der Suchmaschinenwerbung im Vergleich zu anderen Maßnahmen besonders attraktiv. Die Zielgruppe kann so zu einem Zeitpunkt erreicht werden, zu dem die einzelnen Suchenden bereits thematisch aktiviert und involviert sind.

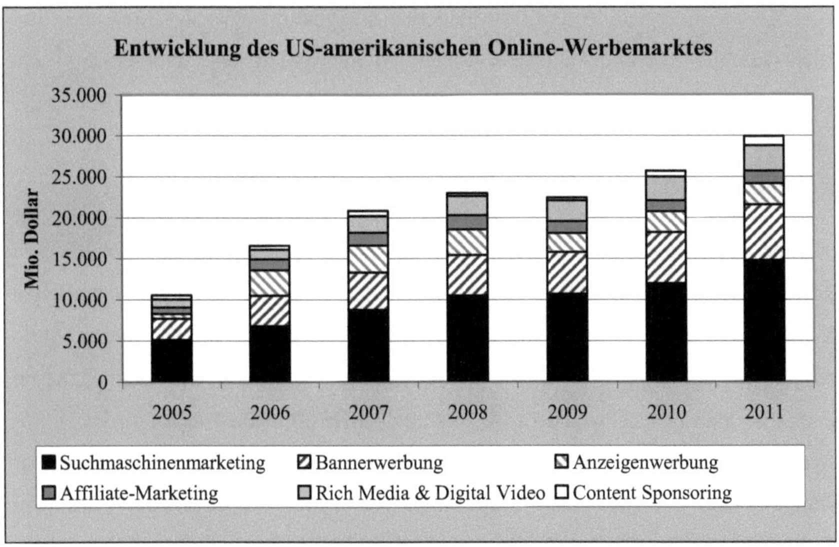

Abb. 3: Entwicklung des US-amerikanischen Online-Werbemarktes[6]

wird hier der Begriff ‚Bannerwerbung‘ gewählt. Die Werte für das zweite Halbjahr 2011 beruhen auf Hochrechnungen des OVK.

6 Erstellt in Anlehnung an Angaben des Interactive Advertising Bureau (IAB) 2006-2012. Vergleichbar zur ‚klassischen Online-Werbung‘ des OVK lassen sich im Sinne des IAB

In Relation zur zunehmenden Verbreitung der Suchmaschinenwerbung in der unternehmerischen Werbeplanung ist die wissenschaftliche Auseinandersetzung mit diesem Instrument bisher unterrepräsentiert. Der wissenschaftliche Diskurs konzentriert sich bislang vorwiegend darauf, an bestehende Forschungsfelder anzuknüpfen und Erkenntnisse auf Teilbereiche der Suchmaschinenwerbung zu transferieren. Im Fokus der Untersuchungen liegen insbesondere das Auktionsdesign, das Suchverhalten, die Keywordgenerierung und die Behandlung von Klickbetrug.[7] Eine eigenständige, umfassende Analyse der Suchmaschinenwerbung existiert dagegen noch nicht.

Insbesondere die Analyse der ökonomischen Werbewirkung der Suchmaschinenwerbung wird bisher weitgehend vernachlässigt.[8] Auf die Notwendigkeit einer tiefergehenden Auseinandersetzung mit dem Instrument der Suchmaschinenwerbung weist auch WINER in seinem Aufsatz zu aktuellen Forschungsfragen des Marketing mit Blick auf die kommunikationspolitischen Möglichkeiten des Internet hin.[9] Zu konstatieren ist, dass eine wissenschaftliche Analyse der ökonomischen Wirkung der Suchmaschinenwerbung trotz ihrer Relevanz bisher fehlt. Diese Forschungslücke soll in der vorliegenden Arbeit geschlossen werden.

Für eine zieladäquate Steuerung eines Kommunikationsinstruments ist letztendlich zu identifizieren, welchen Beitrag einzelne Instrumente zur Erreichung des ökonomischen Werbeziels leisten. In Abhängigkeit von dem Grad ihrer Wirkung können diese Instrumente in unterschiedlichem Maße dazu geeignet sein, eine Werbekampagne im Sinne ihrer Zielsetzung zu steuern. Als unmittelbare Instrumente werden die Keywordanzahl, das Wochenbudget, die Keywordübereinstimmung und der Gebotsbetrag zur Steuerung einer Suchmaschinenwerbekampagne analysiert. Als mittelbares Instrument der Suchmaschinenwerbung wird in dieser Arbeit die Klickrate untersucht. Die Klick-

die Bannerwerbung, die Anzeigenwerbung, Rich Media und Digital Video sowie das Content Sponsoring zusammenfassen.

7 Für einen Literaturüberblick zum Stand der Suchmaschinenwerbung vgl. Abschnitt 2.3. der vorliegenden Untersuchung.

8 Für relevante Ausnahmen vgl. GOLDFARB/TUCKER 2008; GHOSE/YANG 2009; OLBRICH/SCHULTZ 2010a; RUTZ/BUCKLIN 2010 sowie YANG/GHOSE 2010.

9 Vgl. WINER 2009, S. 115.

rate bezeichnet die Relation von angeklickten zu eingeblendeten Anzeigen, die über die Auswahl der Suchworte sowie der Anzeigen im Sinne eines regelkreisförmigen Zusammenhanges beeinflusst werden kann.

Zielsetzung der vorliegenden Arbeit ist, vor dem Hintergrund der Datenbasis[10] an einer realen Suchmaschinenwerbekampagne eines Dienstleistungsunternehmens ein Vorgehen zu exemplifizieren, das einen Vergleich der zentralen Steuerungsinstrumente mit Blick auf die Realisierung des ökonomischen Werbeziels der Suchmaschinenwerbung ermöglicht. Für die Daten der vorliegenden Suchmaschinenwerbekampagne wird der Beitrag der einzelnen Instrumente zur Erreichung eines Vertragsabschlusses als ökonomische Zielgröße ermittelt und in Relation zueinander gesetzt.

Neben der Ermittlung der direkten Wirkungen einzelner kommunikationspolitischen Instrumente sind auch indirekte Wirkungen, die z. B. bei zwei parallel geschalteten Werbekanälen auftreten, in die Bewertung der Maßnahmen einzubeziehen. Entscheidungsträger im Marketing sind nicht zuletzt aufgrund der zunehmenden Kapitalmarktorientierung an einer möglichst zeitnahen und monetären Bewertung der getätigten Maßnahmen interessiert. Diese dient einerseits der vergangenheitsorientierten Evaluation und andererseits als Grundlage für die Planung des zukünftigen Einsatzes des kommunikationspolitischen Instrumentariums. Im Rahmen des kommunikationspolitischen Instrumentariums werden üblicherweise mehrere Maßnahmen kombiniert eingesetzt.

Für die gleichzeitige Schaltung klassischer Anzeigenwerbung und Suchmaschinenwerbeanzeigen ist jedoch bisher ungeklärt, ob sich die Maßnahmen beeinflussen oder ob kein Zusammenhang besteht. Führt die Schaltung von Zeitungsanzeigen zu einem erhöhten Informationsbedarf der Interessenten, der zu einer Informationssuche im Internet führt? Oder suchen die durch die Zeitungsanzeigen aktivierten Interessenten die Internetseiten des werbenden Unternehmens direkt auf? Die Antwort beeinflusst

10 Vgl. hierzu auch die Ausführungen zur wissenschaftstheoretischen Einordnung in Abschnitt 1.2. Eine ausführliche Einführung in die Datenbasis erfolgt in Abschnitt 4.2.; zu deren Operationalisierung siehe Abschnitt 4.3.

nicht zuletzt die Evaluation der Werbemaßnahmen und die Planung des zukünftigen Werbemixes.

Die vorliegende Untersuchung trägt anhand der Werbeaktivitäten eines Dienstleistungsunternehmens dazu bei, die Frage zu beantworten, inwiefern die klassische Anzeigenwerbung einen Effekt auf die Zielgrößen der Suchmaschinenwerbung ausübt. Die Perspektive, die Anzeigenwerbung als Unterstützung der Suchmaschinenwerbung zu betrachten, ist in dieser Arbeit der Auseinandersetzung mit dem im Vergleich zur Anzeigenwerbung jüngeren Instrument der Suchmaschinenwerbung geschuldet. Ob die Schaltung von Anzeigen die Zielgrößen einer Suchmaschinenwerbekampagne beeinflusst, wird in dieser Arbeit am Beispiel der Suchmaschinenwerbung bei gleichzeitiger Anzeigenschaltung in Zeitungen analysiert. Die Aussagen lassen sich allerdings auf die entgegengesetzte Perspektive, also die Wirkung der Suchmaschinenwerbung als unterstützende kommunikationspolitische Maßnahme zur klassischen Anzeigenwerbung, übertragen.

Als Fragestellungen der vorliegenden Untersuchung lassen sich zur Erforschung der ökonomischen Werbewirkung der Suchmaschinenwerbung folglich formulieren:

- Welchen Beitrag leisten einzelne Steuerungsinstrumente der Suchmaschinenwerbung zur Erreichung des ökonomischen Werbeziels?
- Welchen Einfluss übt die parallele Schaltung von Zeitungsanzeigen auf die Zielgrößen einer Suchmaschinenwerbekampagne aus?

1.2. Wissenschaftstheoretische Einordnung

Gegenstand der wirtschaftswissenschaftlichen Forschung sind im Allgemeinen reale Phänomene, die im Bereich dynamischer und offener Systeme einzuordnen sind und zwangsläufig dem Wandel der Realität unterliegen.[11] Auch bei dem vorliegenden Untersuchungsgegenstand handelt es sich um reale Phänome im Bereich dynamischer und offener Systeme.

---

11 Vgl. hierzu vertiefend OLBRICH/BATTENFELD/BUHR 2011, S. 16.

Der Wandel der Realität führt insbesondere bei der Konzipierung und Interpretation des Aussagegehalts empirischer Forschung zu der Frage der Zeitgebundenheit der erklärenden Aussagen. Als Ziel wirtschaftswissenschaftlicher Forschung wird deshalb formuliert, die „hinter den zeitgebundenen Phänomenen ablaufenden Mechanismen des Wandels zu erklären.“[12] Zielsetzung ist nicht nur, die Entwicklung der untersuchten Phänomene durch Beschreibung und Systematisierung nachzuzeichnen, sondern durch Erklärung und Prognose Hinweise für eine mögliche Gestaltung dieser Phänomene zu geben.

In der wissenschaftstheoretischen Betrachtung im wirtschaftwissenschaftlichen Schrifttum werden oft deskriptive, theoretische, pragmatische und normative Forschungsziele differenziert.[13] Die vorliegende Untersuchung weist Elemente aller vier Zielarten auf und lässt sich nicht auf eines der Forschungsziele reduzieren.

Mit der Einführung in die Suchmaschinenwerbung und der Erfassung des aktuellen Forschungsstandes wird zunächst ein deskriptives Forschungsziel verfolgt. Zielsetzung ist hierbei, für ein vergleichsweise neuartiges Instrument des Marketing, wie die Suchmaschinenwerbung, ein Verständnis der begrifflichen Grundlagen sowie der grundsätzlichen Funktionsweise zu schaffen. Ausgehend von dem erarbeiteten Verständnis werden auf Basis dieses aktuellen Erkenntnisstandes die Hypothesen der vorliegenden empirischen Untersuchung abgeleitet und in einem Untersuchungsmodell zusammengeführt.

Gegenstand des theoretischen Forschungsziels ist in dieser Untersuchung der Ausbau des aktuellen Wissensstandes. Die Untersuchung der identifizierten Leitfragen zu den Steuerungsinstrumenten der Suchmaschinenwerbung sowie dem Einfluss von Zeitungsanzeigen auf die ökonomische Wirkung der Suchmaschinenwerbung führt den Erkenntnisfortschritt herbei, um sukzessive eine Theoriebildung zur Suchmaschinenwerbung zu ermöglichen.

---

12 OLBRICH/BATTENFELD/BUHR 2011, S. 19.

13 Vgl. zu dieser Einteilung z. B. HEINEN 1969, S. 209-211; SCHWEITZER 1978, S. 3-9 sowie CHMIELEWICZ 1994, S. 9.

Zu der pragmatischen Relevanz der Untersuchung trägt die am Beispiel eines Dienstleitungsunternehmens durchgeführte Analyse bei. Mittels der erhobenen Datengrundlage lassen sich die Charakteristika des Untersuchungsgegenstandes identifizieren und eine adäquate Berücksichtigung dieser Charakteristika aufzeigen. Die Ergebnisse und deren Implikationen besitzen folglich eine gewisse Anwendungsrelevanz.

Aufgrund der Anlage der Arbeit nimmt die normative Zielseztung insgesamt eine nachrangige Bedeutung ein. Im Vordergrund steht die Entwicklung eines exemplarischen Vorgehens, das zeigt, wie der parallele Einsatz von Suchmaschinenwerbung und Zeitungsanzeigen sowie die Wirkung einzelner Instrumente der Suchmaschinenwerbung analysiert werden kann, und weniger die Ableitung allgemeingültiger Aussagen über die Wirkung dieser Instrumente.[14] Abgeleitete normative Aussagen erheben folglich nicht den Anspruch uneingeschränkter Übertragbarkeit.

Der Erkenntnisfortschritt der vorliegenden Untersuchung steht insofern in der Tradition der empirischen, wirtschaftswissenschaftlichen Forschung, Wahrscheinlichkeitshypothesen abzuleiten, als dass eine Stichprobe einer Grundgesamtheit erhoben wird. Vor diesem Hintergrund sind grundsätzlich immer Fälle außerhalb der Stichprobe denkbar, die den im Rahmen der Analyse generierten Aussagen widersprechen. Empirische Aussagen über die Bewährung zuvor formulierter theoretischer Zusammenhänge stellen folglich stochastische Tendenzaussagen dar.[15]

Die Erklärung der unterstellten Wirkungszusammenhänge erfolgt z. T. durch logische Ableitung (Deduktion) aus anderen Zusammenhängen und übergeordneten Gesetzmäßigkeiten, den nomologischen Aussagen,[16] sowie z. T. anhand existentieller Aussagen, um die formulierten Hypothesen, die universale Aussagen darstellen, zu

14 In diesem Sinne wird auch dem Wandel der Realität Rechnung getragen, da nicht das Untersuchungsergebnis im Zentrum des Erkenntnisses steht, sondern vielmehr der Weg zu der Erkenntnisgewinnung.

15 Vgl. hierzu einführend z. B. KIESER 1995, S. 14.

16 Vgl. HEMPEL/OPPENHEIM 1984, S. 136-140 sowie STEGMÜLLER 1969, S. 83.

bewähren.[17] Zielsetzung in diesem Sinne ist die Bewährung der formulierten Hypothesen. Nach POPPER gelten Hypothesen als vorläufig bewährt, solange sie nicht durch existentielle Aussagen falsifiziert werden.[18] In diesem Sinne erlauben empirische Untersuchungen lediglich eine vorläufige Bewährung oder Falsifikation der Hypothesen; einen endgültigen Beweis über den Aussagegehalt der Hypothesen können empirische Untersuchungen nicht erbringen.

Der Anspruch einer Theorienbildung, allgemeingültige Aussagen über die untersuchten Wirkungszusammenhänge zu treffen, wird also nicht erhoben. Auf Basis der empirischen Analysen wird vielmehr ein Verständnis für den Untersuchungsgegenstand geschaffen, das der Theorienbildung dient.[19]

1.3. Aufbau der Untersuchung

Vor dem Hintergrund der zunehmenden Notwendigkeit, die Werbewirkungen dem Werbemitteleinsatz zuzurechnen, folgt der Aufbau der vorliegenden Untersuchung der Zielsetzung, die im Rahmen der Problemstellung formulierten Leitfragen systematisch zu analysieren.

Das zweite Kapitel führt zunächst in die Grundlagen dieser Untersuchung ein. Nach einem kurzen Überblick zum Gang des Kapitels in Abschnitt 2.1. werden in Abschnitt 2.2. die begrifflichen Grundlagen und die grundsätzliche Funktionsweise der Suchmaschinenwerbung erläutert. Die Suchmaschinenwerbung wird hierzu in das Instrumentarium des Suchmaschinenmarketing eingeordnet und anschließend von der Suchmaschinenoptimierung abgegrenzt. Nachdem der grundlegende Ablauf, der idealtypische Prozess sowie die allgemeinen Steuerungsinstrumente der Suchmaschinen-

---

17 Vgl. POPPER 2005, S. 237-264. Vgl. zu einer ausführlichen Unterscheidung von Deduktion und Induktion z. B. KONEGEN/SONDERGELD 1985, S. 65 ff. sowie SCHURZ 2006, S. 47 ff. Zu einer ausführlichen Begründung des Induktionsproblems vgl. POPPER 2005, S. 3-6. Zu einer kritischen Auseinandersetzung des kritischen Rationalismus nach POPPER vgl. z. B. ZUNDEL 1995, S. 62 ff.

18 Vgl. POPPER 2005, S. 237-264.

19 Vgl. zur Einordnung diser wissenschaftstheoretischen Positionen in die Forschungspraxis KIESER 1995, S. 21 f.

werbung dargelegt wurden, schließt der Abschnitt mit einer Gegenüberstellung der Suchmaschinenwerbung im Vergleich zur Suchmaschinenoptimierung.

Abschnitt 2.3. gibt einen Überblick zum Stand der Suchmaschinenwerbung in der wissenschaftlichen Literatur. Die Darstellung folgt den wesentlichen Forschungsrichtungen zum Auktionsdesign, zum Suchverhalten, zur Keywordgenerierung und zur Behandlung von Klickbetrug. Zur Analyse des multimedialen Werbeeinsatzes unter Berücksichtigung der Suchmaschinenwerbung wird die Literaturauswertung um Untersuchungen erweitert, die ggf. alternative Online-Werbemaßnahmen, wie z. B. Bannerwerbung, berücksichtigen. Bereits an dieser Stelle sei mit Blick auf die Literaturauswertung angemerkt, dass die Suchmaschinenwerbung als Kommunikationsmaßnahme beim parallelen Einsatz bisher kaum berücksichtigt wird und ökonomische Zielgrößen auf Basis realer Daten weitgehend vernachlässigt werden.

Auf Basis des abgeleiteten Erkenntnisstandes werden in Abschnitt 2.4. die Hypothesen für die empirische Untersuchung abgeleitet und in einem Untersuchungsmodell zusammengeführt. Die Formulierung der Hypothesen folgt hierbei den eingangs aufgestellten Leitfragen der Untersuchung sowie dem idealtypischen Ablauf der Suchmaschinenwerbung.

Das zweite Kapitel schließt mit einem kurzen Zwischenfazit in Abschnitt 2.5.

Im dritten Kapitel werden die methodischen Grundlagen der Untersuchung erläutert. Als multivariates Verfahren, das komplexe Zusammenhänge zwischen mehreren exogenen und endogenen Größen simultan analysiert, führt Abschnitt 3.1. allgemein in die Strukturgleichungsmodellierung ein. In Abschnitt 3.2. werden die verschiedenen Verfahren zur Schätzung von Strukturgleichungsmodellen präsentiert. Entsprechend der Zielsetzung einen Ansatz vorzustellen, der den parallelen Einsatz von Suchmaschinenwerbung und Zeitungsanzeigen analysiert sowie die wesentlichen Instrumente der Suchmaschinenwerbekampagne vergleicht und die Entwicklung der ökonomischen Zielgrößen prognostiziert, erfolgt die Analyse anhand des varianzbasierten Ansatzes. Einen Überblick über die Kriterien, um varianzbasierte Strukturgleichungsmodelle zu validieren, gibt dann Abschnitt 3.3. Ein kurzes Fazit der methodischen Grundlagen schließt das Kapitel in Abschnitt 3.4. ab.

Auf Basis der Werbeaktivitäten eines Dienstleistungsunternehmens erfolgt im vierten Kapitel die empirische Untersuchung, um den eingangs formulierten Leitfragen nachzugehen. Nach einem kurzen Überblick zum Gang des Kapitels in Abschnitt 4.1. wird in Abschnitt 4.2. die erhobene Datengrundlage vorgestellt. In diesem Zusammenhang werden die verwendeten Datenquellen und die erfassten Daten dargestellt sowie die Aufbereitung der Daten erläutert.

Mit einem unterschiedlichen Verlauf von Zeitungsanzeigen und Suchmaschinenwerbung innerhalb einer Kalenderwoche, einem medialen Unterschied im zeitlichen Zusammenfall zwischen Anzeigenschaltung und deren Rezeption sowie in Folge deren Wirkung und einer räumlichen sowie zeitlichen Differenz zwischen Konversion und Vertragsschluss weist der Datensatz drei relevante Eigenschaften auf, die in der Analyse zu berücksichtigen sind. Wie diese Eigenschaften in der Untersuchung berücksichtigt werden, wird in Abschnitt 4.3. erörtert.

Die empirische Untersuchung erfolgt in Abschnitt 4.4. Das auf Basis der abgeleiteten Hypothesen in Abschnitt 2.4. formulierte Untersuchungsmodell wird mittels des im dritten Kapitel vorgestellten Strukturgleichungsansatzes analysiert. In diesem Zusammenhang wird der Eignung des Modells nachgegangen, den unternehmerischen Erfolg, gemessen an der Zahl der Vertragsabschlüsse, zu erklären und den Beitrag der werblichen Aktivitäten und ihrer Instrumente auf die Anzahl abgeschlossener Verträge zu ermitteln. In der Untersuchung wird nachfolgend der Einfluss von Zeitungsanzeigen auf die Suchmaschinenwerbung festgestellt.

Die empirischen Untersuchungen liefern Indizien, dass sich die Interessenten, die mittels der Suchmaschinenwerbung zum Angebot des Dienstleistungsunternehmens gefunden haben, von den Interessenten, die keinen Kontakt zur Suchmaschinenwerbung hatten, bzgl. des Suchverhaltens und der Abschlussquote unterscheiden. In Abschnitt 4.5. wird diesen Indizien im Rahmen einer empirischen Prüfung nachgegangen.

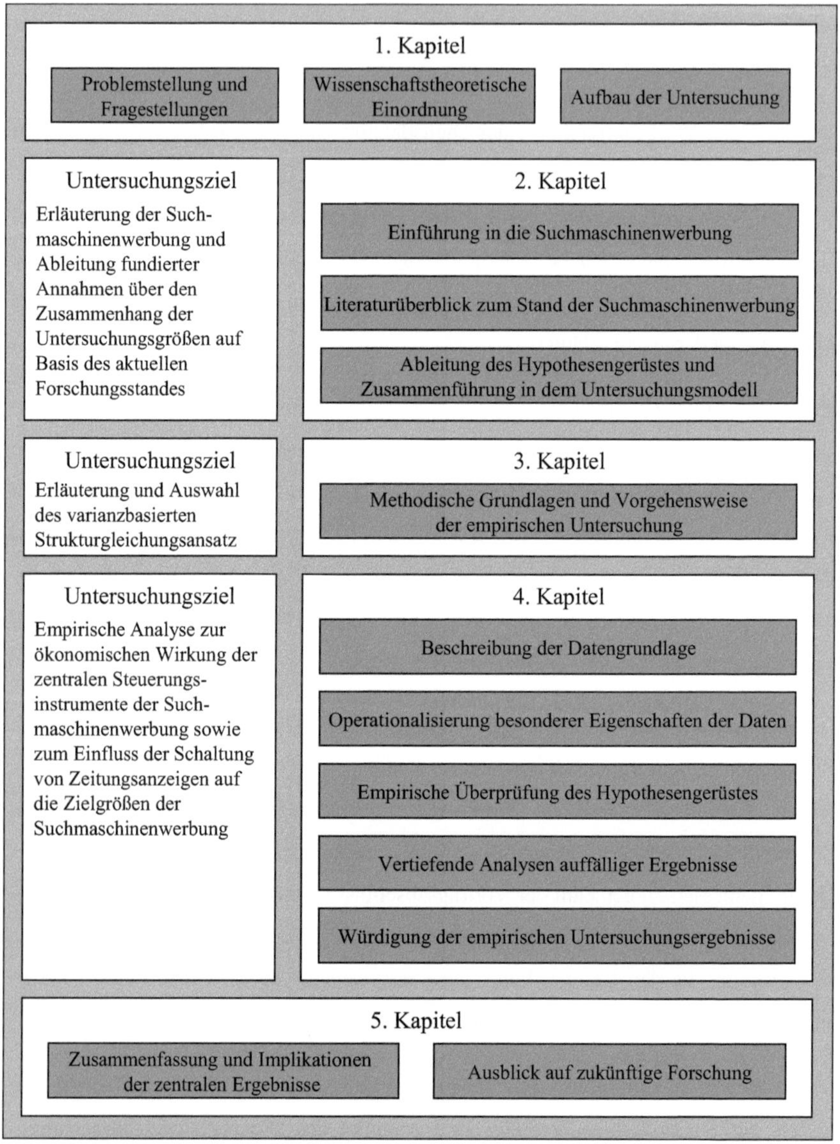

Abb. 4: Analyseschritte der Untersuchung

Eine Diskussion der empirischen Untersuchungsergebnisse erfolgt in Abschnitt 4.6. Das vierte Kapitel schließt mit einer Zusammenfassung der empirischen Ergebnisse in Abschnitt 4.7.

Im fünften Kapitel werden zunächst in Abschnitt 5.1. die zentralen Ergebnisse der empirischen Untersuchungen zusammengefasst. Die betriebswirtschaftlichen Implikationen werden jeweils anschließend aus Sicht eines Werbetreibenden diskutiert. Die Arbeit schließt in Abschnitt 5.2. mit einem Ausblick auf zukünftige Forschung.

Die wesentlichen Analyseschritte sind in Abbildung 4 überblicksartig zusammengefasst.

2. Grundlagen der Suchmaschinenwerbung

2.1. Überblick

Zur Beantwortung der formulierten Leitfragen sind korrespondierende Untersuchungshypothesen zu formulieren, die im Rahmen der empirischen Analyse zu falsifizieren bzw. zu verifizieren sind. Die Ableitung der Hypothesen erfolgt zwangsläufig auf Basis des aktuellen Erkenntnisstands. Anhand des Erkenntnisstands lassen sich Indizien identifizieren, die erlauben, fundierte Annahmen über den Zusammenhang der Untersuchungsgrößen zu formulieren. Für ein vergleichsweise neuartiges Instrument des Marketing, wie die Suchmaschinenwerbung, muss hierzu ein Verständnis bzgl. der begrifflichen Grundlagen sowie der grundsätzlichen Funktionsweise geschaffen werden. Die Ausführungen in dem vorliegenden Kapitel folgen dieser Notwendigkeit.

Abschnitt 2.2. führt in die Suchmaschinenwerbung ein.[20] Im Rahmen dieser Einführung erfolgt eine Einordnung in das Suchmaschinenmarketing und in Folge eine Abgrenzung von der Suchmaschinenoptimierung. Bevor abschließend eine Bewertung der Suchmaschinenwerbung im Vergleich zur Suchmaschinenoptimierung vorgenommen wird, werden die grundlegende Funktionsweise, der idealtypische Prozess und die Instrumente zur Steuerung der Suchmaschinenwerbung erläutert.

Auf dieser Basis erfolgt dann in Abschnitt 2.3. ein Überblick zum Stand der Suchmaschinenwerbung in der wissenschaftlichen Literatur. Den wesentlichen Forschungsrichtungen folgend werden die Erkenntnisse zum Auktionsdesign, zum Suchverhalten, zur Keywordgenerierung und zur Behandlung von Klickbetrug dargestellt. Der Abschnitt schließt mit Analyseergebnissen zum multimedialen Werbeeinsatz unter Berücksichtigung der Suchmaschinenwerbung.

---

20 Die vorliegende Einführung orientiert sich an den Ausführungen in SCHULTZ 2009, S. 83-93 sowie OLBRICH/SCHULTZ 2010b, S. 23-55. Für alternative Einführungen vgl. z. B. KUMAR/KOHLI 2007; LAFFEY 2007; SCHERM/MAAß 2007; JANSEN/MULLEN 2008; SKIERA/GERSTMEIER/STEPANCHUK 2008 sowie MAMAGHANI 2009.

Ausgehend von den formulierten Leitfragen sowie den Ausführungen zum Stand der Suchmaschinenwerbung im Schrifttum werden in Abschnitt 2.4. die Hypothesen der vorliegenden empirischen Untersuchung abgeleitet und in einem Untersuchungsmodell zusammengeführt.

2.2. Einführung in die Suchmaschinenwerbung

2.2.1. Einordnung der Suchmaschinenwerbung in das Suchmaschinenmarketing

Seitdem Suchmaschinen zur Informationssuche genutzt werden,[21] sind Entscheidungsträger im Marketing daran interessiert, potenzielle Konsumenten bereits zu Beginn ihres Suchprozesses anzusprechen.[22] Attraktiv erscheint aus Sicht der Werbetreibenden insbesondere die selektive Ansprache potenzieller Interessenten in Abhängigkeit von der Suchanfrage. Die Zielgruppe kann also zu einem Zeitpunkt erreicht werden, zu dem die Suchenden bereits thematisch aktiviert und involviert sind. Einen Überblick über den globalen Suchmaschinenmarkt im Jahr 2011 bietet Abbildung 5.

Als Resultat einer Suchanfrage werden hierbei meist zwei Arten von Suchergebnissen gelistet. Neben den sogenannten ‚natürlichen' Ergebnissen des Suchalgorithmus zeigen die meisten Suchmaschinen auch bezahlte Anzeigen, die in Übereinstimmung vorgegebener Suchworte, sogenannter Keywords, mit der Suchanfrage gelistet werden.[23] Die vom Werbetreibenden eingetragenen Suchworte stehen üblicherweise in engem Zusammenhang mit dem Inhalt bzw. dem Angebot der beworbenen Webseite.

---

21 Vgl. zum Einsatz von Suchmaschinen zur Informationssuche SEN et al. 1998, S. 688 und GANDAL 2001, S. 1106-1108. Für eine Einführung in das Suchverhalten mittels Suchmaschinen vgl. insbesondere SCHMIDT-MÄNZ 2007.

22 Die Ausführungen in Abschnitt 2.2. folgen in enger Anlehnung SCHULTZ 2009 sowie OLBRICH/SCHULTZ 2010b.

23 Vgl. zum Aufbau dieser sogenannten Suchergebnisseiten u. a. JANSEN/RESNICK 2006, S. 1954, NICHOLSON et al. 2006, S. 449-451 sowie SKIERA/GERSTMEIER/STEPANCHUK 2008, S. 113 f.

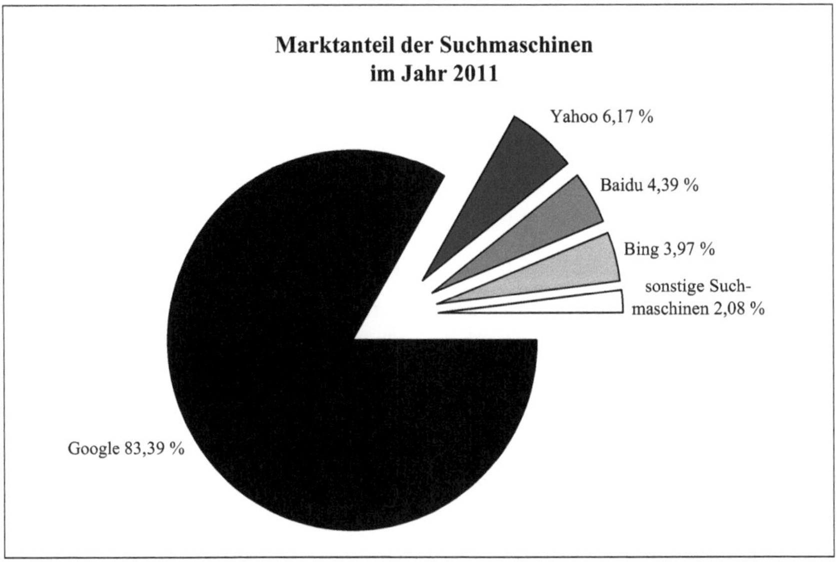

Abb. 5: Aufteilung des Marktes für Suchanfragen im Jahr 2011[24]

Das sogenannte Suchmaschinenmarketing bezieht sich auf beide Arten von Suchergebnissen und stellt mittlerweile eine weit verbreitete Form der Online-Werbung dar.[25] Suchmaschinenmarketing lässt sich als eine Gruppe von Maßnahmen definieren, die die Zielgrößen eines bestimmten Internetauftrittes erhöhen sollen, wie z. B. die Zahl an neuen Registrierungen oder abgeschlossenen Transaktionen. Ein notwendiges Teilziel ist vielfach die Steigerung der Besucherzahl.[26] Als Teilgebiete des Suchmaschinenmarketing können abhängig von den beiden Arten an Suchergebnissen die Suchmaschinenoptimierung und die Suchmaschinenwerbung unterschieden werden.

---

[24] Erstellt nach den Angaben des ‚Search Engine Market Share Report' von Net Applications (http://www.netapplications.com/) für das Jahr 2011. Im deutschen Markt bediente Google 93,94 % aller Suchanfragen.

[25] Vgl. zu der Verbreitung des Suchmaschinenmarketing die Ausführungen und die Abbildungen 1, 2 und 3 in Abschnitt 1.1.

[26] Im Internet bezeichnet der Begriff ‚Traffic' den Datenverkehr einer Bezugsgröße, meist also die Zugriffe auf eine Webseite. Für die Zahl der Seitenaufrufe hat sich der begriff ‚Page Impressions' etabliert, und die Zahl der Seitenaufrufe werden als ‚Visits' bezeichnet. Vgl. z. B. SKIERA/SPANN 2000, S. 420.

Die Suchmaschinenoptimierung umfasst alle Ansätze zur Beeinflussung der natürlichen Suchergebnisse. Anhand der Algorithmusparameter zur Relevanzbewertung werden im Rahmen der Suchmaschinenoptimierung z. B. Struktur, Inhalt und Programmierung des Internetauftritts so überarbeitet, dass eine erhöhte Relevanz der bearbeiteten Dokumente gegenüber der Suchmaschine signalisiert wird.[27] Die Optimierung ist aufgrund des hohen Aufwands und technischer Restriktionen meist auf wenige Suchworte beschränkt. Die Überarbeitung kann hierbei sowohl Faktoren innerhalb des Internetauftritts als auch externe Faktoren berücksichtigen.[28] Der wichtigste externe Faktor ist die sogenannte Link-Popularität, ein Maß für die Anzahl und Qualität der Verweise, die auf die Seiten des Internetauftritts führen.[29] Ziel dieser Vorgehensweise ist die Gewinnung themenrelevanter sowie hochwertiger externer Verweise auf die eigenen Seiten des Internetauftritts.

Die Suchmaschinenwerbung beschäftigt sich hingegen nicht mit den natürlichen Suchergebnissen, sondern mit bezahlten Anzeigen, die neben, oberhalb oder unterhalb der Suchergebnisse eingeblendet werden. In der Literatur wird Suchmaschinen-

---

27 Mittels der Suchmaschinenoptimierung wird also der Internetauftritt an die Parameter der Suchmaschinenalgorithmen angepasst. In diesem Sinne stellt die Identifikation der relevanten Parameter einen Prozess des Reverse Engineering dar. Die fehlende wissenschaftliche Auseinandersetzung mit der Suchmaschinenoptimierung ist zumindest teilweise auf diesen Umstand zurückzuführen, so dass sich der wissenschaftliche Diskurs insbesondere direkt mit der Entwicklung und Anpassung einzelner Suchmaschinenalgorithmen befasst. Vgl. zum Aufbau von Suchmaschinen und deren Algorithmen z. B. ALMPANIDAS/KOTROPOULOS/PITAS 2006; DOPICHAJ 2009 sowie RANGASWANY/GILES/SERES 2009. Für eine erste Untersuchung zur Suchmaschinenoptimierung vgl. MALAGA 2007.

28 Vgl. für eine Einführung in die Suchmaschinenoptimierung RABE 2009, S. 61-78; SCHULTZ 2009, S. 72-83 sowie ERLHOFER 2011, S. 389-495.

29 Unter der Link-Popularität wird mittlerweile eine Vielzahl an Bewertungsansätzen zusammengefasst, die auf der Linkstruktur des Internet beruhen. Der bekannteste Ansatz ist das von BRIN/PAGE 1998 entwickelte PageRank-Verfahren, das jeder Webseite einen Wert zuweist, der abhängig von der Zahl und der Qualität der eingehenden und ausgehenden Verweise (Links) ist. Qualität eines Verweises wird wiederum anteilsmäßig durch den PageRank der verweisenden Seite bestimmt. In diesem Zusammenhang wird ein Link als eine ‚Stimme‘ für die verlinkte Webseite angenommen, so dass eine Seite, die viele eingehende Verweise erhält, als von hoher Relevanz für ein Thema angesehen wird.

werbung teilweise synonym auch als keyword advertising[30], paid results[31], paid search[32], sponsored links[33] und sponsored search[34] bezeichnet.[35] Die bezahlte Platzierung von Werbeanzeigen hat sich seit ihrer Einführung zu einer dominierenden Werbeform im Internet[36] sowie zum vorherrschenden Geschäftsmodell für Suchmaschinen entwickelt.[37] Die Suchmaschinenwerbung lässt sich ferner in die Anzeigenwerbung mit Suchworten und die Anzeigenwerbung auf anderen Webseiten einteilen.[38]

Die Anzeigenwerbung mit Suchworten (keyword search advertising) bezieht sich auf alle durch Suchanfragen ausgelösten Werbeeinblendungen. Die Anzeigen können auf der Webseite des Suchmaschinenanbieters oder auf einer Partnerseite, die die Suchtechnologie ebenfalls anbietet, angezeigt werden. Im Gegensatz hierzu erscheinen Anzeigen auf einer anderen Webseite (content search advertising) aufgrund des spezifischen Seiteninhalts und nicht aufgrund einer Suchanfrage. Abbildung 6 gibt einen Überblick über die Teilgebiete des Suchmaschinenmarketing.

---

30 Vgl. z. B. LIU/CHEN 2006.

31 Vgl. z. B. MORAN/HUNT 2006.

32 Vgl. z. B. KITTS el al. 2005.

33 Vgl. z. B. JANSEN/RESNICK 2006 sowie JANSEN 2007.

34 Vgl. z. B. FENG/BHARGAVA/PENNOCK 2007.

35 Fälschlicherweise finden auch teilweise die Bezeichnungen paid listing, paid inclusion und paid placement als synonyme Ausdrücke für die Suchmaschinenwerbung Verwendung. Vgl. z. B. BHARGAVA/FENG 2002; SEN 2005 sowie NICHOLSON et al. 2006. Für eine Differenzierung der unterschiedlichen Ansätze des Suchmaschinenmarketing vgl. überblicksartig MAMAGHANI 2009, S. 132 f.

36 Vgl. z. B. WINER 2009, S. 110. sowie die Ausführungen in Abschnitt 1.1. Vgl. insbesondere auch Abbildung 2 und 3.

37 Bspw. hat der weltweit führende Suchmaschinenanbieter Google (vgl. Abbildung 5) im Jahr 2011 über 36 Mrd. US $ durch die bezahlte Platzierung von Werbeanzeigen eingenommen. Vgl. zu diesen Angaben die Finanzinformation dieses Anbieters im Fiskaljahr 2011 unter http://investor.google.com/.

38 Vgl. zu dieser Einteilung OLBRICH/SCHULTZ 2010b, S. 3.

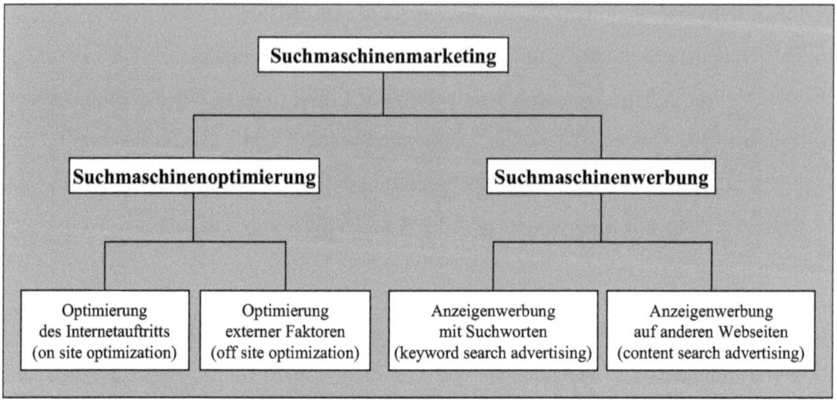

Abb. 6: Instrumente des Suchmaschinenmarketing

Die folgenden Ausführungen konzentrieren sich auf die Anzeigenwerbung mit Suchworten. Die Aussagen lassen sich aber vielfach auf die Anzeigenwerbung auf anderen Seiten übertragen.

Abschnitt 2.2.2. führt in die grundlegende Funktionsweise und den idealtypischen Ablauf der Suchmaschinenwerbung ein. Der einer Suchmaschinenwerbekampagne zugrunde liegende kontinuierliche Prozess wird in Abschnitt 2.2.3. vorgestellt. Auf verschiedene Instrumente zur Steuerung einer Suchmaschinenwerbekampagne wird in Abschnitt 2.2.4. näher eingegangen. Zum Abschluss erfolgt eine zusammenfassende Bewertung der Suchmaschinenwerbung in Abschnitt 2.2.5.

2.2.2. Funktionsweise der Suchmaschinenwerbung

Die unterschiedlichen Suchmaschinenanbieter weisen nur geringfügige Abweichungen bzgl. der Funktionsweise sowie des Ablaufs der Suchmaschinenwerbung auf. Abbildung 7 stellt vereinfacht den idealtypischen Ablauf im Rahmen der Suchmaschinenwerbung dar.

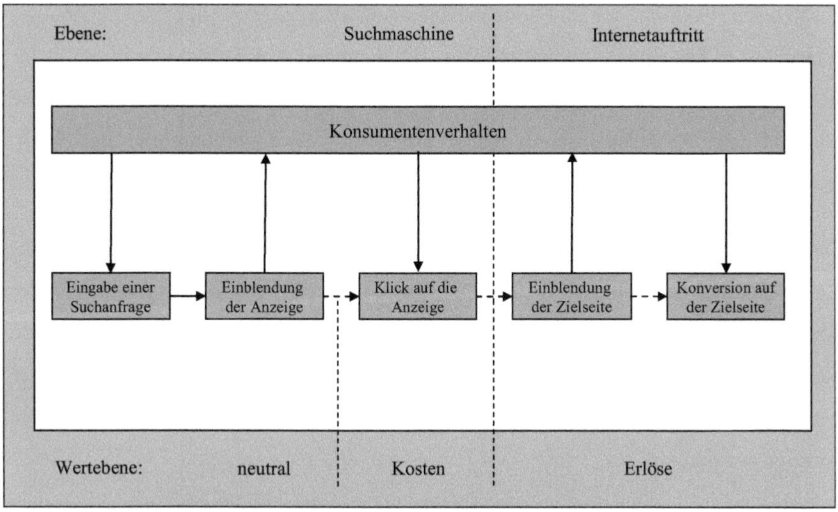

Abb. 7: Idealtypischer Ablaufprozess der Suchmaschinenwerbung

Nach Eingabe einer Suchanfrage werden die relevanten Dokumente im Datenbestand der Suchmaschine ermittelt und angezeigt. Neben diesen natürlichen Suchergebnissen werden ebenfalls abhängig von der Suchanfrage Werbeanzeigen platziert. Hierbei weisen Werbetreibende regelmäßig Suchworten unterschiedliche Bietbeträge zu. Bieten also mehrere Werbetreibende auf dasselbe Wort,[39] wird im Rahmen einer automatischen Auktion der Rang der Werbeanzeigen bestimmt.[40] Die Anzeigen können im Auktionsverfahren ausschließlich nach dem jeweiligen Gebot positioniert werden oder durch weitere Indikatoren, wie z. B. den beworbenen Webseiteninhalt oder die Klickrate der Anzeige, ergänzend bewertet werden.[41] Die Integration

---

39 Vgl. KITTS/LEBLANC 2004; LIM/TANG 2006 und EDELMAN/OSTROVSKY 2007.

40 Vgl. LIU/CHEN 2006 und FENG/BHARGAVA/PENNOCK 2007.

41 Die Klickrate wird im Algorithmus zur Rangbildung als Gewicht des Gebotsbetrages herangezogen. Die Auswirkungen auf das Preisequilibrium des Auktionsalgorithmus wird z. B. von EDELMAN/OSTROVSKY/SCHWARZ 2007; AGGARWAL et al. 2008 sowie GONEN/VASSILVITSKII 2008 untersucht. Im Vergleich zu anderen Algorithmen zur Rangbildung kommen FENG/BHARGAVA/PENNOCK 2003; LIU/CHEN 2006; LIU/CHEN/WHINSTON 2006; FENG/BHARGAVA/PENNOCK 2007 sowie LAHAIE/PENNOCK 2007 zu dem Schluss, dass dieser Ansatz in den meisten Fällen zu einer Maximierung der Einnahmen des Suchmaschinenanbieters führt.

zusätzlicher Faktoren im Auktionsverfahren soll dazu dienen, dem Suchenden die relevantesten Ergebnisse zu präsentieren. Das konkrete Auktionsverfahren bleibt für den Werbetreibenden oft intransparent. Im Rahmen der Auktionstheorie wird eine Vielzahl von Ansätzen zur optimalen Gestaltung der Auktionierung der Suchmaschinenwerbeanzeigen diskutiert.[42]

Die Schaltung der Anzeige verursacht im Rahmen des weit verbreiteten pay-per-click-Bezahlsystems noch keine Kosten. Die Kosten werden erst durch Anklicken der Anzeige ausgelöst.[43] Neben der Positionierung der Anzeige auf der Ergebnisseite beeinflussen die Übereinstimmung der Anzeige mit der Suchanfrage sowie die mit der Anzeige verbundenen Erwartungen des Suchenden die Wahrscheinlichkeit, die Anzeige anzuklicken.

Mit einem Klick auf die Anzeige verlässt der Suchende die Ergebnisseite der Suchmaschine und gelangt auf die Internetpräsenz des Werbetreibenden.[44] Als erfolgreicher

---

42 Vgl. z. B. die Studien von PARKES/SANDHOLM 2005; VARIAN 2006 und EDELMAN/OSTROVSKY 2007 sowie vertiefend Abschnitt 2.3.2.1. zu unterschiedlichen Ansätzen zur Auktionierung von Suchmaschinenwerbeanzeigen.

43 Abhängig vom Zeitpunkt der Bepreisung lassen sich drei Bezahlsysteme im Rahmen der Suchmaschinenwerbung unterscheiden: pay-per-impression, pay-per-click und pay-per-conversion. Vgl. einführend MORAN/HUNT 2006, S. 72-74. Im Fall von pay-per-impression muss der Werbetreibende jede Einblendung einer Werbeanzeige bezahlen. Die Abrechnung findet analog zu traditionellen Medien z. B. mithilfe des Tausenderkontaktpreises statt. Beim pay-per-click-System wird dem Werbetreibenden jedes Anklicken der Anzeige in Rechnung gestellt. Das pay-per-click-Modell erlaubt im Vergleich zu traditionellen Medien eine verbesserte Messung tatsächlicher Werbekontakte. Ein noch stärker an den Zielen des Werbetreibenden ausgerichtetes Bezahlsystem ist das pay-per-conversion-Modell, teilweise auch pay-per-action, pay-per-lead, pay-per-purchase und pay-per-acquisition genannt. Hierbei zahlt der Werbetreibende, wenn ein Klick auf eine Anzeige zu einer vordefinierten Aktion führt, wie z. B. der Einkauf in einem Online-Shop. Da Suchmaschinen als Werbeträger nicht verlässlich eine Konversion erfassen können, ohne in die Webseitenprogrammierung des Werbetreibenden einzugreifen, basiert die Mehrzahl der Suchmaschinenabrechnungen auf dem pay-per-click-Modell.

44 Ob im Rahmen der Online-Werbung auch eine Wirkung vor einem Klick existiert, ist eine kontrovers diskutierte Fragestellung. Vgl. BRIGGS/HOLLIS 1997; DRÈZE/HUSSHERR 2003; YOON/LEE 2007; CHATTERJEE 2008 sowie YOO 2009. Auch im Rahmen der Suchmaschinenwerbung wird diese Frage diskutiert. Vgl. JANSEN/RESNICK 2006; JANSEN/BROWN/RESNICK 2007 sowie DOU et al. 2010.

Kontakt wird dieser Besuch aus Sicht des Werbetreibenden gezählt, wenn dieser Besuch zu einem vordefinierten Ergebnis führt. Dieses positive Ergebnis wird allgemein als Konversion bezeichnet. Eine Konversion kann z. B. der Besuch einer bestimmten Webseite, die Anforderung von Informationsmaterial, die Registrierung eines Neukunden oder der Abschluss einer Online-Transaktion sein. Lässt sich der Wert einer Konversion beziffern, kann unmittelbar dieser Erlös den Kosten für die Generierung einer Konversion gegenübergestellt werden. Bei Abschluss einer Online-Transaktion lässt sich z. B. der Deckungsbeitrag der Transaktion bestimmen und in Bezug zu den Konversionskosten setzen. Grundsätzlich kann als vereinfachende Richtlinie festgehalten werden, dass der Deckungsbeitrag der ausgelösten Transaktion mindestens so hoch wie die zuzurechnenden Werbekosten sein sollte.[45] Kritisch anzumerken ist allerdings, dass diese Richtlinie keine Multiplikatoren, wie z. B. Empfehlungsverhalten oder Wiederholungskäufe, berücksichtigt.

Eine derart einfache Wertermittlung existiert allerdings nicht für alle Marketingziele. Auch ist die explizite Definition einer Konversion als messbares Ereignis im Rahmen des Internetauftritts nicht für jedes Marketingziel möglich. Für die Zielsetzung, z. B. das Markenbewusstsein zu steigern, lässt sich eine Konversion nicht unmittelbar festlegen. Ein weiteres Problem stellt die Erfassung einer Konversion dar, wenn die definierte Aktion erst in einem Folgebesuch ausgeführt wird.[46] Ebenso problematisch ist die Zurechnung von Erlösen, die über einen anderen Distributionskanal, wie z. B. ein Ladengeschäft, getätigt werden. Festzuhalten ist, dass eine Konversion explizit definiert werden muss und je nach Zielsetzung der Suchmaschinenwerbung variieren kann.

In Abhängigkeit von der Zielsetzung der Suchmaschinenwerbekampagne sind u. U. verschiedene Zielgrößen relevant. Die verbreiteten Zielgrößen im Rahmen der Suchmaschinenwerbung sind in Abbildung 8 dargestellt. Die Zielgrößen können für die

---

45 Vgl. OLBRICH/SCHULTZ 2010b, S. 26.

46 Eine Übersicht über die Probleme bei der Erfassung und Identifikation von Zugriffen im Internet geben z. B. SKIERA/SPAN 2000.

einzelnen Suchworte, die einzelnen Anzeigen sowie die gesamte Kampagne berechnet werden.

Kennzahl	Erläuterung
Einblendungen (Impressionen)	Zahl der Anzeigeneinblendungen
Rang	Durchschnittliche Platzierung der Anzeige im Zeitraum
Klicks	Zahl der angeklickten Anzeigen
Klickrate	Prozentsatz der eingeblendeten Anzeigen, die angeklickt wurden
Konversionen	Zahl der eingetretenen Folgeereignisse
Konversionsrate	Prozentsatz der angeklickten Anzeigen, die zu einem definierten Folgeereignis geführt haben
Budgetausschöpfung	Prozentsatz der ausgegebenen Werbemittel
Kosten pro Klick	Kosten für einen Klick im Zeitraum
Kosten pro Konversion	Kosten für eine Konversion im Zeitraum

Abb. 8: Zielgrößen der Suchmaschinenwerbung[47]

2.2.3. Prozess der Suchmaschinenwerbung

Die Suchmaschinenwerbung folgt in ihren Grundzügen den wesentlichen Prozessschritten traditioneller Werbemaßnahmen.[48] Im Gegensatz zu vielen traditionellen Werbemaßnahmen unterliegt die Suchmaschinenwerbung allerdings einem zeitnahen, kontinuierlichen Prozess. Die durch die Erfassung im Internet zeitnah verfügbaren Daten erlauben und erfordern eine dauernde Kontrolle und Anpassung einer

47 OLBRICH/SCHULTZ 2010b, S. 27.

48 Vgl. für eine Einführung in die Ausgestaltung einzelner Werbeinstrumente z. B. NIESCHLAG/DICHTL/HÖRSCHGEN 2002, S. 1058-1116 sowie KOTLER/ARMSTRONG 2006, S. 455-467.

Suchmaschinenwerbekampagne.[49] Die Steuerung erfolgt in diesem Zusammenhang abhängig von der Zielsetzung der Werbekampagne. Hierbei orientiert sich das Marketingziel vielfach an der Intention des Internetauftritts, der entweder der Informationsübermittlung, der Leistungsunterstützung oder der Leistungserstellung dient.[50] Die unterschiedlichen Ziele beeinflussen vor allem die Auswahl einer zweckmäßigen Messgröße[51]. Einen zusammenfassenden Überblick über den Prozess der Suchmaschinenwerbung gibt Abbildung 9. Die einzelnen Prozessschritte werden im Folgenden kurz erläutert.[52]

Bevor eine konkrete Ausgestaltung der Suchmaschinenwerbung erfolgt, ist eine Definition der geplanten Ziele erforderlich. Die Ziele sind aus den übergeordneten Unternehmenszielen abzuleiten[53] und bzgl. Inhalt, Ausmaß, Zeit- und Marktsegmentbezug zu operationalisieren.[54] Im Rahmen des Segmentbezugs sind heterogene Zielgruppen zu bilden, die innerhalb einer Gruppe möglichst homogen auf die Gestaltung und Ausrichtung der Suchmaschinenwerbung reagieren.[55] Die Definition der Ziele und die Festlegung der Zielgruppen dienen als Rahmenbedingungen für die Ausgestaltung der Suchmaschinenwerbekampagne und sind in den folgenden Prozessschritten zu beachten.

---

[49] Die zeitnahe Steuerung der Werbekampagne ermöglicht auch strategisches Bietverhalten, das zu ‚wahren Bietgefechten' führen kann. Vgl. zu dieser Form insbesondere ASDEMIR 2006 und 2011. Für einen Überblick zu diesem Bietverhalten vgl. die Ausführungen sowie die herangezogene Literatur in Abschnitt 2.3.2.4.

[50] Vgl. BISCHOPINCK/CEYP 2009, S. 110.

[51] Vgl. zu den Messgrößen die Ausführungen in Abschnitt 2.2.2. und insbesondere Abbildung 8.

[52] Vgl. zu diesen Ausführungen auch SCHULTZ 2009, S. 85-87 sowie OLBRICH/SCHULTZ 2010b, S. 27-31.

[53] Vgl. hierzu vertiefend die Ausführungen in TAUBERGER 2008, S. 63-70.

[54] Vgl. OLBRICH 2006, S. 176.

[55] Vgl. KUHN 1984, S. 46 und OLBRICH 2006, S. 178.

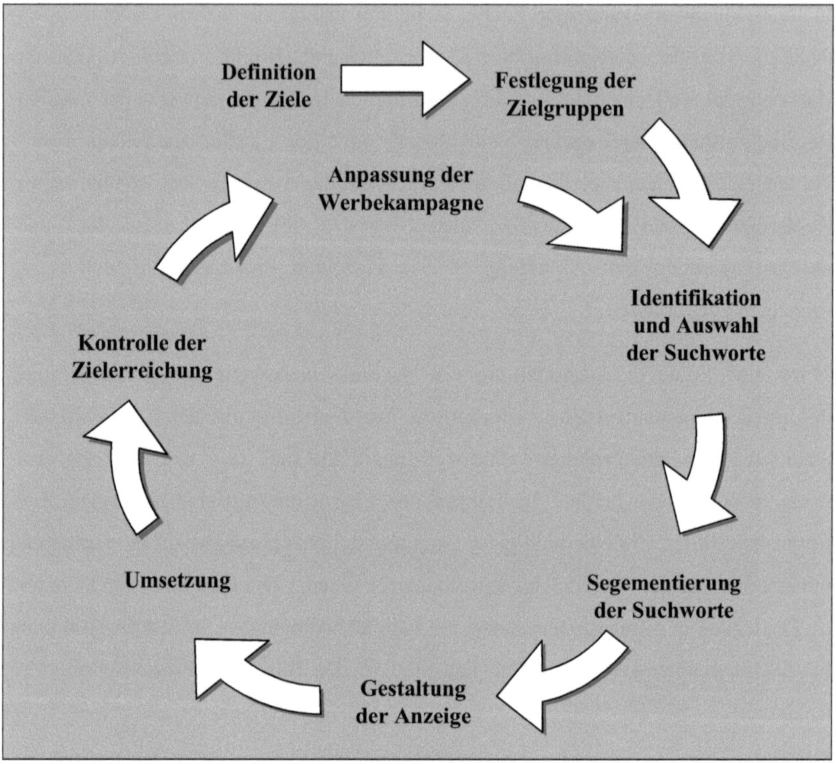

Abb. 9: Prozess der Suchmaschinenwerbung[56]

Der Prozess der Suchmaschinenwerbung beginnt mit der Identifikation und Auswahl der bedeutsamen Suchworte. Neben einer ‚Beteiligung' aller direkt und indirekt involvierten Personen können geeignete Suchworte z. B. mithilfe von Computerprogrammen generiert werden. Ein Ansatzpunkt besteht in der Analyse vorhandener Dokumente, wie z. B. der Seiten des Internetauftritts, die nach markanten Worten durchsucht werden können. In diesem Zusammenhang finden häufig die Ansätze Anwendung, die auch von Suchmaschinen zur Identifikation und zur Indizierung von Inhalten genutzt werden. Zu den bedeutendsten Ansätzen werden hierbei die relative

56 OLBRICH/SCHULTZ 2010b, S. 31.

Worthäufigkeit, die inverse Dokumentenhäufigkeit und die Lage der Worte gezählt.[57] Als weitere Möglichkeit können z. B. lexikalische Datenbanken semantisch verwandte Begriffe liefern, um die relevanten Suchworte zu identifizieren.[58] Bei der Generierung von relevanten Suchworten bieten sowohl spezialisierte Dienstleister als auch die Suchmaschinenanbieter Hilfestellung.

Neben der Relevanz der Suchworte ist auch deren Suchhäufigkeit sowie deren Konkurrenzsituation abzuwägen, um die Eignung der Worte für die Suchmaschinenwerbekampagne beurteilen zu können.[59] Hochrelevante Worte, nach denen nicht gesucht wird, weil diese Worte z. B. bei der Zielgruppe nicht bekannt sind, eignen sich nur eingeschränkt für den Einsatz im Rahmen der Suchmaschinenwerbung.[60] Ebenso sind generische Worte, wie z. B. Gattungsbezeichnungen, u. U. zwar relevante Worte, aber aufgrund starker Konkurrenz nicht wirtschaftlich. Bei starker Konkurrenz und hohen Klickpreisen stellt die Einengung des Wortes durch Kombination mit einem zweiten und gegebenenfalls einem dritten Begriff eine Möglichkeit dar, einen Teilausschnitt dieses Sachverhaltes u. U. zu geringeren Kosten zu bewerben.

Nach der Identifikation und Auswahl der Suchworte sind diese Suchworte so zu segmentieren, dass sie in sich möglichst homogen und untereinander möglichst heterogen sind.[61] Die Gruppierung der Suchworte ermöglicht, auf eine Suchwortgruppe ausgerichtete Anzeigen zu erstellen, so dass eine hohe Übereinstimmung

---

[57] Vgl. GLÖGGLER 2003, S. 76-80 sowie ERLHOFER 2011, S.232-235. Insbesondere decken diese Ansätze auf, welche Suchworte u. U. von den Suchmaschinen für den Internetauftritt erfasst werden. Sofern die identifizierten Suchworte nicht mit der Zielsetzung des Internetauftritts übereinstimmen, sind die Internetseiten anzupassen.

[58] Vgl. zu Ansätzen der Gewinnung von Suchworten z. B. BARTZ/MURTHI/SEBASTIAN et al. 2006; JOSHI/MOTWANI 2006; ABHISHEK 2007 sowie CHEN/XUE/YU 2008.

[59] Vgl. STUBER 2004, S. 39.

[60] Als alternativer Ansatz wird die Idee diskutiert, dass mit vielen Keywords, die wenig Reichweite bei geringen Gebotsbeträgen besitzen, ökonomischer geworben werden kann als mit Keywords, die bei großer Reichweite im Bietwettbewerb stehen. Diese Idee wird in Anlehnung an das durch Anderson formulierte Phänomen als Long Tail bezeichnet. Vgl. ANDERSON 2006. In der Literatur wird dies kritisch diskutiert. Vgl. z. B. ELBERSE 2008; BUDINICH et al. 2010; SKIERA/ECKERT/HINZ 2010; BRYNJOLFSSON/HU/SIMESTER 2011 sowie HINZ/ECKERT/SKIERA 2011.

[61] Vgl. BISCHOPINCK/CEYP 2009, S. 240.

zwischen Suchanfrage und adressierter Zielgruppe erreicht werden kann. Für eine Suchwortgruppe bieten sich der Entwurf und der Einsatz mehrerer Anzeigen an, um eine möglichst effektive und effiziente Anzeige zu bestimmen. Anzumerken ist, dass die kontinuierliche Verbesserung der Werbekampagne vor allem bei längerer Schaltung der Suchmaschinenwerbung notwendig ist, da das Such- und Konsumverhalten sowie die Algorithmen der Suchmaschine über die Zeit variieren.

Nach der Erstellung der Suchmaschinenwerbekampagne erfolgt deren Umsetzung. Im Vergleich zu anderen Werbemaßnahmen kann dies relativ kurzfristig in wenigen Minuten geschehen. Auf Basis der vorherigen Prozessschritte wird die Auswahl an Suchworten und Anzeigen sowie deren Zuordnung in das Kampagnenverwaltungssystem des Suchmaschinenanbieters übertragen, so dass die Bewerbung von einzelnen Suchworten erfolgen kann. Zur Erfolgsmessung sind i. d. R. einzelne Programmelemente in die Seiten der Internetpräsenz zu integrieren, um zu erfassen, ob ein Anklicken der Anzeige und in Folge dessen ein Aufruf der Zielseite zu dem gewünschten Ergebnis (Konversion) geführt hat.

Die Daten der Suchmaschinenkampagne stehen dem Werbetreibenden zeitnah zur Verfügung und erlauben die Kontrolle der Zielerreichung sowie die unmittelbare Anpassung dieser Suchmaschinenwerbekampagne. Die auf Ebene der Suchmaschine[62] erfassbaren Größen, wie die Zahl an Einblendungen, der Anzeigenrang, die Zahl an Klicks und die Kosten, liegen beinahe umgehend vor, während die Berücksichtigung der Konversionen i. d. R. einem größeren Aktualisierungszyklus unterliegt. Neben technischen Aspekten bietet sich ein größerer Aktualisierungszyklus an, wenn die Suchmaschinenanbieter zusätzlich zu den direkt konvertierenden Kontakten auch die Kontakte messen, die erst bei einem Folgebesuch konvertieren.

Neben den Angaben des Suchmaschinenanbieters stehen dem Werbetreibenden als weitere Datenquelle sogenannte Logdateien zur Verfügung, die durch Webserver automatisch generiert und bereitgestellt werden. Im Internet protokollieren Logdateien

---

62 Vgl. zu den unterschiedlichen Ebenen der Suchmaschinenwerbung den idealtypischen Ablauf in Abbildung 7 sowie die korrespondierenden Ausführungen in Abschnitt 2.2.2.

die Anfragen und Zugriffe auf Dateien innerhalb einer Domäne. Der genaue Aufbau einer Logdatei hängt dabei vom eingesetzten Serverprotokoll ab.[63] Während die Daten der Suchmaschinenwerbekampagne vor allem die Ebene der Suchmaschine repräsentieren, können Logdateien zur Analyse von Verhaltensmustern der umworbenen Interessenten genutzt werden.[64] Diese sogenannte Klickstreamanalyse ermöglicht das Aufdecken von Schwachstellen im Rahmen der Gestaltung des Internetauftritts und informiert z. B. über die Verweildauer sowie die Verweiltiefe eines einzelnen Besuches. Allerdings existiert eine Reihe von Problemen, die unter anderem eine eindeutige Identifikation von Nutzern über mehrere Besuche erschweren.[65]

Die Konversionskennziffern, wie die Zahl an Konversionen, die Konversionsrate und die Kosten pro Konversion, erlauben prinzipiell, die Zielerreichung zu evaluieren. Da diese Zielgrößen aber auf der Internetpräsenz oder einer nachgelagerten Stufe erfasst werden, sind im Rahmen der Anpassung der Suchmaschinenwerbekampagne neben den Gestaltungsfaktoren der Suchmaschinen auch die nachgelagerten Stufen zu analysieren und zu berücksichtigen.

2.2.4. Faktoren und Instrumente der Suchmaschinenwerbung

Im Rahmen des Suchmaschinenwerbeprozesses wurden bereits einige Faktoren und Instrumente zur Gestaltung und Steuerung einer Suchmaschinenwerbekampagne angesprochen. An dieser Stelle werden die am weitesten verbreiteten Faktoren kurz dargestellt. Neben den hier vorgestellten Einflussfaktoren bieten die verschiedenen Anbieter gegebenenfalls noch weitere Optionen an. Abbildung 10 gibt einen Überblick über die im Folgenden vorgestellten Faktoren und Instrumente der Suchmaschinenwerbung.

---

63 In Abschnitt 4.2.1. wird auf Logdaten näher eingegangen. Abbildung 22 zeigt exemplarisch den Aufbau eines Logeintrages anhand des Combined Log Format des National Center for Supercomputing Applications (NCSA).

64 Vgl. z. B. Chatterjee/Hoffman/Novak 2003 und Van den Poel/Buckinx 2005.

65 Vgl. Skiera/Spann 2000, S. 8-10 sowie Lutzky/Teichmann 2002, S. 299-304.

Einflussebene	Einflussfaktor
Einblendung	▪ Auswahl der Suchworte ▪ Übereinstimmungsgrad der Suchanfrage mit den Suchworten ▪ geographische Auswahl ▪ linguistische Auswahl ▪ temporale Auswahl
Rang	▪ Gebotsbetrag ▪ Übereinstimmung der Suchanfrage mit der Anzeige und der Zielseite aus Sicht der Suchmaschine ▪ Ansätze der Klick-Popularität
Klick	▪ Übereinstimmung der Suchanfrage mit der Anzeige aus Sicht der Suchmaschine ▪ Gestaltungselemente der Anzeige
Konversion	▪ Übereinstimmung der Erwartung des Suchenden mit dem Internetauftritt ▪ Gestaltung des Internetauftritts ▪ Nutzerfreundlichkeit des Internetauftritts ▪ Auswahl der Zielseite

Abb. 10: Einflussfaktoren der Suchmaschinenwerbung[66]

Die Auflistung der Einflussfaktoren orientiert sich an den bereits in Abschnitt 2.2.2. beschriebenen Zielgrößen einer Suchmaschinenwerbekampagne (vgl. Abbildung 8). Eine Vielzahl der Instrumente zur Steuerung beeinflusst zunächst einmal die Wahrscheinlichkeit, dass eine Anzeige überhaupt geschaltet wird. Nach Schaltung der Anzeige kann diese angeklickt werden und führt zu der hinterlegten Zielseite. Im Anschluss beeinflussen vor allem die Zielseite und der Internetauftritt die Wahrscheinlichkeit, dass ein Interessent auf den Seiten des Internetauftrittes konvertiert.

---

66 OLBRICH/SCHULTZ 2010b, S. 32.

Zur Schaltung einer Anzeige ist die wichtigste Entscheidung die relevanten Suchworte auszuwählen. Die Auswahl der relevanten Suchworte erfolgt abhängig vom Angebot der Internetpräsenz sowie von der Zielsetzung und der Zielgruppe der Suchmaschinenwerbekampagne.[67]

Neben der Auswahl der Suchworte bieten Suchmaschinenanbieter vielfach die Möglichkeit, den Grad der Übereinstimmung zwischen der Suchanfrage eines Suchenden und den ausgewählten Suchworten festzulegen.[68] Bei exakter Übereinstimmung werden Anzeigen nur geschaltet, wenn die Suchanfrage genau der Vorgabe entspricht. Dies kann z. B. bei kryptischen Bezeichnungen, wie bspw. bei technischen Produkten, sinnvoll sein. Vielfach ist es jedoch vorteilhaft, Flexionen[69] eines einzelnen Suchwortes oder unterschiedliche Wortreihenfolgen mehrerer Suchworte zu erlauben. Eine weitere Möglichkeit zur Einschränkung der Anzeigenschaltung besteht in der Negativabgrenzung einzelner Suchkombinationen. So lassen sich Worte bestimmen, die nicht in Kombination mit den vorgegebenen Begriffen zur Anzeigenschaltung führen sollen. Die Schaltung einer Anzeige bei sinnverwandten Wörtern birgt die Gefahr, eine nicht beabsichtigte Markenverletzung zu begehen.[70] Das Problem besteht vor allem dann, wenn die Anzeige bei Suchanfragen nach einer eingetragenen Marke geschaltet wird – auch ohne diesen Begriff in der Anzeige tatsächlich zu nennen. Verschärfend kann der Einsatz sogenannter Platzhalter, die durch die auslösenden vorgegeben Suchworte in der Anzeige ersetzt werden, unbeabsichtigt zur Werbeschaltung mit eingetragenen Marken im Anzeigentext führen.

---

67 Unterschiedliche Verfahren, um Suchworte zu identifizieren bzw. zu generieren, wurden bereits in Abschnitt 2.2.3. angesprochen und werden im Rahmen der Forschungsrichtungen in der Suchmaschinenwerbung in Abschnitt 2.3.4. tiefergehend erläutert.

68 Vgl. für einen ersten Befund zum Grad der Übereinstimmung SINGH/ROYCHOWDHURY 2008. Die Autoren untersuchen formal-analytisch unterschiedliche Grade der Übereinstimmung zwischen Suchanfrage und vorgegebenen Keyworten und finden sowohl positive als auch negative Auswirkungen auf die Suchmaschinenwerbekampagne.

69 Flexionen bezeichnen die grammatikalischen Änderungen der Gestalt eines Wortes, wie z. B. Kasus, Numerus oder Genus.

70 Vgl. die Darstellung bei TYACKE/HIGGINS 2004; HEUKRODT-BAUER 2006 und FUCHS 2007.

Eine weitere Möglichkeit, die Zielgruppe im Rahmen der Suchmaschinenwerbung einzugrenzen, besteht in der geographischen Ausrichtung der Suchmaschinenkampagne. Hierbei wird der Standort des anfragenden Gerätes meist anhand der Internet-Protokoll(IP)-Adresse bestimmt. Die Zielregion kann sich z. B. auf einzelne Länder beschränken. Befindet sich der Nutzer also in der Zielregion, wird die Anzeige geschaltet. Problematisch ist, wenn die übermittelte IP-Adresse nicht zuverlässig den Standort wiedergibt, wie z. B. bei der Nutzung von ausländischen Proxy-Servern.[71]

Die anzunehmende Sprache des Suchanfragenden kann ebenso anhand der IP-Adresse, der Domain der Suchmaschine sowie mithilfe von Browser- und Suchmaschineneinstellungen ermittelt werden.[72] Damit lässt sich die Zielgruppenansprache einer Suchmaschinenwerbekampagne noch stärker präzisieren.

Neben der geographischen Eingrenzung bietet sich gegebenenfalls auch eine temporale Zuordnung der Werbekampagne an. So kann die Vorgabe eines bestimmten Zeitraumes, wie z. B. bestimmter Uhrzeiten oder Wochentagen, sinnvoll sein, sofern dieser Zeitraum die Suchzeit der Zielgruppe repräsentiert. In einer Studie zum Suchverhalten im Internet wurde die Zeitspanne von 13.00 bis 15.00 Uhr als Tageshoch identifiziert. Im Wochenverlauf nimmt das Suchvolumen von Montag bis Samstag stetig ab und steigt ab Sonntag wieder an. Der aufgedeckte Verlauf weist montags ein Hoch und samstags ein Tief aus.[73]

Diese zeitlichen Einschränkungen erscheinen vor allem dann zweckmäßig, wenn ein begrenztes Budget möglichst optimal eingesetzt werden soll. In diesem Zusammenhang ist u. U. eine Vermeidung der stark frequentierten Zeiten angebracht, um eventuell vermehrter Konkurrenz auszuweichen. Weniger Konkurrenten bedeuten u. U. eine höhere Positionierung der Anzeige bei einem eventuell geringeren Bietbetrag.

---

71 Vgl. z. B. Janetzko 1999, S. 179 und Broder 2000, S. 61.

72 Vgl. Bischopinck/Ceyp 2009, S. 235.

73 Vgl. zu diesen Ergebnissen Schmidt-Mänz 2007, S.146 f. Die Ergebnisse werden auch in der vorliegenden Untersuchung bestätigt. Insbesondere der Verlauf im wöchentlichen Suchverhalten ist hierbei für die Analyse in Kapitel 4. von Bedeutung.

Während die vorgenannten Faktoren und Instrumente vor allem die Einblendung einer Anzeige beeinflussen, wird die Position der Anzeige im Wesentlichen durch den Gebotsbetrag bestimmt.[74] Neben Geboten für die Suchbegriffe muss ein Werbetreibender ein Budget für die Suchmaschinenwerbekampagne festlegen. Die Budgethöhe ist dabei von vielen Faktoren abhängig.[75] Im Rahmen der Suchmaschinenwerbung ist zusätzlich zu beachten, dass die Budgethöhe die Zahl der erfolgreichen Kontakte begrenzen kann. Mit dem Klickgebot verfügt der Werbetreibende über eine direkte Möglichkeit, auf die Positionierung der Anzeige einzuwirken. Indirekt können weitere Faktoren auf die Bestimmung des Anzeigenrangs einwirken. So werden u. U. im Rahmen der Ermittlung des Anzeigenrangs auch die Übereinstimmung der Suchanfrage mit der Anzeige und der beworbenen Zielseite berücksichtigt.[76] Ebenso kann als sogenannter Qualitätsindikator die Klickrate einer Anzeige bei der Anzeigenpositionierung einbezogen werden.[77] Neben der algorithmischen Positionierung der Anzeige können teilweise auch minimale und maximale Sollwerte für die Anzeigenposition durch den Werbetreibenden vorgegeben werden. Aus Sicht der Werbetreibenden stellt die Vorgabe einer Anzeigenposition ein Abwägen zwischen erhöhter Wahrnehmung der Anzeige und ansteigenden Klickkosten dar.[78] Höher positionierte Anzeigen werden i. d. R. stärker wahrgenommen[79] und häufiger angeklickt[80].

---

74 GANCHEV et al. 2007 zeigen in ihrer Untersuchung, dass mit sinkendem Gebotsbetrag auch die Positionierung der Werbeanzeige abnimmt. Zur allgemeinen Bedeutung des Gebotsbetrages im Rahmen der Auktionierung von Suchmaschinenwerbung vergleiche z. B. FENG/BHARGAVA/PENNOCK 2003; BORGS et al. 2007; CHAKRABARTY/ZHOU/LUKOSE 2007; FENG/BHARGAVA/PENNOCK 2007; EVEN-DAR et al. 2008 sowie GONEN/VASSILVITSKII 2008.

75 Vgl. allgemein zur Bestimmung des Werbebudgets sowie entsprechender Einflussfaktoren z. B. NIESCHLAG/DICHTL/HÖRSCHGEN 2002, S. 1068-1075 oder OLBRICH 2006, S. 180-183.

76 Vgl. für einen entsprechenden Ansatz CHOI et al. 2010.

77 Vgl. SKIERA/GERSTMEIER/STEPANCHUK 2008, S. 115 sowie BALACHANDER/KANNAN/SCHWARTZ 2009, S. 1. BALACHANDER/KANNAN/SCHWARTZ 2009, S. 23-28 zeigen, dass zwischen dem einem Klick zugeordneten Nutzen des Werbetreibenden und der Klickrate der Anzeige eine positive Korrelation existiert.

78 Die Anzeigenpositionierung hängt zwar nicht ausschließlich von dem Gebotsbetrag ab, allerdings konnten GANCHEV et al. 2007 anhand realem Bietverhalten zeigen, dass der

Die Gestaltungsmöglichkeiten zur Anzeigenschaltung und zur Anzeigenpositionierung werden hauptsächlich durch die Interaktionen zwischen Werbetreibenden und Werbemedium bestimmt. Die Werbeschaltung wird zwar durch das Konsumentenverhalten, die Eingabe einer Suchanfrage, ausgelöst, von zunehmender ökonomischer Bedeutung ist das Suchverhalten jedoch erst im Rahmen der Klick- sowie Konversionswahrscheinlichkeit.

Die Wahrscheinlichkeit, dass eine Anzeige angeklickt wird, steigt üblicherweise mit der Position der Anzeige.[81] Des Weiteren beeinflusst die Anzeigengestaltung die Klickwahrscheinlichkeit. Aus Sicht des Suchenden sollte die Anzeige eine möglichst hohe Übereinstimmung mit der Suchanfrage aufweisen. Aus diesem Grund bietet sich gegebenenfalls die Unterteilung der Suchmaschinenwerbekampagne in mehrere Suchwortgruppen an, für die jeweils angepasste Anzeigen gestaltet werden. Die Gruppen an Suchworten sind so zu segmentieren, dass sie in sich möglichst homogen und untereinander möglichst heterogen sind.[82]

Die Anzeigen bestehen meist aus einem Titel, einem Anzeigentext und einem Verweis auf die beworbene Zielseite. In Abhängigkeit von den verschiedenen Suchmaschinenanbietern existieren unterschiedliche Richtlinien für die Anzeigengestaltung. Die Vorgaben unterscheiden sich teilweise in der Anzeigenlänge und den redaktionellen Richtlinien.

Neben der Ausrichtung der Anzeige auf die Suchworte und die Suchanfrage bieten die Suchmaschinenanbieter die Möglichkeit an, Platzhalter innerhalb der Anzeige zu verwenden. Platzhalter werden bei Einblendung der Anzeige durch die Suchworte ersetzt, die die Einblendung ausgelöst haben. Überschreiten die Suchworte die zu-

---

Gebotsbetrag mit abnehmendem Rang exponential abnimmt – also den erwarteten konkaven Verlauf aufweist.

79 Vgl. Hotchkiss/Alston/Edwards 2005 und Hotchkiss 2006 sowie die Ausführungen in Abschnitt 2.3.3.

80 Vgl. Joachims et al. 2005; Jansen 2007, S. 13 sowie Joachims et al. 2007.

81 Vgl. Jansen/Resnick 2006; Ganchev et al. 2007 und Jansen 2007.

82 Vgl. Bischopinck/Ceyp 2009, S. 240.

lässige Zeichenanzahl, wird ein Platzhalter durch einen festgelegten Ausdruck ersetzt. Somit kann ein Werbetext z. B. für unterschiedliche Produkte einer Produktgruppe erstellt werden. Der Verwendung von Platzhaltern kommt weitere Bedeutung zu, wenn die Suchworte in den Ergebnislisten z. B. durch Fett-Formatierung hervorgehoben werden.

Nach dem Klick auf eine Anzeige verlässt der Suchende die Ergebnisliste der Suchmaschine und gelangt zur beworbenen Zielseite. Im gängigen pay-per-click-Bezahlsystem[83] werden dem Werbetreibenden durch den Klick Kosten in Höhe des entsprechenden Gebotsbetrags berechnet. Die Wahrscheinlichkeit, dass ein Interessent nun auch die gewünschte Aktion, die sogenannte Konversion, ausführt, hängt einerseits von der Übereinstimmung der Vorstellungen des Suchenden mit dem Angebot der Internetpräsenz ab und wird andererseits durch den subjektiven Eindruck sowie die Nutzerfreundlichkeit des Internetauftritts bestimmt.

Im Rahmen der Suchmaschinenwerbung ist ein möglicher Gestaltungsansatz zur Erhöhung der Konversionswahrscheinlichkeit die Auswahl der geeigneten Zielseite, der sogenannten ‚Landing Page'. Die Startseite mag bei einem übersichtlichen Internetauftritt ausreichend sein. Bei einem umfassenden Internetangebot sollte die Zielseite so gewählt werden, dass der Interessent auf ‚seiner' Einstiegsseite erste relevante Informationen für seine Suche vorfindet und alle Detailinformationen innerhalb von ein bis zwei Klicks erreichen kann.

Einen Ansatzpunkt zur Verbesserung der Konversionsrate bietet sowohl die Zielseite als auch der Internetauftritt. So kann es sinnvoll sein, die Zielseite abhängig von den Erfordernissen eines Interessenten zu überarbeiten oder eine geeignete Zielseite allein für die Suchmaschinenwerbekampagne mit den relevanten Informationen für den Interessenten zu konzipieren. Als Indikatoren für eine Überarbeitung dienen z. B. die Verweildauer und die Verweiltiefe. Die Verweildauer beschreibt, wie lange sich ein

---

83 Neben der Abrechnung auf Basis der Klickanzahl kann die Bezahlung auch auf Basis der Zahl an Einblendungen oder der Zahl an Konversionen erfolgen. Vgl. zur Bepreisung im Rahmen der Suchmaschinenwerbung MANGÀNI 2004; MAHDIAN/TOMAK 2008 sowie SEN et al. 2008.

Nutzer auf einer Seite und auf der Internetpräsenz aufgehalten hat. Die Verweiltiefe zählt dagegen die Anzahl der Seiten, die sich ein Interessent angesehen hat. Der vollständige Besuchsvorgang kann anhand der Logdaten mithilfe der sogenannten Klickstreamanalyse abgebildet werden und erlaubt komplexe Rückschlüsse für die Gestaltung des Internetauftrittes.[84]

2.2.5. Zusammenfassung und Bewertung der Suchmaschinenwerbung

Durch die gezielte Ansprache von potenziellen Kunden mithilfe von bezahlten Anzeigen wird im Rahmen der Suchmaschinenwerbung versucht, die Zahl der Besuche auf die eigene Internetpräsenz zu erhöhen. Der Werbetreibende bewirbt ausgewählte Suchworte, so dass die Werbeanzeige abhängig von der eingegebenen Suchanfrage geschaltet wird. Da Suchworte meist von mehreren Werbetreibenden beworben werden, erfolgt eine Rangbildung der Anzeigen – vergleichbar mit der Rangbildung der natürlichen Suchergebnisse. Die Anzeigenpositionierung basiert entweder ausschließlich auf den Gebotsbeträgen oder berücksichtigt zusätzlich weitere Relevanzkriterien, wie z. B. die Übereinstimmung des Anzeigentextes oder der in der Anzeige beworbenen Zielseite mit der Suchanfrage. Die verwendeten Ähnlichkeitsmaße, wie z. B. die Häufigkeit, die Nähe und die Lage der Suchworte, entsprechen den Kriterien der natürlichen Suchergebnisse. Ein weiteres Relevanzkriterium zur Anzeigenpositionierung, das dem Ansatz der Klick-Popularität folgt, stellt die Klickrate dar.[85]

Die Kosten der Suchmaschinenwerbekampagnen werden meist auf Basis des pay-per-click-Modells, also anhand der Klickanzahl auf die Anzeige, berechnet. Da die aus

---

84 Vgl. zur Anwendung der Klickstreamanalyse z. B. BUCKLIN/SISMEIRO 2003; CHATTERJEE/HOFFMAN/NOVAK 2003; JOHNSON et al. 2004; MOE/FADER 2004a; MOE/FADER 2004b; SISMEIRO/BUCKLIN 2004; MONTGOMERY et al. 2004; VAN DEN POEL/BUCKINX 2005; KALCZYNSKI/SENECAL/NANTEL 2006; MOE 2006 sowie OLBRICH/HOLSING 2011.

85 Vgl. hierzu die Befunde von RADLINSKI/JOACHIMS 2007. Für eine Einführung zur Klick-Popularität vgl. z. B. GLÖGGLER 2003, S. 87-89; LEWANDOWSKI 2005, S. 144 sowie SCHULTZ 2009, S. 74. Vgl. XUE et al. 2004; AGICHSTEIN/BRILL/DUMAIS 2006; JUNG/HERLOCKER/WEBSTER 2007 und CIARAMITA/MURDOCK/PLACHOURAS 2008a zur Integration von Ansätzen der Klick-Popularität.

Sicht des Werbetreibenden erwünschte Handlung allerdings erst auf den eigenen Webseiten bzw. auf einer nachgelagerten Stufe erfolgt, bedrohen sogenannte betrügerische Klicks sowohl das Geschäftsmodell der Suchmaschinen als auch die Effektivität und die Effizienz der Werbekampagnen.[86] Klickbetrug bezeichnet im Rahmen der Suchmaschinenwerbung das Anklicken einer Anzeige, ohne Intention mit dem Werbetreibenden zu interagieren.[87]

Eine weitere Herausforderung für die Suchmaschinenwerbung stellt die Einstellung der Suchenden gegenüber bezahlten Anzeigen dar.[88] Suchende schätzen Anzeigen gegebenenfalls nicht als relevant ein oder misstrauen den Aussagen von bezahlten Anzeigen. Aus dem Bedürfnis der Suchenden, zwischen Suchergebnissen und Suchanzeigen zu unterscheiden, kennzeichnen Suchmaschinen die Werbeanzeigen, da der Aufbau der Anzeigen denen der Suchergebnisse ähnelt. Des Weiteren werden die Werbeanzeigen nicht innerhalb der Suchergebnisse, sondern unterhalb, oberhalb oder neben der Suchergebnisliste platziert. Als Erklärungsansatz kann die Einstellung der Suchenden u. U. die Unterschiede in Wahrnehmung und Klickverhalten zwischen Suchergebnissen und Anzeigen erläutern.[89]

Wie in Abschnitt 2.2.3. erläutert, beginnt der Prozess der Suchmaschinenwerbung mit der Identifikation und der Auswahl der relevanten Suchworte. Bei einer ungenauen Auswahl besteht die Gefahr, dass Suchende angesprochen werden, die nicht an dem Leistungsangebot interessiert sind.[90] Sofern die Anzeigen nicht nur eingeblendet,

---

86 Vgl. KITTS et al. 2005, S. 21; SEN 2005, S. 21 f. und JANSEN 2006a, S. 34.

87 Vgl. zu dieser Definition OLBRICH/SCHULTZ 2010a, S. 258. Für einen Überblick zum Thema Klickbetrug vgl. die Ausführungen in Abschnitt 2.3.5.

88 Vgl. hierzu auch die Ausführungen zum Suchverhalten in Abschnitt 2.3.3. Aktuelle Untersuchungen legen nahe, dass Suchende organische Suchergebnisse den werblichen Anzeigen vorziehen. Vgl. HOTCHKISS/ALSTON/EDWARDS 2005; JANSEN/RESNICK 2005; HOTCHKISS 2006; JANSEN/RESNICK 2006 sowie DANESCU-NICULESCU-MIZIL et al. 2010.

89 Vgl. zur unterschiedlichen Wahrnehmung von Suchanzeigen und Suchergebnissen die Untersuchungen von JANSEN/RESNICK 2006; JANSEN/SPINK 2007 sowie JANSEN/SPINK 2009.

90 Vgl. BISCHOPINCK/CEYP 2009, S. 123.

sondern auch angeklickt werden, führt also eine nicht zielgerichtete Auswahl von Suchworten zu erhöhten Kosten. Im Gegensatz zur Suchmaschinenoptimierung ist die Suchmaschinenwerbung bei der Wortauswahl nicht auf wenige Suchworte beschränkt, so dass eine Zielgruppenansprache gegebenenfalls mithilfe verschiedener Gruppen von Suchworten erfolgen kann. Die Gruppierung von Suchworten ermöglicht außerdem den Einsatz von unterschiedlichen Anzeigen. So können Suchworte und Anzeige aufeinander und auf die Zielgruppe abgestimmt werden. Neben dem Einsatz mehrerer Suchworte und Anzeigen lassen sich Suchmaschinenwerbekampagnen gegebenenfalls bei mehreren Anbietern schalten. Die Suchmaschinenwerbung kann so flexibel bei mehreren Suchmaschinen mit jeweils abgestimmten Begriffen und Anzeigen eingesetzt werden. Entsprechend der Aufteilung des Suchmaschinenmarktes[91] stellen Google AdWords und AdSense, Yahoo Search Marketing, Baidu Search Marketing sowie Microsoft AdCenter derzeit die bedeutendsten Anbieter für Suchmaschinenwerbung dar.

Eine weitere Gefahr im Rahmen der Suchwortauswahl besteht darin, dass weitverbreitete Worte beboten werden. Suchworte, die in vielen Anzeigenkampagnen benutzt werden, sind aufgrund der starken Konkurrenzsituation vielfach mit hohen Bietbeträgen verbunden, so dass eine rentable Zielerreichung der Werbekampagne u. U. nicht gewährleistet ist.[92] Die alternative Strategie, möglichst viele Suchworte mit geringerem Suchvolumen zu bewerben, wird kontrovers diskutiert.[93]

Im Rahmen der Suchmaschinenwerbung können Werbetreibende sowohl die Suchworte frei wählen als auch die Anzeigen frei gestalten. Die Suchmaschinenwerbung erlaubt so eine gezielte Ausrichtung auf die Zielgruppe. Insbesondere im Vergleich zur Suchmaschinenoptimierung stellt diese direkte Ausrichtung auf die Zielgruppe einen Vorteil dar, da der Werbetreibende nicht auf die Algorithmen der Suchmaschine angewiesen ist, um automatisiert die relevanten Inhalte eines Dokumentes zu

---

91 Vgl. zur Marktanteil der Suchmaschinen Abbildung 5 in Abschnitt 2.1.

92 Zu einem empirischen Befund, dass ein positiv linearer Zusammenhang zwischen der Zahl an Bietern und dem höchsten Gebotsbetrag besteht, vgl. GANCHEV et al. 2007.

93 Vgl. GOLDFARB/TUCKER 2008 sowie SKIERA/ECKERT/HINZ 2010.

identifizieren. Ein Risikofaktor ist in diesem Zusammenhang die unsichere Rechtslage zur Verwendung von eingetragenen Marken als auslösendes und angezeigtes Suchwort. So kann insbesondere der Einsatz sogenannter Platzhalter, die die eingebundenen Suchworte aufnehmen, unbeabsichtigt zur Werbeschaltung mit eingetragenen Marken im Anzeigentext und zu einer nicht beabsichtigten Markenverletzung führen.

Da Werbetreibende zeitnah die Einstellungen einer Suchmaschinenwerbekampagne verändern können, erfordert die Suchmaschinenwerbung eine kontinuierliche Kontrolle der Zielgrößen und eine entsprechende Anpassung der Kampagnenparameter. So sind die Kennzahlen z. B. nicht allein auf Kampagnenebene, sondern auch auf Anzeigen- und Suchwortebene auf ihre Zielerreichung zu prüfen. Während die Erstellung im Rahmen der Suchmaschinenwerbung im Vergleich zur Suchmaschinenoptimierung relativ zeitnah geschehen kann, stellt die kontinuierliche Auswertung und Anpassung einer Suchmaschinenwerbekampagne einen nicht zu unterschätzenden Aufwand dar. Die notwendigen Anpassungen können aufgrund einer möglicherweise hohen Änderungsfrequenz der Konkurrenten zeitkritisch sein, so dass die Suchmaschinenwerbekampagne umgehend zu überarbeiten ist.[94]

Die Suchmaschinenwerbung ist im Vergleich zur Suchmaschinenoptimierung auch kurzfristig einsetzbar. Während die Suchmaschinenoptimierung aufgrund des hohen Rüstaufwands allein der Zielerreichung der Unternehmensziele bzw. der Unterstützung des Internetpräsenzziels dient, kann die Suchmaschinenwerbung auch kurzfristige, untergeordnete Ziele des Unternehmens bzw. des Internetauftritts unterstützen.

---

94 Vgl. zu strategischem Bietverhalten z. B. ZHOU/LUKOSE 2006; GANCHEV et al. 2007 und LIANG/QI 2007 sowie die Ausführungen in Abschnitt 2.3.2.4. Zur Berücksichtigung dieses Verhaltens im Rahmen des Auktionsalgorithmus vgl. MEEK/CHICKERING/WILSON 2005 sowie BU/DENG/QI 2007.

Die Charakteristika der Suchmaschinenwerbung sind in Abbildung 11 im Vergleich zur Suchmaschinenoptimierung zusammengefasst.[95]

Kriterien	Suchmaschinenoptimierung	Suchmaschinenwerbung
Ansprache von Interessenten	durch Verbesserung der natürlichen Ergebnisse	durch Schaltung bezahlter Anzeigen
Reichweite	Ausrichtung auf eine Suchmaschine Auswahl weniger Suchworte	keine Beschränkung
Aufwand	hoher Rüstaufwand	zeitnahe und kontinuierliche Kontrolle
Budgetbeanspruchung	hohe Anfangsinvestition	laufende Werbekosten
zeitliche Ausrichtung	langfristig	kurz- bis mittelfristig
Risikofaktor	Ausschluss aus dem Datenbestand der Suchmaschine	Klickbetrug

Abb. 11: Charakteristika der Suchmaschinenwerbung[96]

2.3. Stand der Suchmaschinenwerbung im Schrifttum

2.3.1. Überblick

Im Vergleich zur zunehmenden Verbreitung der Suchmaschinenwerbung in der unternehmerischen Werbeplanung ist die wissenschaftliche Auseinandersetzung mit diesem Instrument bisher unterrepräsentiert. Der wissenschaftliche Diskurs konzentriert sich vorwiegend darauf, an bestehende Forschungsfelder anzuknüpfen. Im Fokus der Untersuchungen liegen insbesondere das Auktionsdesign, das Suchverhalten, die Keywordgenerierung und die Behandlung von Klickbetrug.

---

95 Vgl. zu einer Einführung sowie Bewertung der Suchmaschinenoptimierung SCHULTZ 2009, S. 72-83 und OLBRICH/SCHULTZ 2010b, S. 5-22.

96 In Anlehnung an SCHULTZ 2009, S. 94 und OLBRICH/SCHULTZ 2010b, S. 71.

Das Auktionsdesign der Suchmaschinenwerbung wird vor dem Hintergrund bisheriger Ergebnisse der Auktionstheorie analysiert. Die Untersuchungen lassen sich vier groben Forschungssträngen zuordnen.[97] Der Literaturüberblick in Abschnitt 2.3.2. folgt dieser Einteilung. Die Ausführungen konzentrieren sich hierbei auf die zugrundeliegenden Verfahren der Suchmaschinenwerbung (Abschnitt 2.3.2.1.), der Rangbildung der Anzeigen (Abschnitt 2.3.2.2.), der Preissetzung des Suchmaschinenanbieters (Abschnitt 2.3.2.3.) und der Bietstrategie des Werbetreibenden (Abschnitt 2.3.2.4.).

Die Analyse des Suchverhaltens von Suchmaschinennutzern ist insbesondere durch die Konsumentenverhaltensforschung im Sinne der Mensch-Maschinen-Interaktion geprägt. Ein Überblick zu den wesentlichen Ergebnissen erfolgt in Abschnitt 2.3.3.

Ausgehend von Ansätzen des Information Retrieval sowie der Computerlinguistik befasst sich die Keywordgenerierung mit der Identifikation und der Selektion relevanter Suchworte. Aufgrund seiner Bedeutung als Ausgangspunkt aller Maßnahmen des Suchmaschinenmarketing wurde diesem Prozessschritt vergleichsweise viel Aufmerksamkeit zuteil.[98] Die wesentlichen Ansätze, um eine automatisierte Identifikation und Auswahl von Suchworten zu ermöglichen, werden in Abschnitt 2.3.4. dargestellt.

Als Charakteristikum der insbesondere in der Suchmaschinenwerbung dominierenden Bepreisung pro Klick wurde das Problem betrügerischer Klicks untersucht. Der wissenschaftliche Diskurs befasst sich insbesondere mit der Motivation der Klickbetrüger, den Konsequenzen des betrügerischen Klickverhaltens, der Identifikation betrügerischer Klicks sowie alternativen Verfahren, die robust gegenüber Klickbetrug sind. In Abschnitt 2.3.5. werden die Ergebnisse zusammengefasst dargestellt.

Zu konstatieren ist, dass eine umfassende Analyse der Instrumente zur Steuerung der Suchmaschinenwerbung bisher genauso fehlt wie Erkenntnisse zur parallelen Schaltung von Anzeigen in Suchmaschinen und in Zeitungen. Einen Überblick über

---

97 Vgl. zu dieser Einteilung z. B. ACHARYA et al. 2007 sowie CHAKRABARTY et al.2007.

98 Vgl. zum Prozess der Suchmaschinenwerbung die Ausführungen in Abschnitt 2.2.3. und insbesondere Abbildung 9.

den Stand zur Erforschung des multimedialen Werbeeinsatzes unter Berücksichtigung des Internet gibt Abschnitt 2.3.6.

2.3.2. Auktionsdesign der Suchmaschinenwerbung

2.3.2.1. Verfahren zur Auktionierung der Suchmaschinenwerbung

Im Bereich der Suchmaschinenwerbung sind die Eigenschaften des Algorithmus, um die Positionen der Werbeanzeigen zu versteigern, zentraler Gegenstand der Forschung. Die Positionen der Werbeanzeigen werden abhängig von der Gebotshöhe und ggf. weiteren Faktoren[99] automatisch versteigert. Das Gebot entspricht dem Betrag, den ein Werbetreibender bereit ist, für einen Klick auf die bei einem vorgegebenen Keyword geschaltete Anzeige zu bezahlen. Für einen Klick auf die Anzeige wird dem Werbetreibenden der Betrag in Rechnung gestellt, der für die nächste unterlegene Position geboten wird. Erfolgt z. B. ein Klick auf die am höchsten positionierte Anzeige, so zahlt der Werbetreibende den Betrag ggf. zzgl. eines Inkrements, der dem Gebot für die zweite Positionierung entspricht.

Aufgrund der grundlegenden Untersuchungen von EDELMAN, OSTROVSKY und SCHWARZ sowie VARIAN wird diese Art der Auktionierung vornehmlich als „generalized second price auction“[100] und „position auction“[101] bezeichnet. In ihren voneinander unabhängigen Untersuchungen kommen EDELMAN, OSTROVSKY und SCHWARZ sowie VARIAN zu dem Ergebnis, dass das Auktionsverfahren im Rahmen der Suchmaschinenwerbung lediglich ex post zu einem Gleichgewicht führt.[102] Dieser Auktionsansatz führt auch nicht notwendigerweise zur Offenlegung der wahren Wert-

---

99 Als weiterer Relevanzfaktor wird insbesondere die bisherige Klickrate von Werbeanzeigen herangezogen. Vgl. z. B. CHEN/FENG/WHINSTON 2009 sowie BALACHANDER/KANNAN/SCHWARTZ 2009. Vgl. für einen formalen Vergleich dieser beiden Ansätze LIU/CHEN 2006 sowie LIU/CHEN/WHINSTON 2006. Für einen Ansatz, der die Inhalte der beworbenen Webseite zur Auswahl der Suchanzeigen berücksichtigt, vgl. CHOI et al. 2010.

100 Vgl. EDELMAN/OSTROVSKY/SCHWARZ 2006 und 2007.

101 Vgl. VARIAN 2006.

102 Vgl. EDELMAN/OSTROVSKY/SCHWARZ 2006; VARIAN 2006 sowie EDELMAN/OSTROVSKY/SCHWARZ 2007.

schätzung.[103] Auf Basis dieser Ergebnisse leiten Bu, Deng und Qi ein sogenanntes vorausschauendes Gleichgewicht ab, das für unterschiedliche Bietstrategien formal nachgewiesen wird und wahrheitsgemäßes Bietverhalten beinhaltet.[104] Durch die Integration eines stochastisch agierenden automatisierten Bieters lassen sich effiziente Gleichgewichte für dieses Auktionsdesign ableiten.[105]

Als Erweiterung des bisherigen Auktionsdesigns werden alternative Ansätze vorgeschlagen, bei denen Werbetreibende Gebote in Höhe ihrer wahren Wertschätzung abgeben. Aggarwal, Goel und Motwani konzipieren z. B. ein Verfahren, in dem der zu zahlende Preis im Gegensatz zum nächstunterlegenen Gebot von allen unterlegenen Geboten abgeleitet wird.[106] Die Autoren zeigen, dass dieses Verfahren in Folge zu wahrheitsgemäßem Bietverhalten führt. Zu einem wahrheitsgemäßen Auktionsverfahren führt nach Borgs et al. auch der Ansatz, nur einen Teil aller Anzeigenpositionen zu versteigern.[107]

In ihrem Ansatz lösen Borgs et al. auch die Annahme unbeschränkter Budgets auf und führen begrenzte Budgets in die Analyse des Auktionsverfahren ein.[108] Für die generalisierte Zweitpreisauktion existiert unter Budgetrestriktionen kein wahrheitsgemäßes Bietverhalten.[109] Abrams leitet für den Ansatz von Borgs et al. Grenzen für die aus Sicht des Suchmaschinenanbieters zu erwartenden Einnahmen ab.[110] Zu einer Steigerung der Einnahmen des Suchmaschinenanbieters führt nach Goel et al. die

---

103 Neben Edelman/Ostrovsky/Schwarz 2006, 2007 und Varian 2006 zeigt auch Lahaie 2006, dass dieser Auktionsalgorithmus nicht zu Geboten in Höhe der wahren Wertschätzung führt.

104 Vgl. Bu/Deng/Qi 2007.

105 Vgl. zu diesem Ansatz Hashimoto 2010.

106 Vgl. Aggarwal/Goel/Motwani 2006.

107 Vgl. Borgs et al. 2005. Die Unsicherheit, dass nicht alle Suchanzeigen im Rahmen des Auktionsverfahrens auf der Suchergebnisseite eingeblendet werden, führt nach Analyse der Autoren zu einem Bietverhalten in Höhe der wahren Wertschätzung.

108 Vgl. Borgs et al. 2005.

109 In diesem Fall lässt sich kein systematisch stabiles Bietverhalten ableiten. Vgl. zu diesem Ergebnis Dobzinsky/Lavi/Nisan 2008.

110 Vgl. Abrams 2006.

Aufhebung der Budgetrestriktion bei der Auswahl der Werbeanzeigen.[111] Die Autoren schlagen vor, Anzeigen mit ausgeschöpftem Budget im Auktionsverfahren zu berücksichtigen und Werbeplätze diesen Anzeigen zuzuweisen.

Unter Berücksichtigung beschränkter Budgets werden insbesondere alternative Auktionsverfahren vorgeschlagen, die pareto-effizient und neidfrei sind.[112] Einen Ansatz, der zumindest die Wertschätzung der Werbenden nicht unterschreitet, stellen HAFALIR, RAVI und SAYEDI vor.[113]

Wird im Rahmen des Auktionsprozesses die unterschiedliche Wertschätzung eines Werbetreibenden für verschiedene Anzeigenränge angenommen, so lässt sich für die Bezahlung pro Klick kein systematisches Gleichgewicht mehr ableiten.[114] Für diese Annahme führen nicht ein konstanter Mindestbetrag, sondern verschiedene Mindestbeträge abhängig vom Rang zu einem aus Sicht des Suchmaschinenanbieters optimalen Auktionsverfahren.[115] Unter Berücksichtigung bieterspezifischer Mindestbeträge besitzt die generalisierte Zweitpreisauktion zumindest ein neidfreies Gleichgewicht.[116] Ein Vergleich von fixen Mindestbeträgen zu mit der Klickrate gewichteten Mindestbeträgen wird von LIU, CHEN und WHINSTON vorgenommen und der Einfluss auf das Gleichgewicht und die Einnahmen des Suchmaschinenanbieters formal nachgewiesen.[117] Die Autoren gelangen zu dem Ergebnis, dass die Gewichtung der Gebotsbeträge sowie der Mindestgebote mittels der Klickrate zu dem effizienteren Auktionsverfahren führt.

---

111 Vgl. GOEL et al. 2008.

112 Vgl. zu diesen Verfahren AGGARWAL et al. 2009; KEMPE/MU'ALEM/SALEK 2009 sowie ASHLAGI et al. 2010.

113 Vgl. zu dieser Annäherung an ein wahrheitsgemäßes Auktionsverfahren HAFALIR/RAVI/SAYEDI 2009.

114 Abhängig von der Positionierung auf der Suchergebnisseite werden Suchanzeigen unterschiedlich wahrgenommen. Vgl. hierzu Abschnitt 2.3.3. und insbesondere Abbildung 12. Die Annahme abweichender Wertschätzungen für verschiedene Anzeigenränge stellt daher eine relevante Erweiterung im Rahmen der Auktionsmodellierung dar. Vgl. hierzu ABRAMS/GHOSH/VEE 2007.

115 Vgl. FENG 2008.

116 Vgl. EVAN-DAR et al. 2008.

117 Vgl. LIU/CHEN/WHINSTON 2010.

In weiteren Untersuchungen wird die Annahme aufgehoben, dass die Werbeanzeigen keinen Einfluss aufeinander haben.[118] Zur Modellierung des zugrundeliegenden Suchverhaltens wird hierbei auch die vorwiegende Annahme zur Separierbarkeit der Klickrate[119] in einen Anteil abhängig von der Position und einen Anteil abhängig von der Anzeige aufgegeben.[120] Für dieses unabhängig voneinander entwickelte Modell des Suchverhaltens zeigen AGGARWAL et al. sowie KEMPE und MAHDIAN, dass es in abschätzbarer Zeit berechnet werden kann, aber das aktuelle Auktionsverfahren für dieses Such- und Klickverhalten keine optimale Allokation der Werbeanzeigen vornimmt. Die Abhängigkeit der Klickrate von der Position und konkurrierenden Anzeigen wird an anderer Stelle empirisch nachgewiesen.[121] Die Unabhängigkeitsannahme von organischen Suchergebnissen und Werbeanzeigen wird von KATONA und SARVARY formal aufgelöst[122] und an anderer Stelle durch YANG und GHOSE empirisch bestätigt[123]. Die organischen Suchtreffer beeinflussen also die Beurteilung der Anzeigen und in Folge deren Klickrate.

Auktionsverfahren, die die Allokation von Werbeanzeigen mit einer Bepreisung zu einem späteren Zeitpunkt versehen, werden von MAHDIAN und SABERI sowie CHAKRABORTY und DEVANUR vorgeschlagen.[124] Ziel dieser Verfahren ist, die Budgetverteilung aus Sicht des Suchmaschinenanbieters und des Werbetreibenden zu optimieren. Im Ergebnis thematisieren diese Verfahren das ungewisse Angebot, also

---

118 Vgl. AGGARWAL et al. 2008; GHOSH/MAHDIAN 2008; KEMPE/MAHDIAN 2008; GHOSH/SAYEDI 2009; GOMES/IMMORLICA/MARKAKIS 2009 sowie CONSTANTIN et al. 2010.

119 Vgl. zu dieser Annahme z. B. AGGARWAL/GOEL/MOTWANI 2006, o. S. sowie HUANG/KAUFFMAN 2011, S. 197 f.

120 Vgl. AGGARWAL et al. 2008; KEMPE/MAHDIAN 2008 sowie GOMES/IMMORLICA/MARKAKIS 2009. Für unterschiedliche Ansätze zur Schätzung des Such- und Klickverhaltens vgl. CRASWELL et al. 2008 sowie den Ansatz von GOMES/IMMORLICA/MARKAKIS 2009.

121 Vgl. zu dem Einfluss des Anzeigenrangs sowie konkurrierender Werbeanzeigen die empirische Untersuchung bei GOMES/IMMORLICA/MARKAKIS 2009.

122 Vgl. zur Beziehung zwischen organischen und werblichen Suchergebnissen die Überlegungen bei KATONA/SARVARY 2010.

123 Vgl. YANG/GHOSE 2010.

124 Vgl. MAHDIAN/SABERI 2006 sowie CHAKRABORTY/DEVANUR 2008.

die unbekannte Suchhäufigkeit der beworbenen Suchworte. Ähnlich schlagen CONSTANTIN et al. ein Auktionsdesign vor, in dem Werbeeinblendungen im Vorfeld versteigert werden und ggf. durch den Suchmaschinenanbieter widerrufen werden.[125] Dieser Ansatz führt zu Geboten in Höhe der wahren Wertschätzung, und die Einnahmen liegen aus Sicht des Suchmaschinenanbieters gering unter den bisherigen a posteriori optimalen Einnahmen.

In weiteren Ansätzen wird vorgeschlagen, die Auktionierung durch zusätzliche Informationen zu ergänzen. So schlagen EVEN-DAR, KEARNS und WORTMAN vor, zusätzliche Daten über den Suchenden, wie z. B. Adresse und Geschlecht, in den Algorithmus zu integrieren.[126] In Anlehnung an die Integration der Klickrate als Gewichtungsfaktor wird vorgeschlagen, die Konversionsrate in das Auktionsverfahren aufzunehmen.[127]

Neben diesen Untersuchungen, die sich insbesondere auf die Folgen des Auktionsdesigns aus Sicht des Suchmaschinenanbieters konzentrieren, werden auch Modifikationen des Auktionsverfahrens präsentiert, die zunehmend die Werbetreibenden und die Suchenden in den Fokus rücken.[128] Als alternatives Auktionsdesign wird z. B. vorgeschlagen und im Folgenden analysiert, Werbeanzeigen abhängig von den natürlichen Suchergebnissen zu schalten.[129] Im Vergleich zum aktuellen Auktionsdesign wird hierbei als vorteilhaft angesehen, den Suchenden eine qualitativ hochwertigere Kongruenz zwischen organischen und werblichen Suchergebnissen zu präsentieren. Ferner werden z. B. weitere Möglichkeiten für den Werbetreibenden gefordert, um die Suchmaschinenwerbekampagne in einem stärkeren Maße zu steuern.[130] So sollen Werbetreibende z. B. für ein Keyword nicht nur ein Gebot, sondern ein Gebot pro

---

125 Vgl. CONSTANTIN et al. 2008.

126 Vgl. EVEN-DAR/KEARNS/WORTMAN 2007.

127 Vgl. zu den Auswirkungen dieses Vorschlages die Untersuchung von BLUMROSEN/HARTLINE/NONG 2008.

128 Eine umfassendere Analyse der Integration von Suchverhalten geben ATHEY/ELLISON 2011 und in Folge KOMINERS 2009.

129 Vgl. zu diesem Auktionsdesign DASDAN et al. 2009.

130 Vgl. zu weiteren Steuerungsmöglichkeiten z. B. BENISCH/SADEH/SANDHOLM 2008.

Rang abgeben können. CHEN et al. schlagen unter Annahme, dass die Bezahlung pro Konversion erfolgt, vor, einen Anteil der Einnahmen an die Suchenden weiterzugeben.[131] Nach Angabe der Autoren führt dieser Ansatz zu steigenden Einnahmen des Suchmaschinenanbieters sowie in Folge zu einem geringeren Konversionspreis aus Sicht der Suchenden. Mögliche Anpassungen des Werbetreibenden bleiben bei dieser Analyse allerdings unberücksichtigt.

2.3.2.2. Algorithmus zur Rangbildung der Werbeanzeigen

Im Vergleich zur Relevanzbewertung der natürlichen Suchergebnisse wurde der Rangbildung der Werbeanzeigen bisher wenig Aufmerksamkeit gewidmet. Wie bereits in Abschnitt 2.3.2.1. erläutert, erfolgt die Rangreihung ausschließlich in Abhängigkeit von der Gebotshöhe oder berücksichtigt zusätzlich weitere Relevanzkriterien, wie z. B. die Übereinstimmung des Anzeigentextes oder der in der Anzeige beworbenen Zielseite mit der Suchanfrage.[132] Ein verbreitetes Relevanzkriterium ist die mit der Werbeanzeige verbundene Klickrate.[133]

Untersuchungen dieser beiden Ansätze zeigen, dass die gewichtete Rangbildung der ausschließlich von der Gebotshöhe determinierten Abfolge aus Sicht der Risikoreduzierung des Werbetreibenden vorzuziehen ist.[134] Mit Blick auf die Einnahmenmaximierung des Suchmaschinenanbieters finden sich unterschiedliche Empfehlungen in der Literatur.[135] In einer vertiefenden Simulationsstudie von LAHAIE und PENNOCK

---

131 Vgl. CHEN et al. 2008.

132 Vgl. für einen Ansatz zur Selektion von Suchmaschinenwerbeanzeigen anhand der in der Anzeige beworbenen Zielseite z. B. CHOI et al. 2010.

133 Vgl. z. B. CHEN/FENG/WHINSTON 2009 sowie BALACHANDER/KANNAN/SCHWARTZ 2009. Dieses Kriterium folgt dem aus der Relevanzbewertung stammenden Ansatz der Klick-Popularität. Vgl. hierzu z. B. GLÖGGLER 2003, S. 87-89; LEWANDOWSKI 2005, S. 144 sowie SCHULTZ 2009, S. 74.

134 Vgl. LIU/CHEN 2006, S. 1315 sowie FENG/BHARGAVA/PENNOCK 2007, S. 148.

135 LIU/CHEN 2006, S. 1315 sowie FENG/BHARGAVA/PENNOCK 2007, S. 148 formulieren mittels formal-analytischer Untersuchungen eine Empfehlung für die gewichtete Rangbildung, während BALACHANDER/KANNAN/SCHWARTZ 2009, S. 11-28 empirische Indizien für eine Einnahmenmaximierung des Suchanbieters durch die ausschließlich von der Gebotshöhe determinierte Rangbildung liefern.

werden unterschiedliche Gewichtungen der Klickrate analysiert.[136] Die Ergebnisse dieser Analyse legen nahe, die Klickrate mit einem Exponenten in Höhe von 0,6 zu adjustieren, um die Einnahmen zu steigern, ohne die Zufriedenheit der Werbetreibenden und aus Sicht der Suchenden die Relevanz der Werbeanzeigen deutlich zu senken.

Auch Vergleiche zwischen Erst- und Zweitpreisauktion führen zu einer Präferenz der gewichteten Rangbildung.[137] An anderer Stelle wird der Vergleich um die Rangbildung ausschließlich in Abhängigkeit von der vergangenen Klickrate und unter Festsetzung von Mindestbeträgen für die Rangpositionen erweitert und die Performanz des gewichteten Bewertungsansatzes bestätigt.[138] In ihren Ausführungen weisen die Autoren allerdings darauf hin, dass in der Rangbildung die Gleichgewichtung der Klicks aufgehoben werden sollte. Klicks auf niedriger positionierten Anzeigen seien stärker zu gewichten als Klicks auf hoch positionierten Anzeigen. Als Begründung wird angeführt, dass mit Klicks auf niedrig positionierte Anzeigen eine größere Wahrscheinlichkeit zu konvertieren verbunden ist als auf höher positionierten Anzeigen.

Dieses Vorgehen relativiert auch die u. U. verzerrende Wirkung der der Link- und der Klick-Popularität zugrundeliegenden Annahme, dass die Popularität der Qualität der Ergebnisse entspricht.[139] Um insbesondere neue Elemente mit unbekannter Klickrate in das Ranking zu integrieren, wird z. B. vorgeschlagen, ein geringes Zufallselement in den Algorithmus aufzunehmen, so dass vor allem für neue Suchanzeigen eine empirische Klickrate erfasst werden kann.[140]

In anderen Untersuchungen werden weitere Kriterien zur Rangbildung der Werbeanzeigen vorgeschlagen, um die Relevanz der Anzeigen aus Sicht der Suchenden zu erhöhen und in Folge die Einnahmen des Suchmaschinenanbieters zu steigern. Aus

136 Vgl. auch zu den folgenden Ergebnissen die Analyse von LAHAIE/PENNOCK 2007.

137 Vgl. LIU/CHEN/WHINSTON 2006.

138 Vgl. FENG/BHARGAVA/PENNOCK 2003 und 2007.

139 Vgl. für eine Diskussion dieses Zusammenhangs CHO/ROY 2004 sowie PANDEY et al. 2005.

140 Vgl. PANDEY et al. 2005.

diesem Grund wird z. B. neben der Klickrate die Konversionsrate in den Algorithmus aufgenommen.[141] Andere Autoren berücksichtigen weitere Informationen mit Bezug zum Suchenden, wie z. B. geographische und demographische Merkmale, und diskutieren die Folgen für den Suchmaschinenanbieter und den Werbetreibenden.[142]

Eine weitere im Rahmen der Rangbildung diskutierte Fragestellung befasst sich mit der Zahl anzuzeigender Werbeanzeigen. Aus Sicht des Suchmaschinenanbieters ergibt sich eine Wechselbeziehung zwischen den direkten Einnahmen und den indirekten Verlusten durch unzufriedene Suchende.[143] KATONA und SARVARY folgern in ihrer Analyse, dass ein Suchmaschinenanbieter dann die Zahl der Werbeanzeigen reduzieren sollte, wenn zwischen zwei beworbenen Webseiten ein großer Attraktivitätsunterschied aus Sicht der Suchenden besteht.[144] Für diesen Fall zeigen die Autoren, dass auch die zu erwartenden Einnahmen ansteigen. Anstelle eines bestimmten Attraktivitätslevels, also der Relevanz zwischen Suchanfrage und Anzeige bzw. der beworbenen Webseite, lassen sich auch Verfahren des maschinellen Lernens heranziehen, um die einnahmenmaximierende Zahl an Werbeanzeigen zu bestimmen. Insbesondere im Bereich des content advertising liefern diese Verfahren gute Ergebnisse.[145] Alternativ zur Reduzierung der Zahl an anzuzeigenden Werbeanzeigen wird vorgeschlagen, weniger relevante Anzeigen höher zu bepreisen.[146] In Folge führt dies nach Analyse der Autoren zu einer Wertsteigerung der Suchenden und höheren Einnahmen des Suchmaschinenanbieters.

---

141 Vgl. zu Auswirkungen der Integration der Konversionsrate in den Auktionsalgorithmus BLUMROSEN/HARTLINE/NONG 2008.

142 Vgl. hierzu EVEN-DAR/KEARNS/WORTMAN 2007.

143 Vgl. FENG/BHARGAVA/PENNOCK 2007, S. 148.

144 Vgl. KATONA/SARVARY 2010, S. 209.

145 Vgl. zu einem Ansatz des maschinellen Lernens in diesem Zusammenhang BRODER et al. 2008. Der vorgestellte Ansatz liefert bessere Ergebnisse im Bereich des content advertising als ein alternativer Ansatz anhand eines Attraktivitätsgrenzwerts. Für das keyword search advertising zeigt der alternative Grenzwertansatz bessere Ergebnisse. Dieser Befund dürfte insbesondere auf die im keyword search advertising schwieriger zu identifizierende Intention des Suchenden zurückzuführen sein. Für einen alternativen Ansatz auf Basis von semantischen Assoziationsregeln vgl. CIARAMITA/MURDOCK/PLACHOURAS 2008b.

146 Vgl. zu dieser Empfehlung die Untersuchung von LINDEN/MEEK/CHICKERING 2009.

2.3.2.3. Bepreisung von Werbeanzeigen in Suchmaschinen

Im Vergleich zu den unterschiedlichen Aspekten und Perspektiven, die im Rahmen der Analyse und Ausgestaltung des Auktionsverfahrens sowie des Algorithmus zur Rangbildung berücksichtigt werden, erfolgen die Untersuchungen zur Bepreisung von Suchmaschinenwerbeanzeigen überwiegend aus Sicht des Suchmaschinenanbieters. Der Einfluss verschiedener Ansätze zur Preisgestaltung sowie deren Einflussparameter liegen hierbei im Fokus der wissenschaftlichen Auseinandersetzung.

Ausgangspunkt der Untersuchungen ist das in der Praxis dominierende Preismodell, das für einen Klick auf die Werbeanzeige einen Betrag berechnet, der marginal notwendig ist, um das nächste unterlegene Gebot zu übertreffen. Dieser Zweitpreisansatz wird allgemein für alle einzublendenden Werbeanzeigen angewandt, so dass sich hierfür die Bezeichnung generalisierte Zweitpreisauktion etabliert hat.[147]

Aus Sicht des Suchmaschinenanbieters müssen ex ante alle in einer Periode erfolgenden Suchanfragen sowie das weitere Verhalten der Suchenden und der Werbetreibenden bekannt sein, um die maximalen Einnahmen für ein konkretes Preismodell zu bestimmen. Da diese Informationen ex ante nicht vorliegen, wurde für die generalisierte Zweitpreisauktion formal-analytisch untersucht, wie die Kompetitivität[148] des Verfahrens ausfällt, wenn die Einnahmen des Suchmaschinenanbieters unter einem unbekannten Informationsstand im Vergleich zu bekannten Informationen ermittelt werden.[149] Allgemein wird für dieses Verhältnis ein Wert von $1-e^{-1} \approx 0{,}632$ an-

---

147 Diese Bezeichnung hat sich in Folge der grundlegenden Arbeit von EDELMAN/OSTROVSKY/SCHWARZ 2007 etabliert.

148 Für einen sogenannten Online-Algorithmus, für den zu Beginn nicht alle Daten verfügbar sind, bezeichnet die Kompetitivität bzw. das kompetetive Verhältnis die Lösung des Algorithmus im Vergleich zu einer optimalen Lösung des korrespondierenden Offline-Algorithmus – also für den Fall, dass alle Eingabewerte ex ante bekannt sind. Vgl. vertiefend BORODIN/EL-YANIV 2005, S. 1-4.

149 Vgl. zu Ansätzen, um die Kompetitivität der generalisierten Zweitpreisauktion zu bestimmen, MEHTA et al. 2007 sowie GOEL/MEHTA 2008.

gegeben.[150] Durch die Integration vergangener Informationen entwerfen FELDMAN et al. einen alternativen Ansatz, der ein kompetitives Verhältnis von ca. 0,670 besitzt.[151]

Um die Auktionierung der Suchmaschinenanzeigen zügig abzuwickeln, werden die vergangenen Informationen vorab verarbeitet und in den Algorithmus integriert, ohne die Rechenzeit deutlich zu erhöhen. Die Rechenzeit der generalisierten Zweitpreisauktion hängt von der Zahl an Bietern sowie der Zahl an verfügbaren Werbeplätzen ab. Die Rechenzeit bestimmt sich anhand des Quadrats dieser beiden Faktoren.[152]

Im Vergleich unterschiedlicher Preisansätze kommen AGGARWAL und HARTLINE anhand der Überführung in ein Knapsackproblem[153] allgemein zu dem Ergebnis, dass monotone Preisregeln zu höheren Einnahmen des Suchmaschinenanbieters führen als konstante oder lineare Preise.[154] Monotone Preisregeln sollen lediglich sicherstellen, dass für eine höhere Nachfrage mehr gezahlt wird als für eine geringere Nachfrage. Diese flexiblere Bepreisung führt nach Analyse der Autoren zu höheren Einnahmen. Für diese unterschiedlichen Ansätze zur Bepreisung werden dann an anderer Stelle Empfehlungen abgeleitet, um diese Ansätze in performante Auktionsalgorithmen zu überführen.[155]

Für hohe Suchintensität und eine hohe Wahrscheinlichkeit, auf der beworbenen Seite zu konvertieren, zeigen SEN et al., dass die Bepreisung pro Konversion zu höheren Einnahmen führt als das derzeit verbreitete pay-per-click-Modell oder ein alternativer

---

150 Vgl. zu dieser Angabe z. B. MEHTA et al. 2007, S. 22:3 sowie FELDMAN et al. 2009, o. S. GOEL und MEHTA zeigen, dass dieses Verhältnis auch für den optimalen Greedy-Algorithmus gilt, der nach MEHTA et al. 2005 im ungünstigsten Fall ein kompetitives Verhältnis von 0,5 aufweist.

151 Vgl. zu diesem Ansatz sowie der Ableitung der Kompetitivität FELDMAN et al. 2009.

152 Vgl. zur Ableitung der Rechenzeit IYENGAR/KUMAR 2006, o. S. Der Bearbeitungsgeschwindigkeit kommt bei einer Vielzahl an parallelen Suchanfragen eine hohe praktikable Bedeutung zu.

153 Bei einem Knapsack- oder Rucksackproblem handelt es sich um ein Optimierungsproblem aus dem Bereich der Kombinatorik. Die Zielsetzung liegt z. B. darin, Objekte mit unterschiedlichen Gewichten und Nutzenwerten so zu kombinieren, dass der Gesamtnutzen maximal ist, ohne eine Gewichtsschranke zu überschreiten.

154 Vgl. zu diesen Ergebnissen AGGARWAL/HARTLINE 2005.

155 Vgl. hierzu BALCAN et al. 2005.

Pauschalbetrag pro Periode.[156] Auch lassen sich die Einnahmen des Suchmaschinenanbieters im pay-per-click-Ansatz durch die Einführung bzw. die Erhöhung von Festbeträgen für die hinteren Werbeplätze steigern. DELLAROCA und VISWANATHAN kommen in ihrer Untersuchung zu dem Ergebnis, dass diese Preisansätze insbesondere im Fall von risikoaversen Werbetreibenden zu einer Schlechterstellung aller Stakeholder führen.[157] Aus der ungleichen Risikoverteilung leiten Sie formal-analytisch ab, dass Werbetreibende höhere Preise zahlen, die Anzeigenqualität aus Sicht der Suchenden sinkt und der Suchmaschinenanbieter geringere Einnahmen realisiert. Erste empirische Ergebnisse weisen ansatzweise korrespondierende Resultate auf.[158]

Ähnlich zu dem allgemeinen Auktionsdesign wird auch im Rahmen der Preisgestaltung die Bedeutung von Mindestgeboten und Budgetrestriktionen untersucht.[159] Werden für verschiedene Anzeigenpositionen unterschiedliche Mindestgebote erhoben, so existiert ein wahrheitsgemäßes Auktionsverfahren mit einem Nashgleichgewicht nur dann, wenn sich die Klickrate in einen Anzeigen- und einen Positionsanteil separieren lässt.[160] Aus dieser Erkenntnis leiten GONEN und VASSILVITSKII eine Preisregel pro Klick ab, die diese Eigenschaft aufweist.[161] Unter Budgetrestriktionen führt die derzeitige Preisstrategie im Sinne eines Greedy-Algorithmus[162] nicht zu einer Maximierung der Einnahmen des Suchmaschinenanbieters.[163] Als Lösung wird vorgeschlagen, die zukünftige Suchwahrscheinlichkeit zu prognostizieren und in das

---

156 Vgl. SEN et al. 2008.

157 Vgl. DELLAROCAS/VISWANATHAN 2008.

158 Vgl. zu den empirischen Ergebnissen die Untersuchung von ANIMESH/RAMACHANDRAN/VISWANATHAN 2010.

159 Vgl. hierzu auch die Ausführungen in Abschnitt 2.3.2.1.

160 Vgl. hierzu AGGARWAL/GOEL/MOTWANI 2006 sowie GONEN/VASSILVITSKII 2008. In diesem Zusammenhang ist kritisch anzumerken, dass die Annahme einer in die unabhängigen Anzeigen- und Positionskomponenten separierbaren Klickrate bisher nicht nachgewiesen ist.

161 Vgl. GONEN/VASSILVITSKII 2008.

162 Unter einem Greedy-Algorithmus wird ein Verfahren verstanden, das in einem Zustand jeweils die Option auswählt, die zu diesem Zeitpunkt das Ergebnis optimiert. Dieses Vorgehen führt nicht unbedingt zu einer Optimallösung.

163 Vgl. ABRAMS/MENDELEVITCH/TOMLIN 2007; ABRAMS et al. 2008 sowie GOEL et al. 2008.

Auktionsverfahren zu integrieren.[164] Alternativ wird empfohlen, Werbetreibende mit ausgeschöpftem Budget in das Auktionsverfahren aufzunehmen – also Werbeeinblendungen zu verschenken, um die Einnahmen des Suchmaschinenanbieters zu steigern.[165]

Die Ableitung auktionstheoretischer Mindestgebote führt im Vergleich zu dem experimentell festgelegten Mindestbetrag ebenso dazu, dass die Einnahmen des Suchmaschinenanbieters steigen.[166] In der korrespondierenden Feldstudie von OSTROVSKY und SCHWARZ zeigt sich dieser Anstieg insbesondere für Suchworte mit hohem Suchvolumen, für Suchworte mit einem relativ hohen theoretischen Optimalpreis und für Suchworte mit einer kleinen Zahl an konkurrierenden Bietern.

Neben der vergleichenden Analyse zwischen der ungewichteten und der gewichteten Preissetzung wird auch eine Kombination dieser beiden Ansätze vorgeschlagen, um in Märkten mit wenigen Werbetreibenden und stark unterschiedlichen Gebotsbeträgen die Einnahmen zu maximieren.[167] Für Suchanfragen, die eine hohe Konkurrenzdichte aufweisen, wird das Ergebnis bestätigt, dass beide Ansätze zwar nicht optimierende, aber vergleichsweise gute Ergebnisse liefern.

Als ein weiteres, alternatives Preissystem wird vorgeschlagen, dass Werbetreibende für den Anteil der Werbeeinblendungen in einer bestimmten Periode zahlen.[168] Dieser als ‚pay-per-percentage of impression' bezeichnete Ansatz zeichnet sich insbesondere durch seine Robustheit gegenüber Impressions- und Klickbetrug aus. Kritisch zu konstatieren ist, dass die Umsetzung dieses Ansatzes der Lösung einiger praktischer Herausforderungen bedarf.

---

164 Vgl. ABRAMS/MENDELEVITCH/TOMLIN 2007 sowie ABRAMS et al. 2008.

165 Vgl. GOEL et al. 2008.

166 Vgl. zu diesem Ergebnis OSTROVSKY/SCHWARZ 2010. Das Mindestgebot des Kooperationspartners Yahoo! lag in der Feldstudie bei 10 US-Cent pro Klick.

167 Vgl. hierzu ABRAMS/GHOSH 2007.

168 Vgl. zu diesem Ansatz und seinen Eigenschaften GOODMAN 2005.

2.3.2.4. Bietverhalten, Bietstrategien und Bietsysteme

Im Vergleich zu den bisherigen Betrachtungen, insbesondere der Preisgestaltung im Rahmen der Suchmaschinenwerbung in Abschnitt 2.3.2.3., in denen vorwiegend die Perspektive des Suchmaschinenanbieters im Fokus steht, werden das Bietverhalten sowie die korrespondierenden Bietsysteme insbesondere aus Sicht der Werbetreibenden untersucht. Neben der Analyse des realen Bietverhaltens wird im Rahmen des wissenschaftlichen Diskurses die aus Sicht des Werbetreibenden einnahmenmaximierende Bietstrategie, meist anhand formal-analytischer Untersuchungen, erforscht.

Für unterschiedliche Auktionsansätze wurde mit dem Ziel einer am Return of Investment orientierten Bietstrategie gezeigt, dass die derzeitige generalisierte Zweitpreisauktion aus Sicht der Werbetreibenden anderen Alternativen vorzuziehen ist.[169] Das Bietverhalten wurde in dieser Untersuchung mithilfe verschiedener Verteilungen simuliert. Allgemein hängt der Gebotsbetrag für ein Suchwort im Vergleich zu einem anderen Suchwort von dem Verhältnis der Klickrate der beiden Suchworte sowie der Preiselastizität der Wirkungsfunktion ab.[170] Des Weiteren konnte unter Berücksichtigung realen Bietverhaltens nachgewiesen werden, dass der Gebotsbetrag für die erste Anzeigenposition von der Zahl an bietenden Werbetreibenden beeinflusst wird. Mit abnehmendem Rang verläuft der Gebotsbetrag dann konkav abnehmend.[171]

Werbetreibende tendieren ebenso dazu, möglichst hohe Anzeigepositionen anzustreben. Die gebotenen und zu bezahlenden Klickpreise für hohe Positionen sind aber unter Einnahmenmaximierung nicht immer zielführend.[172] So können Werbeanzeigen

---

169 Vgl. hierzu SZYMANSKI/LEE 2006.

170 Vgl. ÖZLÜK/CHOLETTE 2007.

171 Diese Ergebnisse stellen eine der ersten empirischen Auswertungen zum Bietverhalten im Rahmen der Suchmaschinenwerbung dar. Vgl. hierzu GANCHEV et al. 2007.

172 Zu diesem Ergebnis gelangen NALDI/D'ACQUISTO/ITALIANO 2010 in ihrer Simulationsstudie. Kritisch anzumerken ist, dass die Autoren die Rangbildung nur auf den Gebotsbetrag zurückführen und die Klickrate ausschließlich als abhängige, monoton fallende Größe von der Position gesehen wird. Die Anzeigengestaltung bleibt hierbei unberücksichtigt.

angesehener Unternehmen u. U. auch bei einer tieferen Positionierung häufiger angeklickt werden als Suchanzeigen konkurrierender, weniger angesehener Unternehmen.[173] In dieser Rangkonstellation profitiert die höher platzierte Anzeige des weniger bekannten Unternehmens allerdings auch vom Image des bekannteren Unternehmens, so dass die Markenbekanntheit steigt.[174]

Insofern geringeres Suchvolumen auch mit einer zielgerichteten Adressierung der potenziellen Zielgruppe einhergeht, können in diesem Fall Gebotsbeträge auch höher ausfallen als Gebote für vergleichbare, weniger spezifische Suchworte mit höherer Suchfrequenz.[175] Eine Investition, im Sinne von hohen Gebotsbeträgen, ist insbesondere für Werbetreibende sinnvoll, deren Anzeigen bisher eine geringe Performanz aufweisen, aber einen hohen Nutzen aus den resultierenden Kontakten ziehen.[176]

Für konservative Bieter, also Werbende, deren Gebote ihre tatsächliche Wertschätzung nicht überschreiten, konnte nachgewiesen werden, dass ein Nashgleichgewicht existiert. Dieses Nashgleichgewicht befindet sich im Verhältnis von 1,618 um das soziale Optimum.[177]

Das Bietverhalten zeigt nach ANIMESH, RAMACHANDRAN und VISWANATHAN signifikante Unterschiede in Bezug auf die Bewerbung von Suchgütern im Vergleich

---

173 Vgl. zu diesem Ergebnis die Studie von JERATH et al. 2011.

174 Vgl. hierzu DOU et al. 2010.

175 Zu diesem Ergebnis gelangen GOLDFARB/TUCKER 2008 und 2011 bei der Analyse von Bietpreisen im Rahmen von US-amerikanischer Anwaltswerbung. Dieses Ergebnis stellt die im Sinne des Long Tail formulierten Annahme in Frage, dass spezifischere, mit geringerem Volumen verbundene Suchanfragen geringere Klickkosten aufweisen. BUDINICH et al. 2010 zeigen dagegen, dass der Austausch eines stark umworbenen Suchwortes durch mehrere alternative Suchworte zu einer Performanzsteigerung der Werbekampagne führt.

176 Vgl. CHEN/FENG/WHINSTON 2009, S. 308-312.

177 Vgl. zu diesem Ergebnis LEME/TARDOS 2009. Das Verhältnis von 1,618 entspricht dem sogenannten goldenen Schnitt.

zu Erfahrungs- und Vertrauensgütern.[178] Für Suchgüter präferieren Werbetreibende den ersten und zweiten Anzeigenrang. In Folge existiert für diese Güter eine hohe Gebotsvolatilität. Auch der relative marginale Nutzen, eine Anzeigenposition höher gelistet zu werden, ist für die vordersten Positionen hoch und nimmt anschließend stark ab. Für Erfahrungs- und insbesondere Vertrauensgüter ist weder eine ausgeprägte Präferenz für die ersten zwei Anzeigenränge noch eine hohe Gebotsvolatilität vorhanden.

Die Möglichkeit, unterschiedliche Grade der Übereinstimmung von Suchanfrage und Suchwort zu bebieten, bleibt im Rahmen formal-analytischer Untersuchungen meist unberücksichtigt. EVEN-DAR et al. konnten zeigen, dass die mögliche Unschärfe keinen wesentlichen Einfluss auf die Einnahmen der Werbetreibenden hat.[179] Die Einnahmen des Suchmaschinenanbieters sind allerdings nicht eindeutig prognostizierbar und können sowohl ansteigen als auch abnehmen.[180]

Zu dynamischen Effekten der Werbewirkung von Suchanzeigen existieren bisher wenige Untersuchungen. RUTZ und BUCKLIN liefern Indizien, dass generische Suchanzeigen einen positiven Effekt auf die Einblendung markenspezifischer Suchanzeigen haben – also ein verfeinerter Suchprozess zu vermuten ist.[181] Ähnlich zeigen ARCHAK, MIRROKNI und MUTHUKRISHNAN im Rahmen der Budgetallokation, dass markenspezifische Suchanfragen verbunden mit korrespondierenden Werbeanzeigen zu händlerspezifischen Suchen und entsprechenden Anzeigen führen können.[182]

Auch die Frage, wie sich die Schaltung von Werbeanzeigen bei mehreren Suchmaschinenanbietern auswirkt, wird in den Analysen meistens vernachlässigt. Eine Ausnahme stellt die Studie von ASHLAGI, MONDERER und TENNENHOLTZ dar, in der

---

178 Vgl. zu dieser Analyse und den folgenden Ergebnissen ANIMESH/RAMACHANDRAN/VISWANATHAN 2005. Für eine ausführlichere Erläuterung zu Such-, Erfahrungs- und Vertrauensgütern vgl. z. B. WEIBER/ADLER 1995.

179 Vgl. EVEN-DAR et al. 2009.

180 Vgl. SINGH/ROYCHOWDHURY 2008.

181 Vgl. zu diesem Effekt die Untersuchung von RUTZ/BUCKLIN 2010.

182 Vgl. hierzu ARCHAK/MIRROKNI/MUTHUKRISHNAN 2010.

nachgewiesen wird, dass Anzeigenwerbung bei zwei Suchmaschinenanbietern aus Sicht des Werbetreibenden u. U. nicht optimal sein kann.[183]

Neben der Auswertung des tatsächlichen Bietverhaltens und der Ableitung der optimalen Bietstrategie befasst sich ein weiterer Strang zur Erforschung des Bietverhaltens mit dem dynamischen Bietverhalten, das zwischen mehreren Werbetreibenden im Zeitverlauf zu beobachten ist.[184] In der einschlägigen Literatur hat sich hierfür auch der Begriff ‚strategisches Bietverhalten' durchgesetzt.[185] Anhand entsprechender empirischer Befunde wird gezeigt, dass strategisches Bietverhalten existiert und insbesondere die Einnahmen des Suchmaschinenanbieters schmälert.[186] Zu Bietgefechten[187], also einem stark zyklischen Bietverhalten, kommt es insbesondere dann, wenn die Klickwahrscheinlichkeit in hohem Maße von der Position abhängt oder der Grenzertrag pro Klick aus Sicht des Werbetreibenden hoch ist.[188] Insbesondere kleine, durch loyale Kunden sowie große, durch disloyale Kunden geprägte Märkte fördern dieses Bietverhalten.[189] Von Werbetreibenden kann strategisches Bietverhalten im Rahmen der Zweitpreisauktion sogar systematisch dazu eingesetzt werden, ein konkurrierendes, höheres Gebot zu verteuern, ohne dass der eigene Betrag ansteigt.[190] Hierzu wird ein Betrag geboten, der um ein Inkrement unter dem konkurrierenden Höchstgebot liegt, so dass der Konkurrent sein Maximalgebot zu zahlen hat, während das eigene Gebot ceteris paribus unverändert bleibt. Für mehr als drei Werbetreibende, die sich dieser Strategie bedienen, existiert für das aktuelle

---

183 Vgl. ASHLAGI/MONDERER/TENNENHOLTZ 2008.

184 Auf diese Verhaltensmuster weisen z. B. SZYMANSKI/LEE 2006 und GANCHEV et al. 2007 in ihren Untersuchungen hin.

185 Vgl. z. B. EDELMAN/OSTROVSKY 2005; ZHANG/FENG 2005 sowie ZHOU/LUKOSE 2006. Ein Auktionsansatz, der dieses Verhalten berücksichtigt, wurde jüngst von YAO/MELA 2011 vorgestellt und anhand von Suchmaschinendaten validiert.

186 Vgl. zu diesen Befunden EDELMAN/OSTROVSKY 2005; ASDEMIR 2006 sowie EDELMAN/OSTROVSKY 2007.

187 Z. B. spricht ASDEMIR 2006 und 2011 hier von sogenannten bidding war cycles.

188 Vgl. zu den Rahmenbedingungen dieser Bietgefechte insbesondere LIM/TANG 2006.

189 Vgl. LIM/TANG 2006.

190 Vgl. hierzu ZHOU/LUKOSE 2006 sowie BUDINICH et al. 2010.

Auktionsdesign kein Nashgleichgewicht.[191] Vor diesem Hintergrund werden alternative Verfahren vorgeschlagen, die entweder zu Bietverhalten in Höhe der wahren Wertschätzung führen oder stabile Gleichgewichte aufweisen.[192]

Für eine aus Sicht des Werbetreibenden möglichst optimale Zielerreichung bietet sich der Einsatz automatisierter Bietsysteme an, die anhand von formulierten Regeln das Gebotsmanagement für eine Vielzahl von Suchworten übernehmen. Ein Beispiel für ein solches Bietsystem ist ein Bietagent, der aufgrund früherer Erfahrungen Anteile des Budgets für rentable Tageszeiten vorhält.[193] Alternativ lassen sich aus den Überlegungen zur Auktionsmodellierung formale Nutzengrenzen ableiten, die das Gebot für eine aktuelle Suchanfrage derart bestimmen, dass der Betrag mit Rücksicht auf das Restbudget aus Sicht des Werbetreibenden effizient eingesetzt wird.[194] Ein anderes Bietsystem steuert die Gebote pro Klick so, dass der zu erwartende Return on Investment über alle Suchworte gleich hoch ist.[195] Sofern mehrere Werbetreibende dieses Bietsystem einsetzen, kommt es zu zirkulärem Verhalten, das allerdings durch eine geringe Perturbation des Systemablaufs vermieden werden kann.[196]

2.3.3. Suchverhalten von Suchmaschinennutzern

Für die zunehmende Verbreitung des Suchmaschinenmarketing im letzten Jahrzehnt ist neben der Marktdurchdringung des Internet vor allem die Möglichkeit verantwortlich, potenzielle Interessenten zu einem Zeitpunkt anzusprechen, zu dem sie bereits thematisch aktiviert und involviert sind. Aus diesem Grund bildet das Verhalten bei der Nutzung einer Suchmaschine die zentrale Rahmenbedingung für die Ausgestaltung der Suchmaschinenmarketinginstrumente.

---

191 Vgl. hierzu ZHOU/LUKOSE 2006.

192 Der Ansatz von MEEK/CHICKERING/WILSON 2005 führt zu wahrheitsgemäßem Bietverhalten und das Verfahren von VOROBEYCHIK/REEVES 2007 und 2008 zu stabilen Gleichgewichten.

193 Vgl. zu diesem Bietagenten die Ausführungen von KITTS/LEBLANC 2004.

194 Vgl. zur Ableitung entsprechender Grenzen z. B. den Knapsackansatz von CHAKRABARTY/ZHOU/LUKOSE 2007.

195 Vgl. zu diesem Bietsystem BORGS et al. 2006.

196 Vgl. zur Integration einer Zufallskomponente in ein Bietsystem BORGS et al. 2007.

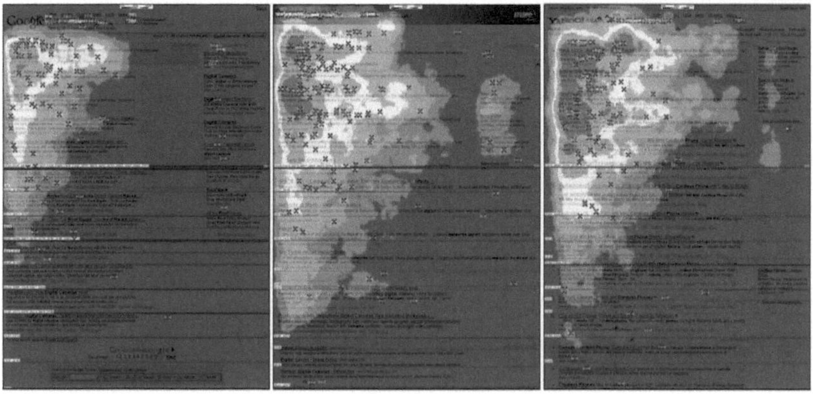

Google MSN Yahoo

Abb. 12: Ergebnis einer Blickaufzeichnungsstudie bei den Suchmaschinenanbietern Google, MSN und Yahoo[197]

Im Rahmen von Blickaufzeichnungsstudien wurde untersucht, ob die verschiedenen Elemente von Suchergebnisseiten[198] wahrgenommen werden. Im Ergebnis zeigen diese Untersuchungen, dass der Fokus bei Sichtung der Suchergebnisse auf den ersten drei organischen Suchergebnissen liegt.[199] Die Werbeanzeigen, die neben den organischen Ergebnissen positioniert sind, werden im Vergleich zu den Suchtreffern in einem deutlich geringeren Umfang registriert. Für organische und werbliche Suchergebnisse gilt gleichermaßen, dass die Aufmerksamkeit bei tiefer positionierten Treffern abnimmt. In Abbildung 12 ist das Ergebnis einer Blickaufzeichnungsstudie mit Blick auf eine Ergebnisseite der Suchmaschinenanbieter Google, MSN und Yahoo in Form sogenannter Heatmaps[200] dargestellt.

---

197 In Anlehnung an HOTCHKISS 2006, S. 12.

198 Vgl. zum Aufbau von Ergebnisseiten unterschiedlicher Suchmaschinen HÖCHSTÖTTER/ LEWANDOWSKI 2009.

199 Vgl. zu den Ergebnissen der Blickaufzeichnungsstudien GRANKA/JOACHIMS/GAY 2004; HOTCHKISS/ALSTON/EDWARDS 2005 sowie HOTCHKISS 2006.

200 Bei diesen sogenannten Heatmaps handelt es sich um eine Visualisierung der Fixationspunkte, die im Rahmen der Blickaufzeichnung ermittelt werden. Anhand der resul-

Im Allgemeinen führen Blickaufzeichnung und das durch Suchlogdaten erfasste Klickverhalten zu vergleichbaren Ergebnissen.[201] In Klickmustern auf der Basis von Suchlogsätzen zeigt sich wie in den Blickaufzeichnungsstudien eine Präferenz der organischen Suchtreffer.[202] Auch das Klickverhalten, ermittelt anhand von Suchlogsätzen einer Meta-Suchmaschine, in der die unterschiedlichen Ergebnisse in eine Suchergebnisliste integriert werden, bestätigt die allgemeine Präferenz der Suchenden für organische Suchergebnisse.[203] Selbst nach Tausch der jeweils ersten fünf organischen und werblichen Ergebnisse konnte in einer experimentellen Studie der Vorzug vermeintlicher organischer Ergebnisse nachgewiesen werden.[204] Suchende weisen insgesamt also eine zumindest skeptische Haltung gegenüber Werbeanzeigen auf der Suchergebnisseite auf.

Mit Blick auf die Relevanz der verlinkten Seiten zeigen die organischen und werblichen Ergebnisse allerdings aus Sicht der Suchenden keine Unterschiede.[205] Für Suchanfragen, die mit einer Intention einer E-Commerce-Transaktion assoziiert werden, wiesen Suchende in einer anderen Untersuchung den werblich verlinkten Webseiten eine höhere Relevanz als den organisch verlinkten Webseiten zu.[206] Ein alternativer Erklärungsansatz zum Suchverhalten legt die Vermutung nahe, dass grob zwei Gruppen von Suchenden existieren.[207] Eine erste Gruppe zeigt eine insgesamt geringe Klickwahrscheinlichkeit und ignoriert vorwiegend die Suchanzeigen. Die zweite Gruppe inspiziert dagegen ausführlicher alle Suchergebnisse und tendiert zu einer höheren Klickwahrscheinlichkeit.

---

tierenden Warm-Kalt-Darstellung kann der Grad der Wahrnehmung einzelner Elemente abgelesen werden.

201 Vgl. JOACHIMS et al. 2005 und 2007.

202 Vgl. z. B. JANSEN/RESNICK 2005, 2006 sowie DANESCU-NICULESCU-MIZIL et al. 2010.

203 Vgl. JANSEN/SPINK 2007 und 2009.

204 Vgl. JANSEN/RESNICK 2005, 2006 sowie JANSEN/BROWN/RESNICK 2007.

205 Vgl. JANSEN/BROWN/RESNICK 2007, S. 53. Anzumerken ist, dass die Suchenden die referenzierten Webseiten aber erst einmal aufrufen müssen.

206 Vgl. JANSEN 2007.

207 Vgl. zu diesen beiden Gruppen von Suchenden die Studie von GOMES/IMMORLICA/MARKAKIS 2009.

Suchanfragen werden üblicherweise als informations-, navigations- und transaktionsorientiert klassifiziert.[208] Die Studien, die sich mit der Klassifikation von Suchanfragen befassen, zeigen insgesamt eine Dominanz der informationsorientierten Suche. JANSEN, BOOTH und SPINK nehmen nach Korrektur einer automatischen Klassifikation von 1,5 Millionen Suchanfragen an, dass ungefähr 65 % einer Informationssuche, 15 % einer Navigationssuche und 20 % einer Transaktionssuche entsprechen.[209] Diese Ergebnisse stimmen mit anderen Befunden zur Einteilung von Suchanfragen in Abhängigkeit von der Intention der Suchenden überein.[210] Abhängig von der Zielsetzung der Werbekampagne sind die Suchanzeigen folglich so zu gestalten, dass die relevanten Suchenden angesprochen werden, um werbliche Streuverluste und somit Werbeausgaben zu vermeiden.

Neben der Suchintention[211] wird das Suchverhalten vor allem durch situative sowie sozio-demographische Faktoren determiniert.[212] In ihrem Überblick zum Suchverhalten kommt SCHMIDT-MÄNZ zu dem Ergebnis, dass das Alter, das Bildungsniveau, das Geschlecht sowie die Erfahrung mit der Suchmaschine und das Wissen bzgl. des Suchgebietes das Suchverhalten beeinflussen.[213] JANSEN und SPINK vergleichen neun Suchlogsätze von fünf Suchmaschinen und finden Unterschiede im Suchverhalten abhängig vom Standort der Suchmaschine.[214] In Relation zu diesen Ergebnissen zeigt

---

208 Vgl. z. B. BRODER 2002; NETTLETON/CALDERON-BENAVIDES/BAEZA-YATES 2006 und JANSEN/BOOTH/SPINK 2008.

209 Vgl. JANSEN/BOOTH/SPINK 2008, S. 1262. Die automatische Klassifizierung zeichnet mit einem Anteil von 80 % an Informationssuchen ein noch deutlicheres Bild. Die Autoren nehmen eine Korrektur anhand einer manuellen Stichprobe von 400 Suchanfragen vor, da die automatische Einteilung zu einer Überklassifikation der informationsorientierten Suchanfragen neigt. Die automatischen Werte sind mit entsprechender Vorsicht zu behandeln. Die korrigierten Werte entsprechen weitestgehend früheren Ergebnissen. Vgl. BRODER 2002 sowie JANSEN/SPINK 2006.

210 Vgl. BRODER 2002; JANSEN/SPINK 2006 sowie LEWANDOWSKI 2006.

211 Vgl. zu Ansätzen zur Vorhersage der Suchintention z. B. WHITE/BAILEY/CHEN 2009 sowie CHENG/GAO/LIU 2010.

212 Vgl. SPINK/JANSEN 2004, S. 21-29 sowie SCHMIDT-MÄNZ 2007, S. 57-58.

213 Vgl. SCHMIDT-MÄNZ 2007, S. 57 f.

214 Die Autoren unterscheiden hierbei zwischen amerikanischen und europäischen Suchmaschinen. Vgl. JANSEN/SPINK 2006.

LEWANDOWSKI unter Bezugnahme von Suchlogsätzen deutscher Suchmaschinen, dass das Suchverhalten hiesiger Internetnutzer ebenso signifikante Unterschiede aufweist.[215] Insgesamt ist zu konstatieren, dass das Suchverhalten neben den identifizierten Faktoren auch abhängig von der Suchmaschine verschieden ausfällt.

Zur Beantwortung der Frage, wie Personen unter Nutzung von Suchmaschinen im Internet suchen, bedienen sich die durchgeführten Studien der durch unterschiedliche Suchmaschinen bereitgestellten Suchlogsätze.[216] Die Ergebnisse aus der Analyse des Suchverhaltens bei Nutzung einer Suchmaschine sind zwar nicht uneingeschränkt auf andere Suchmaschinen übertragbar,[217] aber folgende allgemeine Suchcharakteristika lassen sich übergreifend ableiten.[218]

Suchanfragen sind i. d. R. einfach aufgebaut und bestehen aus wenigen Suchworten, ohne spezifische Suchoperatoren[219] zu verwenden. Neben der bereits angeführten Präferenz für organische Treffer beschränken sich Suchende vorwiegend auf die erste Ergebnisseite, teilweise auf die Ergebnisse, die ohne weiteres Scrollen direkt auf dem Bildschirm sichtbar sind. Ein Suchvorgang, der nur eine handvoll Anfragen umfasst, nimmt weniger als 30 Minuten in Anspruch. Die Suchanfragen werden eher durch Austauschen von Suchworten umformuliert, als dass Wörter hinzugefügt oder entfernt werden. Suchende inspizieren pro Suchanfrage nur wenige Webseiten der Suchergebnisliste.

Suchmaschinenwerbekampagnen sind folglich nicht uneingeschränkt von einem Suchmaschinenanbieter auf einen anderen Anbieter übertragbar und sind mit Bezug zu dem

---

215 Vgl. LEWANDOWSKI 2006.

216 Vgl. für eine Übersicht zum Thema Suchlogsätze JANSEN 2006b sowie den Studien und Ergebnissen SCHMIDT-MÄNZ 2007, S. 10-29.

217 Vgl. JANSEN/SPINK 2006, S. 259.

218 Vgl. zu den folgenden Ausführungen z. B. SPINK/JANSEN 2004, S. 55-126; JANSEN/SPINK 2006, S. 259-261; KOSHMAN/SPINK/JANSEN 2006, S. 1878-1885; LEWANDOWSKI 2006, S. 265-269; JANSEN et al. 2007, S. 867-869 sowie SCHMIDT-MÄNZ 2007, S. 28 f. und die dort angeführte Literatur.

219 Der Suchaufwand kann mithilfe von Suchoperatoren, wie z. B. booleschen Ausdrücken, zwar reduziert werden, findet aber in der alltäglichen Suche kaum Anwendung. Vgl. hierzu KUMAR/LANG/PENG 2005.

Suchverhalten der Zielgruppe zu gestalten. Die zielgerichtete Ansprache der Sucher sollte zügig zur Beantwortung der Suchintention führen. Für einen umfangreichen Internetauftritt ist z. B. auf relevante Teilbereiche anstatt auf die Startseite zu verweisen. Die Suchintention im Vorfeld zu identifizieren und somit in der Gestaltung der Suchmaschinenwerbeanzeige vorwegzunehmen stellt eine herausfordernde Aufgabe dar, da auch bei gleicher Suchanfrage die Intention abweichen kann. So kann die Suche nach einer bestimmten Marke z. B. der Informationsbeschaffung dienen oder eine Transaktion anzubahnen. Die adäquate Befriedigung der Suchintentionen beeinflusst zumindest teilweise die Wirkung einer Suchmaschinenwerbekampagne.

2.3.4. Identifikation und Selektion von Suchworten

Die Identifikation und Auswahl der Suchworte stellt, wie bereits in Abschnitt 2.2.3. erläutert, die Grundlage aller Maßnahmen des Suchmaschinenmarketing dar. Die Auswahl der Suchworte erfolgt abhängig von der Zielsetzung sowie der Zielgruppe der Kampagne und entscheidet letztendlich über die Qualität der mittels der Maßnahme generierten Kontakte. In der Suchmaschinenwerbung wird anhand der ausgewählten Suchworte determiniert, bei welchen Suchanfragen die Werbeanzeigen eingeblendet werden sollen. Zielsetzung dieses Schrittes ist also, die aus Sicht der Zielgruppe bedeutsamen Worte zu identifizieren und zu selektieren, um die bereits thematisch aktivierten Suchenden anzusprechen.

Eine erste Grundmenge an Suchworten lässt sich anhand eines Brainstormings bzgl. des Ziels und der Ausrichtung der geplanten Werbekampagne erstellen.[220] Diese Grundmenge kann anschließend durch Dokumentenanalysen, Kundenbefragungen und Konkurrenzanalysen erweitert werden. Die Analyse der eigenen Server-Logfiles deckt bspw. die Suchworte auf, mit denen der Internetauftritt bereits in der Vergangenheit gefunden wurde.[221] Vorhandene Dokumente, wie z. B. die einzelnen Internetseiten, können anhand der Ansätze zur Relevanzbewertung und Indexierung, die von den Suchmaschinen eingesetzt werden, untersucht werden, um relevante Suchworte zu

---

220 Vgl. zu einer grundlegenden Einführung BISCHOPINCK/CEYP 2009, S. 175-184.

221 Vgl. z. B. BOOTH/JANSEN 2009, S. 147

identifizieren.[222] Die Analyse bereits vorhandener Daten kann schlussendlich nur einen aktuellen Stand an Suchworten aufdecken. Eine Identifikation weiterer Suchworte muss folglich über den bisherigen Datenbestand hinausgehen, also den Wortschatz der bisherigen Dokumente bzgl. der Zielsetzung und der Zielgruppe der Werbekampagne erweitern. Neben spezialisierten Dienstleistern bieten auch die Suchmaschinenanbieter Hilfestellungen bei der Generierung von Suchworten.[223]

Die wissenschaftliche Auseinandersetzung mit dem Prozess der Keywordgenerierung basiert überwiegend auf Ansätzen des Information Retrieval sowie der Computerlinguistik, um eine automatisierte Identifikation und Auswahl von Suchworten zu ermöglichen. Die grundlegenden Ansätze zur Keywordgenerierung werden in der Literatur in bis zu fünf Gruppen eingeteilt.[224]

Eine erste Gruppe von Ansätzen nutzt Techniken des Web-Retrieval, um nach einer Suchanfrage bzgl. eines Ausgangskeywords die Meta-Informationen von hoch positionierten Internetseiten zu durchsuchen und anschließend die in diesem Zusammenhang erfassten Keywords vorzuschlagen.[225] Als weiterer Ansatz können die durch Suchmaschinen vorgehaltenen Keywordlisten herangezogen werden, die zur Präzisierung einer Suchanfrage vorgeschlagen werden.[226] Ausgehend von einem Suchwort wird die so generierte Liste iterativ durchlaufen, um die Zahl an generierten Keywords sukzessive zu erhöhen. Eine Erweiterung dieser Ansätze stellt das dritte Verfahren dar. Auf Basis einer Suchanfrage bzgl. des Ausgangskeywords wird der Inhalt der vorderst positionierten Ergebnisse durchsucht und Wörter aus der Nähe des vorgegebenen Keywords als Ergänzung angeführt. Als Problem wird in diesem

---

222 Vgl. zu einem Ansatz zur Identifizierung von Keywords auf einzelnen Internetseiten YIH/GOODMAN/CARVALHO 2006.

223 Vgl. z. B. für einen Überblick über die Hilfestellungen, die die Suchmaschine Google anbietet, PELZER 2011, S. 102-107.

224 Vgl. JOSHI/MOTWANI 2006, S. 2; ABHISHEK 2007, S. 2 sowie CHEN/XUE/YU 2008, S. 252.

225 Als Beispiel für diese Gruppe wird häufig das Angebot von Wordtracker genannt. Vgl. hierzu ABHISHEK 2007, S. 2 sowie CHEN/XUE/YU 2008, S. 252.

226 Vgl. für einen Ansatz zum Austausch einer Suchanfrage JONES et al. 2006 sowie SANTOS/MACDONALD/OUNIS 2010.

Zusammenhang angeführt, dass die vorgeschlagene Ausweitung zwangsläufig auf der Ausgangssuche beruht. Insbesondere die Hilfsmethoden der Suchmaschinenanbieter greifen als weitere Ansätze auf die in ihrem Datenbestand befindlichen Suchanfragen sowie die Wortlisten möglicher Konkurrenten zurück, um dem Werbetreibenden weitere Keywords vorzuschlagen. Im Ergebnis führen diese Datenquellen zu dem Ergebnis, dass bereits verbreitete und umworbene Keywords eine zunehmende Verbreitung erfahren und stärkerer Konkurrenz ausgesetzt werden.

Exemplarisch zeigen BARTZ, MURTHI und SEBASTIAN an Daten eines Suchmaschinenanbieters die Eignung des kollaborativen Filterns sowie der logistischen Regression auf, um einem Werbetreibenden Keywords zu empfehlen.[227] Die Autoren attestieren beiden Ansätzen eine gute Eignung sowohl auf Basis des Suchverhaltens als auch auf Basis des Werbeverhaltens.

Ein grundlegendes Problem bisheriger Ansätze besteht darin, dass semantische Beziehungen nicht berücksichtigt werden. In Folge dessen werden insbesondere wenig gebräuchliche Keywords, die das Ausgangswort nicht enthalten, überwiegend vernachlässigt. Auch können lediglich Keywords vorgeschlagen werden, die in den herangezogenen Quellen eine direkte Beziehung aufweisen, so dass diese Techniken keine neuen Keywords hervorbringen.

Ein Verfahren, das insbesondere geeignet ist, diese Probleme zu beseitigen, wird von JOSHI und MOTWANI vorgeschlagen.[228] Ausgehend von einem Keyword werden die ersten 50 Ergebnisse einer Suchanfrage analysiert. Als Grundlage für das Keyword und dessen Kontext dienen kleine Textteile festgelegter Länge, die aus den Suchergebnissen extrahiert werden. Diese kontextgebundene Repräsentation eines Keywords wird in ein Netz überführt, in dem die Knoten die Wörter abbilden und die gerichteten Kanten die gerichtete Ähnlichkeit zwischen zwei Wörtern bemessen. Als direkt vorzuschlagende Keywords bewerten die Autoren die Wörter, die durch eine hohe Ähnlichkeit durch das Ausgangskeyword bestimmt werden. Da diese Keywords

227 Vgl. hierzu und den folgenden Ausführungen BARTZ/MURTHI/SEBASTIAN 2006.

228 Vgl. zu diesem Verfahren und den folgenden Ausführungen JOSHI/MOTWANI 2006.

auch im Rahmen bisheriger Techniken identifiziert werden, ist bei diesen Worten mit erhöhtem Wettbewerb zu rechnen. Die Wörter, die in einem hohen Maße das Ausgangskeyword determinieren, können u. U. unter weniger direkter Konkurrenz beworben werden.[229]

Ein ebenfalls auf der semantischen Ähnlichkeit beruhender Ansatz wird von ABHISHEK zur Keywordgenerierung vorgeschlagen.[230] Ausgehend von den Dokumenten des Internetauftritts wird eine Grundmenge an Keywords bestimmt. Für diese Keywords werden mithilfe von Suchanfragen die relevantesten Dokumente aus Sicht der Suchmaschine bestimmt. Im Folgenden wird eine bestimmte Anzahl dieser Ergebnisse pro Suchanfrage ebenfalls bzgl. der zentralen Keywords analysiert und der Grundmenge hinzugefügt. Anschließend wird ein semantisches Ähnlichkeitsmaß für die identifizierten Keywords berechnet. Dieses Maß basiert für die Kombination von zwei Keywords wiederum auf einem durch die kombinierte Suchanfrage ermittelten Dokumentbestand, der anhand traditioneller Maße des Information Retrieval beurteilt wird.[231] Anhand der ermittelten Ähnlichkeitsmaße erfolgt abschließend die Empfehlung von weiteren Keywords für die Suchmaschinenwerbekampagne. Die so generierten Vorschläge bestehen sowohl aus Ergänzungen zum bestehenden Begriff als auch aus entsprechenden Substituten. Als Besonderheit schlägt ABHISHEK vor, die Frequenz der Keywords zu berücksichtigen, um ggf. weit verbreitete und somit stark umworbene Keywords zu vermeiden.

---

229 Die Idee, dass mit vielen Keywords, die wenig Reichweite bei geringen Gebotsbeträgen besitzen, ökonomischer geworben werden kann als mit Keywords, die bei großer Reichweite im Bietwettbewerb stehen, wird in Anlehnung an das durch Anderson formulierte Phänomen als Long Tail bezeichnet. Vgl. einführend ANDERSON 2006 und BRYNJOLFSSON/HU/SMITH 2006. In der Literatur wird dies kritisch diskutiert. Vgl. zu diesem Diskurs ELBERSE 2008; BUDINICH et al. 2010; SKIERA/ECKERT/HINZ 2010 BRYNJOLFSSON/HU/SIMESTER 2011 sowie HINZ/ECKERT/SKIERA 2011.

230 Vgl. zu diesem Vorgehen und den folgenden Ausführungen ABHISHEK 2007, S. 3-5.

231 In diesem Zusammenhang findet die im Information Retrieval weit verbreitete Kombination aus der Worthäufigkeit und der inversen Dokumentenhäufigkeit, das sogenannte tf-idf-Maß, Anwendung. Vgl. hierzu z. B. STOCK 2007, S. 326-328.

Diese semantischen Ansätze vermeiden zwar das Problem, dass die Vorschläge lediglich aus Inhalten generiert werden, die das Ausgangskeyword enthalten. Allerdings werden unterschiedliche Bedeutungen insbesondere des Ausgangskeywords teilweise nicht beachtet.

Auf Basis sogenannter Konzepthierarchien schlagen CHEN, XUE und YU einen Ansatz vor, der insbesondere das Problem der Mehrdeutigkeit bei der Generierung von Keywords lösen soll.[232] Die Konzepthierarchie wird z. B. ausgehend von einem Webverzeichnis erstellt.[233] Die entsprechend einsortierten Dokumente werden im weiteren Verlauf zur inhaltlichen Analyse herangezogen. Für ein Ausgangskeyword erfolgt anschließend die Identifizierung der relevanten Konzepte. Mittels der hierarchischen Struktur werden die verschiedenen Konzepte ermittelt, in denen das Keyword verwandt wird. Für die so ermittelten unterschiedlichen Bedeutungen werden anhand semantischer Ähnlichkeitsmaße abschließend Keywords vorgeschlagen.

Die Auswahl der mithilfe dieser Ansätze generierten Keywords liegt schlussendlich wieder beim Werbetreibenden. Da dieser Auswahlprozess insbesondere von der Zielsetzung der Werbekampagne sowie den internen und externen Rahmenbedingungen des Unternehmens abhängt, existieren derzeit keine einschlägigen Ergebnisse, um a priori die im Sinne des Werbetreibenden erfolgreichen Keywords zu bestimmen.

Erste Ansätze zur Prognose der Leistungsfähigkeit der vorgeschlagenen Keywords konzentrieren sich in ihrem Ansatz auf die Vorhersage von Klickzahlen bzw. Klickraten. Die Schätzung von Klickraten neuer Keywords kann z. B. durch vorherige Clusterbildung, um vergleichbare Keywords zu identifizieren, verbessert werden.[234]

---

232 Vgl. zu diesem Ansatz und den folgenden Ausführungen CHEN/XUE/YU 2008.

233 CHEN/XUE/YU 2008 bedienen sich des weltweit größten durch Internetnutzer manuell angelegten Webverzeichnisses, dem sogenannten open directory project.

234 Vgl. REGELSON/FAIN 2006.

Für Suchmaschinenwerbeanzeigen werden entsprechende Ansätze vorgeschlagen, die unterschiedliche Elemente der Anzeigengestaltung berücksichtigen.[235]

Sobald erste Ergebnisse zur Performanz der ausgesuchten Keywords vorliegen, sind diese abhängig vom Grad der Zielerreichung zu selektieren. Da Suchmaschinenwerbekampagnen über mehrere hundert Keywords verfügen, werden Ansätze vorgeschlagen, die Selektionsentscheidung zu automatisieren.[236] Diese Forschungsrichtung weist vielfach parallelen zum Bietverhalten des Werbetreibenden auf.[237] Allerdings werden im Rahmen der Keywordselektion vielfach konstante Gebotsbeträge und eine gleich bleibende Positionierung der Anzeige unterstellt. Im Gegensatz zum Bietverhalten wird das Verhalten konkurrierender Werbetreibender vernachlässigt.

Um die Keywordselektion zu automatisieren, überführen RUSMEVICHIENTONG und WILLIAMSON diese Entscheidung in ein Knapsackproblem[238] und zeigen, dass ihr vorgestellter Algorithmus nach wenigen Zeiteinheiten ertragssteigender agiert als konkurrierende Algorithmen.[239] Ein Vergleich zu pragmatischen Heuristiken unterbleibt allerdings. Der von RUTZ und BUCKLIN vorgeschlagene Ansatz zur Selektion von Keywords, der anhand eines hierarchischen Bayesmodells[240] versucht, das Informationsdefizit in Bezug auf das Konversionsverhalten zu lösen,[241] wird mit Ent-

---

235 Vgl. hierzu z. B. LIFSHITS/NOWOTKA 2007 sowie RICHARDSON/DOMINOWSKA/RAGNO 2007.

236 Vgl. zu unterschiedlichen Ansätzen RUSMEVICHIENTONG/WILLIAMSON 2006 sowie RUTZ/BUCKLIN 2007

237 Vgl. hierzu Abschnitt 2.3.2.4.

238 Bei einem Knapsack- oder Rucksackproblem handelt es sich um ein Optimierungsproblem aus dem Bereich der Kombinatorik. Die Zielsetzung liegt z. B. darin, Objekte mit unterschiedlichen Gewichten und Nutzenwerten so zu kombinieren, dass der Gesamtnutzen maximal ist, ohne eine Gewichtsschranke zu überschreiten. Im Rahmen der Keywordselektion sind für ein gegebenes Budget die Suchworte auszuwählen, die mit den ihnen verbundenen Geboten zu dem maximalen Ertrag führen.

239 Vgl. RUSMEVICHIENTONG/WILLIAMSON 2006.

240 Vgl. zu einer ausführlichen Einführung des Bayes'schen Ansatzes BOX/TIAO 1973.

241 Im Allgemeinen konvertiert nur ein geringer Anteil der Suchenden auf der Unternehmenswebseite. Aus diesem Grund erfolgt die Keywordselektion vielfach anhand vorgelagerter Größen, wie z. B. die Klickrate. Eine Auswahl auf Basis der ökonomischen Zielgröße findet damit i. d. R. nicht statt.

scheidungsheuristiken und alternativen automatisierten Verfahren verglichen.[242] Die Autoren zeigen, dass die auf Keywordebene herangezogenen Charakteristika[243] eine bessere Schätzung der Konversionswahrscheinlichkeit erlauben und der Algorithmus im Vergleich zu alternativen Ansätzen höhere Erträge generiert.

2.3.5. Klickbetrug

In Abschnitt 2.2.5. zur Bewertung der Suchmaschinenwerbung wurden betrügerische Klicks bereits als Risikofaktor identifiziert, die sowohl das Geschäftsmodell der Suchmaschinenanbieter als auch die Effektivität und die Effizienz der Werbekampagnen bedrohen.[244] Unter Klickbetrug wird allgemein das Verhalten verstanden, eine Anzeige absichtlich anzuklicken, ohne Intention mit dem Werbetreibenden zu interagieren.[245] Der wissenschaftliche Diskurs befasst sich insbesondere mit der Motivation der Klickbetrüger, den Konsequenzen des betrügerischen Klickverhaltens sowie der Identifikation betrügerischer Klicks. Neben dieser direkten Auseinandersetzung mit betrügerischen Klicks werden alternative Ansätze untersucht, die robust gegenüber Klickbetrug sind.

Anhand der Motivation und der Vorgehensweise lassen sich vier verschiedene Formen des Klickbetruges differenzieren, die Abbildung 13 zu entnehmen sind.[246] Hierbei bilden die Schädigung einer Anzeigenkampagne sowie die Bereicherung im Rahmen von Provisionsmodellen unterschiedliche Motivationsansätze.[247] Bei der Schädigung

---

242 Vgl. RUTZ/BUCKLIN 2007.

243 Die Autoren beziehen sowohl Kennzahlen, wie den Rang, die Klickrate und die Kosten, als auch Eingruppierungen abhängig von dem Keywordinhalt in diese Charakteristika ein.

244 Die Ausführungen in diesem Abschnitt folgen in enger Anlehnung OLBRICH/SCHULTZ 2008a und 2008b.

245 Vgl. zu dieser Definition z. B. JANSEN 2006a, S. 34; KITTS et al. 2006, S. 20 f. sowie OLBRICH/SCHULTZ 2008a, S. 255 f.

246 Vgl. zu dieser Unterteilung und zu den verschiedenen Klickbetrugsarten OLBRICH/SCHULTZ 2008a, S. 258-260.

247 Diese Bezeichnung folgt den Ausführungen von OLBRICH/SCHULTZ 2008a, S. 258. Die Literatur folgt dieser grundsätzlichen Unterscheidung, bedient sich aber verschiedener Begriffe. Während z. B. WILBUR/ZHU 2009, S. 295 f. in „inflationary click fraud“ und

verfolgt der Täter hauptsächlich das Ziel, über den Klick auf die Werbeanzeige das werbende Unternehmen zu schädigen. Das Primärziel ist, die Werbekosten zu erhöhen und das Budget der attackierten Werbekampagne auszuschöpfen. Ein weiteres Ziel durch Ausschöpfung des Werbebudgets der attackierten Kampagne besteht in der Manipulation der Werbeplatzierung, so dass z. B. die Anzeige eines Konkurrenten eine bessere (höhere) Platzierung zu geringeren Kosten erhält. Die Bereicherung ist demgegenüber auf den persönlichen Nutzen gerichtet. Ein Beispiel für diesen Fall ist ein Partner der Suchmaschine, der Klickbetrug begeht, um die Vergütung aus den Werbeanzeigen zu erhöhen. Im Gegensatz zur Schädigung lässt sich in diesem Fall ein direkt durch den Klickbetrug Begünstigter feststellen.

Die Erzeugung betrügerischer Klicks kann entweder durch Individuen manuell oder durch Computerprogramme automatisiert erfolgen. In den meisten Fällen werden unzulässige Klicks durch Konkurrenten oder eigene Mitarbeiter ausgelöst. Das Ausmaß des Klickbetruges ist naturgemäß von der Anzahl der Beteiligten abhängig. So ist der Schaden durch Einzelpersonen i. d. R. geringer als durch Personengruppen. Der Schaden durch eine in sogenannten Klickfarmen[248] organisierte Personengruppe kann z. B. erhebliche Ausmaße annehmen. Der Einsatz von Computerprogrammen erlaubt dagegen, eine große Anzahl betrügerischer Klicks in einer kurzen Zeitspanne zu generieren.[249]

Die aus der Motivation und der Vorgehensweise resultierenden vier unterschiedlichen Klickbetrugsarten sind in Abbildung 13 im Überblick dargestellt.

„competitive click fraud" differenzieren, unterscheiden KABATECK/GHOLIAN 2010, S. 2 zwischen „affiliate click fraud" und „competitor click fraud".

248 Vgl. zu Klickfarmen z. B. die Berichterstattung bei VIDYASAGAR 2004.

249 Vgl. für eine kurze Einordnung unterschiedlicher Ansätze sowie für die Darstellung eines entsprechenden Computerprogramms DASWANI/STOPPELMAN 2007 sowie DASWANI et al. 2008. Mit Blick auf den Bereich des content advertising diskutieren GANDHI/JAKOBSSON/RATKIEWICZ 2006 eine spezielle Art des automatisierten Klickbetruges.

		Motivation des Klickbetrugs	
		Schädigung	Bereicherung
Vorgehen des Klickbetrugs	manuell	①	③
	automatisch	②	④

Abb. 13: Arten des Klickbetruges[250]

Messgröße	keine Budgetrestriktion	Budget ausgeschöpft	
		Rangbildung ohne Relevanzkriterien	Rangbildung mit Relevanzkriterien
Einblendungen	⇧	⇩	⇩
Klickrate	⇧	⇧	⇧
Klicks	⇧	⇔	⇧ / ⇔
Konversionsrate	⇩	⇩	⇩
Konversionen	⇔	⇩	⇩

Abb. 14: Trend der Messgrößen im Fall von Klickbetrug[251]

Zu den Auswirkungen des betrügerischen Klickverhaltens wird z. B. dessen Einfluss auf die traditionellen Messgrößen der Suchmaschinenwerbung[252] untersucht. Die Tendenz dieser Messgrößen hängt neben dem Ausmaß des Klickbetruges sowohl vom Grad der Budgetausschöpfung als auch von den verwendeten Relevanzfaktoren, wie

250 OLBRICH/SCHULTZ 2008a, S. 259.

251 OLBRICH/SCHULTZ 2008b, S. 21.

252 Vgl. zu den Messgrößen der Suchmaschinenwerbung die Ausführungen in Abschnitt 2.2.2. sowie Abbildung 8.

z. B. der Klickrate, im Rankingalgorithmus ab.[253] Der Einfluss betrügerischer Klicks auf diese Messgrößen ist zusammenfassend Abbildung 14 zu entnehmen.[254]

Zur Identifikation betrügerischer Klicks lassen sich drei Verfahrensansätze differenzieren.[255] Unter dem sogenannten ‚anomaly-based' Ansatz werden solche Klicks als ungültig angesehen, die statistisch signifikant von einem „normalen Klickverhalten" abweichen.[256] Im Rahmen des sogenannten ‚rule-based' Ansatzes werden Heuristiken formuliert, die gültige von ungültigen Klicks trennen sollen. Die Festlegung eines bestimmten Zeitintervalls, z. B. unter einer Sekunde, zwischen zwei Klicks eines Nutzers, stellt eine einfache Heuristik dar.[257] Abschließend wird als ‚classifier-based' Ansatz ein operationales Vorgehen bezeichnet, das sich Methoden des Data Mining bedient und anhand dieser rein statistischen Zusammenhänge zur Klassifizierung vorliegender Klicks gelangt.[258]

Anhand dieser unterschiedlichen Identifikationsansätze lässt sich ein Klickbetrugserkennungssystem konzipieren, das die Verarbeitungsprozesse anhand der Komplexität, der Rechenleistung sowie der Integration zusätzlicher Informationen strukturiert, um die möglichst zeitnahe Identifikation betrügerischer Klicks sicherzustellen (vgl. Abbildung 15).[259] Diese Informationen können einerseits zur Vermeidung von Klickattacken und andererseits für Schadenersatzansprüche eingesetzt werden. Die

---

253 Vgl. zu unterschiedlichen Ansätzen zur Rangbildung und entsprechenden Studien die Ausführungen in Abschnitt 2.3.2.2.

254 Vgl. insbesondere für eine Herleitung der Entwicklungstendenzen dieser Messgrößen OLBRICH/SCHULTZ 2008b, S. 18-21.

255 Vgl. zu dieser Differenzierung z. B. TUZHILIN 2006, S. 19 f. sowie KSHETRI 2010, S. 47.

256 Die Determination des normalen Verhaltens sowie die Festlegung der statistischen Abweichung werden als die Herausforderungen des anomaly-based Ansatzes angesehen. Vgl. TUZHILIN 2006, S. 19 und KSHETRI 2010, S. 47.

257 Für diese Regeln fordert TUZHILIN 2006, S. 19 f., dass sie angemessen und konsistent sind, d. h. also valide Klicks mit gültigen Mitteln erzeugt werden und für diese Klicks eine positive Wahrscheinlichkeit besteht, dass die Interessenten konvertieren.

258 Zur Anwendung dieses Ansatzes bedarf es der eindeutigen Identifikation gültiger und ungültiger Klicks im Rahmen der vergangenen Datenbasis. Vgl. KSHETRI 2010, S. 47 f. Für ein exemplarisches Verfahren vgl. IMMORLICA et al. 2005.

259 Vgl. zu diesem Klickbetrugserkennungssystem OLBRICH/SCHULTZ 2008a, S. 260-263.

Leistungsfähigkeit eines solchen Systems ließe sich z. B. durch die Schaltung vorgetäuschter Anzeigen eruieren.[260]

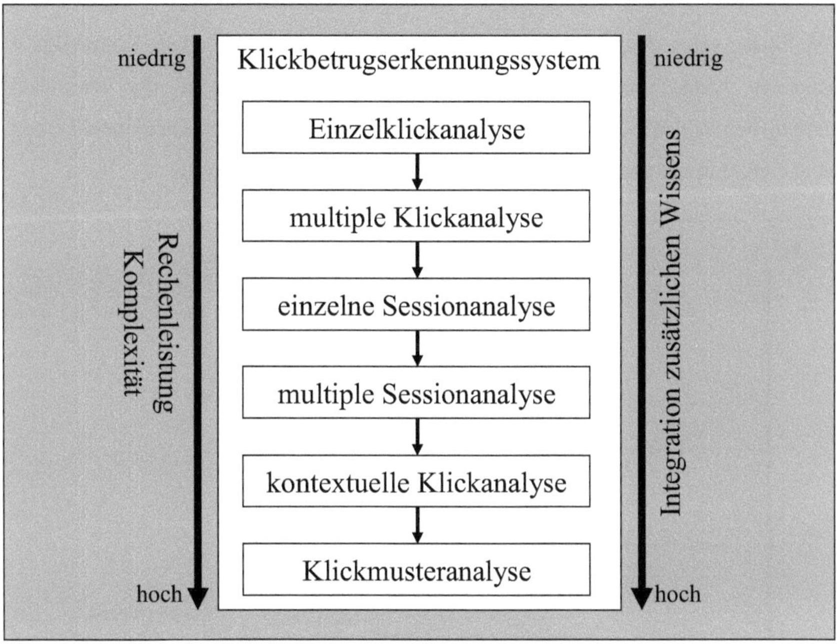

Abb. 15: Ebenen eines Systems zur Erkennung von Klickbetrug[261]

Als Indikator zur Identifikation von Klickbetrug könnte die Entwicklung der Kosten pro Konversion sowie der Konversionsrate herangezogen werden, „da diese Verhältniszahlen unter Klickbetrug in ihren Zählern und Nennern und auch im Vergleich beider Quotienten jeweils gegenläufige Entwicklungen aufweisen."[262]

Die Existenz betrügerischer Klicks in der Datenbasis zu ignorieren, wird als eine mögliche Strategie angesehen, um die ökonomische Relevanz einer Suchmaschinen-

---

260 Vgl. zu diesem Vorschlag die Ausführungen von HADDADI 2010.

261 OLBRICH/SCHULTZ 2008a, S. 263.

262 OLBRICH/SCHULTZ 2008b, S. 25. Siehe zur Entwicklung unter Klickbetrug auch Abbildung 14.

werbekampagne zu beurteilen.[263] Basierend auf den Kosten der Kampagne c, der Anzahl an Klicks cli und der Zahl an Konversionen con kann über die Fortsetzung oder Einstellung der Werbekampagne entschieden werden. Sofern der Werbetreibende den Return (also den zusätzlichen Erlös oder auch Rohertrag) einer Konversion r bemessen kann,[264] sollten die Kosten c der Werbekampagne die erwarteten zusätzlichen Erlöse $r \cdot con$ nicht übersteigen. Die resultierende Entscheidungssituation ist in Abbildung 16 abhängig vom Grad des Klickbetruges skizziert.

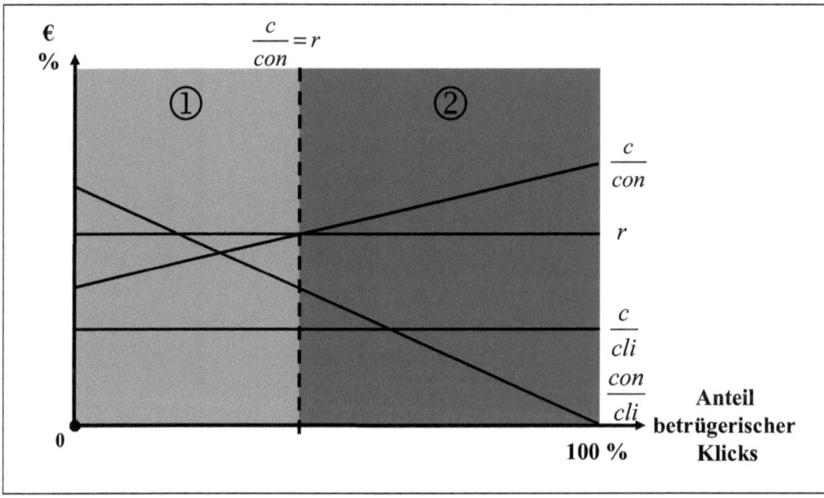

Abb. 16: Profitabilitätsbetrachtung unter Berücksichtigung betrügerischer Klicks[265]

Die formulierten Bedingungen sind anwendbar, solange das Werbeziel sich eng an der Konversion orientiert. Sofern die Kampagne allerdings weitere oder verschiedene Ziele verfolgt, wie z. B. die Generierung von Traffic oder die Etablierung einer Marke,

---

263 Vgl. zu diesem Ansatz OLBRICH/SCHULTZ 2008a, S. 263-265 und 2008b, S. 17-19.

264 Neben den direkten Erlösen sind auch zukünftige Erlöse z. B. im Sinne des Customer Lifetime Value zu bemessen. Vgl. zu diesem Konzept z. B., JONKER/PIERSMA/VAN DEN POEL 2004, VENKATESAN/KUMAR 2004 sowie BAUER/HAMMERSCHMIDT 2005. Für einen Ansatz, indirekte Erlöse der Suchmaschinenwerbung zu prognostizieren, vgl. RUTZ/TRUSOV/BUCKLIN 2011.

265 OLBRICH/SCHULTZ 2008a, S. 265.

muss der Werbetreibende den Grad an Klickbetrug in seinem Entscheidungsprozess entsprechend zielgerichtet berücksichtigen.

Eine Möglichkeit, Klickbetrug zu begegnen, wird darin gesehen, eine unabhängige Institution einzurichten, um die Bemühungen der Suchmaschinenanbieter zur Bekämpfung von Klickbetrug sicherzustellen und nachzuweisen.[266] Gegenüber dieser Instanz ist es Suchmaschinenanbietern möglich, das Vorgehen zur Bekämpfung präzise und detailliert offenzulegen, ohne fürchten zu müssen, dass dieses Wissen für betrügerisches Verhalten genutzt wird. Aus Sicht des Suchmaschinenanbieters kann eine unabhängige Institution als vertrauensfördernde Maßnahme eingesetzt werden, um den Befürchtungen der Werbetreibenden zu begegnen und Vertrauen aufzubauen.[267] Schließlich stellt unter asymmetrischer Informationsverteilung, wie im Fall von Klickbetrug, das gegenseitige Vertrauen ein fundamentales Element der Geschäftsbeziehung dar.[268]

Um mit dem Problem betrügerischer Klicks umzugehen, werden ferner Anpassungen des Auktionsdesigns bzw. alternative Bezahlsysteme vorgeschlagen. Ein Wechsel zur Bepreisung von Konversionen wird allgemein als nicht wahrscheinlich eingestuft, da die Suchmaschinenanbieter nicht die Datenhoheit besitzen, um Konversionen zu verifizieren.[269] Folglich verschiebt dieses System das Risikoverhältnis deutlich zu Ungunsten der Suchmaschinenanbieter.[270] Eine Anpassung des Auktionsdesigns stellt die Integration lernfähiger klickbasierter Algorithmen dar, die zumindest analytisch zu einem gegen Klickbetrug robusten Auktionsverfahren führen.[271] Ein alternatives Bezahlsystem, das auch gegen Impressionsbetrug robust ist, wäre die Bezahlung auf

---

266 Vgl. zu diesem Ansatz WILBUR/ZHU 2009, S. 303.

267 Vgl. zu einem entsprechenden Aufbau von Vertrauen die Studie von DINEV/QING/YAYLA 2009.

268 Vgl. zu dieser generellen Aussage SCHULTZ 2007, S. 22-25 u. 49 f. sowie in Bezug auf Klickbetrug JANSEN 2006a, S. 37.

269 Vgl. z. B. KITTS et al. 2006, S. 22.

270 Der Suchanbieter Google ermöglicht mittlerweile ausgewählten Werbetreibenden, die eine Mindestanzahl an Konversionen aufweisen, die Bezahlung pro Konversion.

271 Vgl. hierzu die analytischen Überlegungen von IMMORLICA et al. 2005.

Basis des prozentualen Anteils der Anzeigeneinblendungen in einer bestimmten Periode.[272]

2.3.6. Zum parallelen Einsatz von klassischen und Online-Werbemaßnahmen

Als ein Teilgebiet zur Erforschung des integrierten Marketing wurde bereits auf die Notwendigkeit einer Analyse des parallelen Einsatzes von Werbemaßnahmen in verschiedenen Medien hingewiesen.[273] Der Erforschung der Werbewirkung und des Werbeerfolgs beim kombinierten Einsatz von klassischen und Online-Medien wurde in der wissenschaftlichen Literatur allerdings bisher wenig Aufmerksamkeit gewidmet.[274] So findet insbesondere auch die Suchmaschinenwerbung in diesem Zusammenhang kaum Berücksichtigung. Der wissenschaftliche Diskurs konzentriert sich vorwiegend darauf, die (psychischen) Unterschiede der Medien zu identifizieren. Mögliche Interaktionseffekte, insbesondere mit Blick auf ökonomische Zielgrößen, werden nur vereinzelt analysiert. Abbildung 17 gibt einen Überblick über Studien zum Vergleich von Kommunikationsmaßnahmen im Internet und in anderen Medien. Die Übersicht verdeutlicht, dass die Suchmaschinenwerbung als Kommunikationsmaßnahme beim parallelen Einsatz kaum berücksichtigt wird und ökonomische Zielgrößen auf Basis realer Daten weitgehend vernachlässigt werden.

Die bisherigen Studienergebnisse zur Wirkung der Internetwerbung sind teilweise recht widersprüchlich. In einer frühen vergleichenden Untersuchung finden SUNDAR et al. Indizien dafür, dass Online-Werbung in einem geringeren Maße wahrgenommen wird als Printanzeigen.[275] Auch von Werbetreibenden und Werbeagenturen wird

---

272 Vgl. zu diesem Ansatz und seinen Eigenschaften GOODMAN 2005.

273 PAVLOU/STEWART 2000 formulieren eine Forschungsagenda zur umfassenden Untersuchung des integrierten Marketing. Als wesentlichen Punkt sehen die Autoren die Analyse der Werbewirkung und des Werbeerfolgs des parallelen Einsatzes von Werbemaßnahmen in verschiedenen Medien an. Ähnlich wiederholt auch WINER 2009, S. 112 den Bedarf, Interaktionseffekte zwischen klassischen und digitalen Medien zu analysieren.

274 Vgl. hierzu auch die Ergebnisse der Meta-Studie von HA 2008, S. 40.

275 Vgl. SUNDAR et al. 1998.

Internetwerbung als wenig effektiv eingeschätzt.[276] In einer aktuelleren Studie kommen NYSVEEN und BREIVIK zu dem Ergebnis, dass der Grad der Wahrnehmung für Plakate und Bannerwerbung höher ist als für Werbung im Radio. Ein Unterschied zwischen Plakaten und Bannerwerbung zeigt sich in der Untersuchung allerdings nicht.[277] In weiteren experimentellen Studien finden sich für Print- und Online-Anzeigen ähnliche Wirkungen in Hinsicht auf die Erinnerung und Wiedererkennung sowie die Einstellung gegenüber der Werbeanzeige und der beworbenen Marke.[278] Auch mit Blick auf emotionale Werbebotschaften zeigen Internet und Print keine unterschiedliche Werbewirkung.[279] DAHLÉN, MURRAY und NORDENSTAM präsentieren bzgl. der Wahrnehmung von Print- und Online-Werbung ein differenzierteres Ergebnis.[280] Bei Konsumenten mit geringem Produktinvolvement, negativer Einstellung gegenüber der Marke und wenig Erfahrung mit dem Internet wirken Online-Anzeigen stärker als Print-Anzeigen. Kein Unterschied zeigt sich dagegen für Konsumenten mit hohem Produktinvolvement, positiver Einstellung gegenüber der Marke und hoher Interneterfahrung. An anderer Stelle wird Online-Werbung insbesondere für solche Produkte als angemessen angesehen, deren Konsumenten durch ein hohes Involvement und ein rationales Entscheidungsverhalten charakterisiert sind.[281]

In der Literatur ergeben sich bzgl. der (psychischen) Werbewirkung unterschiedliche Ergebnisse beim Vergleich von klassischen und Online-Medien. Mit Blick auf die Anzahl der Untersuchungen wurde der (ökonomischen) Werbewirkung und möglichen Interaktionseffekten beim Einsatz klassischer und Online-Medien vergleichsweise wenig Aufmerksamkeit geschenkt.

---

276 Vgl. zu dieser Befragung und deren Ergebnisse SHIJ/PIRON 2002.

277 Vgl. NYSVEEN/BREIVIK 2005.

278 Vgl. zu diesen Ergebnissen GALLAGHER/FOSTER/PARSONS 2001; GALLAGHER/PARSONS/FOSTER 2001 sowie WAKOLBINGER/DENK/OBERECKER 2009.

279 Vgl. DIEHL/TERLUTTER 2006.

280 Vgl. DAHLÉN/MURRAY/NORDENSTAM 2004.

281 Vgl. YOON/KIM 2001.

Autoren	traditionelle Medien	Online-Medien	P	SW	Untersuchungs-größe
Leong/Huang/Stanners 1998	Außenwerbung Direktmarketing Point-of-Sale Radio Telemarketing TV Zeitschrift Zeitung	Internetpräsenz	J	N	Medienfunktionalität
Sundar et al. 1998	Print	Bannerwerbung	J	N	Recall Recognition
Gallagher/Foster/Parsons 2001 Gallagher/Parsons/Foster 2001	Print	Bannerwerbung	J	N	Recall Recognition Einstellung zur Marke und Werbung
Yoon/Kim 2001	Radio TV Zeitschrift Zeitung	Internet	J	N	Korrelation zwischen Mediennutzung und Produkteigen-schaften
Shij/Piron 2002	Direktmarketing Pers. Verkauf Print Public Relation Radio Verkaufsförderung TV	Internet	J	N	Einstellung zur Marke Kaufabsicht Kaufanbahnung Markenbekanntheit
Chang/Thorson 2004	TV	Bannerwerbung	N	N	Aufmerksamkeit Bekanntheitsgrad Glaubwürdigkeit der Botschaft, Marke und Werbung Einstellung zur Werbung und Marke Kaufabsicht
Dahlén/Murray/ Nordenstam 2004	Print	Bannerwerbung	J	N	Einstellung zur Marke Markenbekanntheit
Briggs/Krishnan/Borin 2005	TV Zeitschrift	Online-Road-block Online-Werbung	J	N	Markenbekanntheit Markenimage Kauferwägung Kaufabsicht

K	Gegenstand der Werbemaßnahme	Stich-probe	RD	IA	zentrale Ergebnisse
N	keine Angaben	156 Teilnehmer	N	N	Internetpräsenz wird vergleichbar zum Direktmarketing eingestuft und als Komplementär zu anderen Maßnahmen angesehen.
N	Autoradio	48 Teilnehmer	N	N	Bannerwerbung zeigt im Vergleich zu Print keine Unterschiede bzgl. der Erinnerung, aber bzgl. der Wiedererkennung.
N	Bootstour Botanischer Garten Café Kunstgallerie Kunstgewerbe	85 Teilnehmer & 42 Teilnehmer	N	N	Für Bannerwerbung und Print zeigen sich keine Unterschiede in Wahrnehmung und Beurteilung der Maßnahme.
N	Automobil Fast Food Haarwaschmittel Luxusuhren	105 Teilnehmer	N	N	Internet eignet sich für Produkte mit hoch involvierten und rational orientierten Konsumenten.
N	keine Angaben	43 Agenturen & 40 Werbende	N	N	Agenturen und Werbetreibende schätzen Internetwerbung ähnlich ein: als wenig effektiv im Vergleich zu alternativen Maßnahmen.
N	Kondome Limonade	185 Teilnehmer	N	J	Mehrkanalige Werbeschaltung führt zu höherer Aufmerksamkeit, höherer Glaubwürdigkeit der Botschaft sowie höherer Bekanntheit. Ein Einfluss auf die Glaubwürdigkeit und die Einstellung zur Werbung und Marke sowie auf die Kaufabsicht zeigt sich nicht.
N	Kosmetika Bier Deodorant Tabak Waschmittel Hi-Fi-Anlage Telekommunikation Uhr Software	963 Teilnehmer	N	N	Bannerwerbung zeigt sich vergleichsweise effektiv, um implizite Botschaften zu vermitteln. Bei Konsumenten mit geringem Produktinvolvement, negativer Einstellung gegenüber der Marke und wenig Erfahrung mit dem Internet wirken Online-Anzeigen stärker als Print-Anzeigen.
N	Automobil	27 Wochen	J	J	Online-Maßnahmen und Zeitschriften weisen das beste Verhältnis von Werbeausgaben zu Werbewirkung auf.

Autoren	traditionelle Medien	Online-Medien	P	SW	Untersuchungs-größe
Dijkstra/Buijtels/van Raaij 2005	Print TV	Internet	J	N	Markenwissen Markenaffekt Kaufabsicht
Nysveen/Breivik 2005	Plakat Radio	Bannerwerbung	J	N	Einstellung zum Produkt und zur Werbung Entscheidungshilfe
Diehl/Terlutter 2006	Print	Internetpräsenz	J	N	Aktivierung emotionale Reaktion kognitive Reaktion Einstellung zum Produkt Kaufabsicht
Havlena/Cardarelli/de Montigny 2007	Print TV	Internet	J	N	Markenbekanntheit Werbebekanntheit Markenpräferenz Kaufabsicht
Naik/Peters 2009	Direktmarketing Radio TV Zeitschrift Zeitung	Bannerwerbung Suchmaschinen-werbung	J	J	Einkaufstättenbesuch Nutzung eines Online-Konfigurators für Automobile
Wakolbinger/Denk/Oberecker 2009	Print	Bannerwerbung	J	N	Recall Recognition
BVDW 2010	TV	Suchmaschinen-marketing	N	J	Markenbekanntheit Image Relevanz Weiterempfehlung
Pfeiffer/Zinnbauer 2010	Print Plakat Radio TV	Suchmaschinen-werbung	J	J	Registrierungen Erstkauf Wiederholungskauf
Schwaiger/Cannon/Numberger 2011	Print	Bannerwerbung	J	N	Recall Recognition Einstellung zur Marke Kaufabsicht

P: Print, SW: Suchmaschinenwerbung, K: Kauf, RD: Realdaten, IA: Interaktivität, J: Ja, N: Nein

Abb. 17: Studien zum Vergleich von Kommunikationsmaßnahmen im Internet und in anderen Medien

K	Gegenstand der Werbemaßnahme	Stich-probe	RD	IA	zentrale Ergebnisse
N	Buch Wein	146 Teilnehmer	N	J	Multi-Media-Kampagnen sind genauso effektiv wie alleinige Print- oder alleinige TV-Kampagnen.
N	Flugreise Hotelübernachtung	258 Teilnehmer	N	N	Bannerwerbung und Plakate wirken besser als Radio.
N	Parfüm	240 Teilnehmer	N	N	Internet und Print unterscheiden sich nicht mit Blick auf die Wirkung emotionaler Werbung.
N	Konsumgut	1966 Teilnehmer	N	J	Positive Synergien zeigen sich für die Medien Print und TV.
N	Automobil	86 Wochen	J	J	Intra-mediale und inter-mediale Effekte werden nachgewiesen.
N	Non-Profit-Organisation	70 Teilnehmer	N	J	Print- und Online-Werbung besitzen zusammen eine höhere Werbewirkung als vergleichbare einzelne Maßnahmen.
N	Automobil Banken Unterhaltungselektronik Versicherung	3.012 Teilnehmer x 4 Marken = 12.048 Fälle	N	J	Positiver Interaktionseffekt von TV und Suchmaschinenmarketing; ohne eigenes Suchmaschinenmarketing stärkt TV indirekt Wettbewerber.
J	soziales Online-Netzwerk	156 Wochen	J	N	TV erzeugt die meisten Registrierungen; Suchmaschinenwerbung weist eine dreimal so hohe Kaufrate (15 %) wie TV (5 %) auf.
N	Zeitschrift	134 Teilnehmer	N	J	Multimediale Anzeigenschaltung zeigt eine stärkere Wirkung auf die Einstellung gegenüber der Marke als Bannerwerbung alleine, aber keinen Unterschied bzgl. Recall, Recognition und Kaufabsicht.

Mittels realer Daten einer mehrkanaligen Werbekampagne zeigen BRIGGS, KRISHNAN und BORIN, dass Printanzeigen und Werbebanner einen vergleichbaren Effekt besitzen, die Kosten für die Printanzeigen allerdings höher ausfallen.[282] Im Allgemeinen legen die empirischen Forschungsergebnisse nahe, dass der gleichzeitige Einsatz von Werbemaßnahmen in verschiedenen Medien zu geringeren Werbekosten führt, um vergleichbare Reichweiten wie mit einem Medium zu erreichen.[283] In einer weiteren Studie erzeugte eine Suchmaschinenwerbekampagne auf Basis gleicher Werbeausgaben viermal so viele Registrierungen wie eine gleichzeitige Printkampagne.[284] Sowohl Suchmaschinenwerbung als auch Printkampagne generierten in dieser Untersuchung mehr einnahmenrelevante Registrierungen als Plakat-, Radio- oder TV-Werbung. Mögliche Interaktionseffekte zwischen den Maßnahmen wurden nicht analysiert. Intra-mediale sowie inter-mediale Synergieeffekte wurden im Rahmen einer umfassenden Werbekampagne in der Automobilbranche nachgewiesen.[285] In einer Studie des Bundesverbands Digitale Wirtschaft (BVDW) wurden Indizien für einen positiven Interaktionseffekt zwischen Fernsehwerbung und Suchmaschinenmarketing gefunden.[286] Die Studienergebnisse legen die Vermutung nahe, dass ohne paralleles Suchmaschinenmarketing die Fernsehwerbung zu einer indirekten Stärkung der Konkurrenz führt.[287]

Im Allgemeinen wird das Internet sowohl als Substitut als auch als Komplement zu den klassischen Medien angesehen, mit der Möglichkeit für unterschiedliche Werbetreibende eine Vielzahl von Kommunikationszielen abzudecken.[288] Als Substitut für

---

282 Vgl. BRIGGS/KRISHNAN/BORIN 2005.

283 Vgl. zu dieser Aussage die Studien von BRIGGS/KRISHNAN/BORIN 2005 sowie DIJKSTRA/BUIJTELS/VAN RAAIJ 2005.

284 Vgl. PFEIFFER/ZINNBAUER 2010. Die Autoren zeigen in der Untersuchung, dass die Fernsehwerbung zwar die meisten Kontakte erzeugt, aber die Suchmaschinenwerbung bei geringen Ausgaben mehr ergebnisrelevante Konversionen erzeugt.

285 Vgl. zur Untersuchung dieser werblichen Synergieeffekte NAIK/PETERS 2009.

286 Vgl. zu diesem Ergebnis BVDW 2009.

287 Vgl. BVDW 2009. Zu einem ähnlichen Schluss gelangen auch PFEIFFER/ZINNBAUER 2010, S. 46.

288 Vgl. SILK/KLEIN/BERNDT 2001 sowie DIJKSTRA/BUIJTELS/VAN RAAIJ 2005.

Printwerbung wird das Internet dann angesehen, wenn ein hoher Grad an Zielgruppensteuerung vorliegt, wie z. B. im Fall der Suchmaschinenwerbung.[289] Eine komplementäre Funktion wird dem Internet üblicherweise zugesprochen, um ein durch die klassischen Medien erzeugtes Bewusstsein bzw. Interesse für das beworbene Produkt anzusprechen und zu verstärken.[290]

Mit Blick auf einen Interaktionseffekt zwischen Anzeigen in Printmedien und Suchmaschinenwerbeanzeigen lässt der zunehmende Hinweis auf eine Unternehmenswebseite in Printanzeigen[291] vermuten, dass die Zielgruppe die Webseite direkt aufsuchen kann. In diesem Zusammenhang wird jedoch bemängelt, dass der Integrationsgrad zwischen den Medien häufig verbesserungsbedürftig sei.[292] Alternativ ist anzunehmen, dass z. B. Zeitungsanzeigen ein latentes Interesse der Zielgruppe aktivieren. Infolge dieser Aktivierung nutzen die angesprochenen Interessenten Suchmaschinen zu einer Informations- oder Navigationssuche und reagieren auf die Werbeanzeigen, die auf den Suchergebnisseiten eingeblendet werden.[293]

2.4. Ableitung der Hypothesen

2.4.1. Überblick

Ausgehend von den formulierten Leitfragen sowie den Ausführungen zum Stand der Suchmaschinenwerbung in der Literatur (vgl. Abschnitt 2.3.) werden im Folgenden die Hypothesen der vorliegenden empirischen Untersuchung abgeleitet und expliziert. Die Hypothesen zum Einfluss der parallelen Anzeigenschaltung in Suchmaschinen und Zeitungen werden in Abschnitt 2.4.2. formuliert. In Abschnitt 2.4.3. erfolgt an-

---

289 Vgl. SILK/KLEIN/BERNDT 2001.

290 Vgl. LEONG/HUANG/STANNERS 1998 sowie DIJKSTRA/BUIJTELS/VAN RAAIJ 2005.

291 Vgl. zu der Angabe von Unternehmenswebseiten im Rahmen von Printanzeigen PARDUN/LAMB 1999; BELLIZZI 2000; JONES/GABLER/HOLDEN 2004 sowie KANSO/NELSON 2004.

292 Vgl. hierzu die Untersuchung von SHEEHAN/DOHERTY 2001 sowie KANSO/NELSON 2004.

293 Vgl. zu dieser komplementären Abfolge der Mediennutzung SHEEHAN/DOHERTY 2001 sowie DIJKSTRA/BUIJTELS/VAN RAAIJ 2005.

schließend die Herleitung der Hypothesen zu den Steuerungsinstrumenten einer Suchmaschinenwerbekampagne. Abschließend werden in Abschnitt 2.4.4. die Beziehungen auf Basis der einzelnen Kennzahlen[294] abgeleitet, die insbesondere auf das Verhalten der Suchenden zurückzuführen sind. Die Abfolge der Hypothesen orientiert sich an dem idealtypischen Ablauf der Suchmaschinenwerbung.[295]

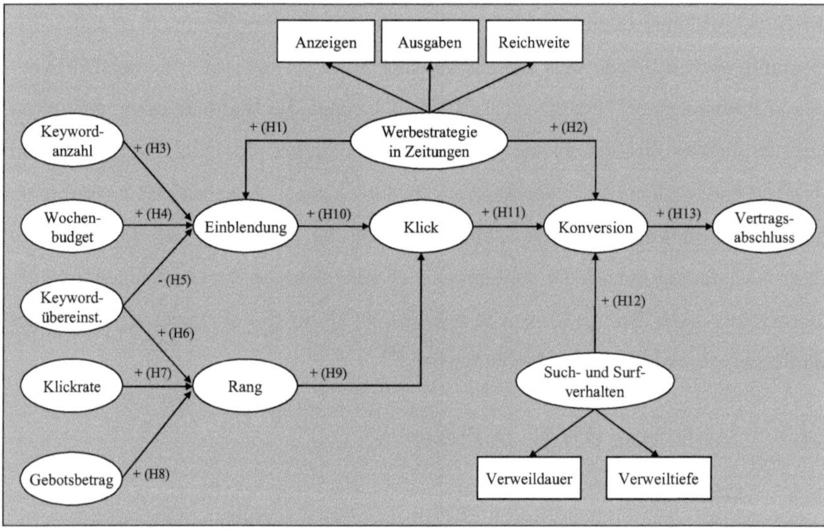

Abb. 18: Untersuchungsmodell

Das resultierende Untersuchungsmodell ist Abbildung 18 zu entnehmen und stellt zusammenfassend alle Untersuchungshypothesen dar.

2.4.2. Zum Einfluss von Zeitungsanzeigen auf die Suchmaschinenwerbung

In Abschnitt 2.3.6. wurde die bisher fehlende wissenschaftliche Auseinandersetzung mit der gleichzeitigen Schaltung von klassischer Werbung und Suchmaschinenwerbung sowie deren Wirkungen evident. Sowohl die Fragestellung, inwieweit die

294 Vgl. zu diesen Kennzahlen insbesondere Abbildung 10 in Abschnitt 2.2.4.

295 Vgl. zu dem idealtypischen Ablauf der Suchmaschinenwerbung die Ausführungen in Abschnitt 2.2.2. und insbesondere Abbildung 7.

Vorteile des Online-Mediums bei der Zurechnung von Werbemitteleinsatz und Werbewirkung beim mehrkanaligen Einsatz von klassischer Werbung und Suchmaschinenwerbung genutzt werden können, als auch die Frage, ob Interaktionseffekte bei dieser gleichzeitigen Werbeschaltung existieren, blieben bisher im wissenschaftlichen Diskurs unbeachtet. Lediglich bzgl. der Reihenfolge des Werbemittelkontaktes wird angenommen, dass Rezipienten zuerst der klassischen Anzeige ausgesetzt sind.[296]

Diese Annahme erscheint insbesondere für die Kombination von Anzeigen in Zeitungen und in Suchmaschinen plausibel. Die Suchmaschinenwerbeanzeige wird auf der Suchergebnisseite aufgrund der Zuordnung eines durch den Werbetreibenden vorgegebenen Suchwortes zu einer Suchanfrage angezeigt. Abgesehen von intrinsischer Motivation ist dieses durch den Suchenden offenbarte thematische Interesse auf die Aktivierung eines existierenden latenten Interesses zurückzuführen. Dieses latente Interesse kann z. B. durch einen initialen Kontakt mit klassischer Anzeigenwerbung in Tageszeitungen aktiviert worden sein. Die Reaktion auf die Suchmaschinenwerbeanzeige erfolgt nach diesem Kontakt, wenn der Interessent die Suchmaschinen für eine Informations- oder Navigationssuche nutzt.[297] In Übereinstimmung mit der in der Literatur postulierten Reihenfolge des Werbekontaktes wird in der Untersuchung die folgende Hypothese bzgl. des Zusammenhangs zwischen Zeitungswerbung und Zahl der Einblendungen der Suchmaschinenwerbung analysiert.

Hypothese 1: Je höher der Werbedruck in Zeitungen ist, desto größer ist die Zahl an Einblendungen der Suchmaschinenwerbeanzeigen.

Neben diesem möglicherweise existierenden Interaktionseffekt, der zu einem Anstieg der Einblendungen einer Suchmaschinenwerbeanzeige führt, besitzt die Zeitungswerbung eine direkte Wirkung auf die Zielgrößen eines Unternehmens. Im Gegensatz zur Suchmaschinenwerbung wurde die Wirkung von Anzeigen in Printmedien bereits

---

296 Vgl. zu dieser Annahme SHEEHAN/DOHERTY 2001; DIJKSTRA/BUIJTELS/VAN RAAIJ 2005 sowie SCHWAIGER/CANNON/NUMBERGER 2011.

297 SCHWAIGER/CANNON/NUMBERGER 2011 formulieren einen ähnlichen sequentiellen Zusammenhang zwischen Printanzeige und Bannerwerbung, der bisher nicht empirisch untersucht wurde.

intensiver erforscht.[298] Von der Wirkungsfunktion wird allgemein angenommen, dass sie konkav verläuft, also abnehmende Grenzerträge zu erwarten sind. Für einen alternativen s-förmigen Verlauf konnten bisher keine Belege gefunden werden.[299] Auch zum Verlauf der Wirkungsfunktion bei Einsatz mehrerer Werbemaßnahmen in verschiedenen Medien liegen keine einschlägigen Ergebnisse vor.[300] Einzig ein tendentiell positiver Wirkungszusammenhang ist den unterstellten Funktionen gemein, so dass, ohne eine konkrete Wirkungsfunktion zu unterstellen,[301] für die direkte Werbewirkung der Zeitungsanzeigen ein positiver Zusammenhang zwischen Zeitungswerbung und der Zahl an Konversionen angenommen wird.

Hypothese 2: Je höher der Werbedruck in Zeitungen ist, desto größer ist die Zahl an Konversionen auf der beworbenen Webseite.

2.4.3. Zum Einfluss von Instrumenten zur Steuerung der Suchmaschinenwerbung

Zur Beurteilung und zum Vergleich unterschiedlicher Instrumente zur Steuerung der Suchmaschinenwerbung werden im Rahmen der empirischen Untersuchung der Einfluss der Keywordanzahl, des Werbebudgets, der Keywordübereinstimmung und des Gebotsbetrages als unmittelbare Größen analysiert. Als mittelbare Größe, die im Sinne eines regelkreisförmigen Zusammenhanges beeinflusst werden kann, wird die Klickrate herangezogen und ihr Einfluss auf die Suchmaschinenwerbung mit der Wirkung der unmittelbaren Instrumente verglichen. Die im Untersuchungsmodell in Abbildung 18 unterstellten Wirkungsrichtungen (vgl. Abschnitt 2.4.1.) werden in den folgenden Ausführungen mit Blick auf die Hypothesenbildung skizziert.

---

298 Vgl. zur Analyse von Anzeigenschaltung in Printmedien z. B. BEERLI/SANTANA 1999; NAIK/RAMAN 2003; NAIK/RAMAN/WINER 2005; VAKRATSAS/MA 2005; PRASAD/SETHI 2009.

299 Vgl. zum Verlauf der Wirkungsfunktion die Ergebnisse von SIMON/ARNDT 1980 sowie VAKRATSAS 2005.

300 Vgl. hierzu die Ausführungen in Abschnitt 2.3.6. sowie die zitierte Literatur.

301 Im Rahmen der empirischen Untersuchung wird dieser Zusammenhang durch eine lineare Regressionsfunktion geschätzt. Da diese Schätzung auf einem Teilbereich eines wahrscheinlich nicht-linearen Funktionsverlaufes erfolgt, sind über den unterstellten Zusammenhang verlässliche Ergebnisse zu erwarten.

Als Grundlage aller Maßnahmen des Suchmaschinenmarketing sind die Identifikation und die Auswahl der Suchworte anzusehen, die abhängig von der Zielsetzung und der Zielgruppe erfolgen und letztendlich über die Qualität der mittels der Maßnahme generierten Kontakte entscheiden.[302] In der Suchmaschinenwerbung ist die Bedeutung der ausgewählten Suchworte offenkundig, da die Suchworte determinieren, bei welchen Suchanfragen die Werbeanzeigen eingeblendet werden sollen. Mit jedem Keyword ist folglich eine bestimmte Reichweite verbunden. Nimmt die Zahl an Suchworten zu, so ist von einer größeren Reichweite der Suchmaschinenwerbekampagne auszugehen. Folglich lässt sich ein positiver Zusammenhang zwischen Keywordanzahl und Einblendungen der Suchanzeige annehmen.

Hypothese 3: Je mehr Suchworte in der Suchmaschinenwerbekampagne vorgegeben werden, desto größer ist die Zahl an Einblendungen der Suchmaschinenwerbeanzeigen.

Der Einfluss von Budgetbeschränkungen auf das Auktionsdesign sowie die Preisstrategie der Suchmaschinenanbieter und die Bietstrategie der Werbetreibenden wird in der Literatur primär im Rahmen formal-analytischer Untersuchung berücksichtigt.[303] Diese Analysen dienen dazu, Gleichgewichtsstrategien zu identifizieren und Ansätze aufzuzeigen, um das Werbebudget möglichst optimal einzusetzen. Empirische Erkenntnisse zu der Frage, wie sich begrenzte Budgets auf die vorgelagerten Kennzahlen sowie die Zielgrößen einer Suchmaschinenwerbekampagne auswirken, liegen bisher nicht vor. Sofern ein Werbebudget bislang nicht ausreicht, die gesamte Nachfrage zu bedienen, da z. B. das Budget in der Vergangenheit ausgeschöpft wurde,[304] führt die Erhöhung des Werbebudgets im Allgemeinen dazu,

---

302 Vgl. hierzu auch die Ausführungen in Abschnitt 2.2.3.

303 Vgl. hierzu die Ausführungen sowie die zitierten Quellen in den Abschnitten 2.3.2.1., 2.3.2.3. und 2.3.2.4.

304 Neben der Ausschöpfung des Budgets sind im Rahmen der Suchmaschinenwerbung prinzipiell weitere Ursachen vorstellbar, die zu einem Nicht-Erreichen der potenziellen Interessenten, also einer stagnierenden Nachfrage, führen. So können z. B. der Gebotsbetrag sowie die weiteren Relevanzfaktoren, wie die Übereinstimmung des Anzeigentextes oder der in der Anzeige beworbenen Zielseite mit der Suchanfrage, im Vergleich zur Konkurrenz zu gering ausfallen, so dass die Werbeanzeige nicht auf der ersten Seite

zusätzliche Nachfrage zu erreichen. Die Ausweitung des Werbebudgets sollte also dazu führen, dass mehr Anzeigen auf der Suchergebnisseite eingeblendet werden können. Folglich wird von einem positiven Zusammenhang zwischen Höhe des Werbebudgets und Zahl der Werbeeinblendungen ausgegangen.

Hypothese 4: Je höher das Werbebudget ist, desto größer ist die Zahl an Einblendungen der Suchmaschinenwerbeanzeigen.

Die Möglichkeit, unterschiedliche Grade der Übereinstimmung von Suchanfrage und Suchwort zu bebieten, bleibt in den Untersuchungen zur Suchmaschinenwerbung meist unberücksichtigt. Die Ergebnisse zweier formal-analytischer Studien zeigen mit Blick auf diese sogenannte Keywordübereinstimmung sowohl positive als auch negative Wirkungen auf.[305] So lassen sich für ein Auktionsdesign, das unterschiedliche Grade der Keywordübereinstimmung berücksichtigt, Beispiele finden, die sowohl zu steigenden als auch zu sinkenden Einnahmen des Suchmaschinenanbieters führen. Ähnlich zu diesen Ergebnissen fällt auch die Wirkung der Keywordübereinstimmung auf die Zahl an Suchmaschinenwerbeeinblendungen sowie auf deren Anzeigenrang verschieden aus. Mit zunehmender Keywordübereinstimmung, also einer größeren Kongruenz zwischen Suchanfrage und Suchwort, kann die Anzeige im Rahmen einer kleineren Zahl von Suchanfragen auktioniert werden, so dass die Werbeanzeige in Folge dessen weniger häufig angezeigt werden kann und somit die Zahl der Werbeeinblendungen abnimmt. Die Reichweite der Suchmaschinenwerbekampagne nimmt ebenso ab.

Hypothese 5: Je höher der Grad der Übereinstimmung von Suchanfrage und Suchwort ist, desto geringer ist die Zahl an Einblendungen der Suchmaschinenwerbeanzeigen.

---

der Suchergebnisse eingeblendet wird und somit nicht von der Zielgruppe wahrgenommen wird.

305 Vgl. hierzu und im Folgenden die beiden Studien SINGH/ROYCHOWDHURY 2008 und EVEN-DAR et al. 2009 sowie die Ausführungen in Abschnitt 2.3.2.4.

Mit Blick auf den Anzeigenrang ist bei zunehmendem Grad der Keywordübereinstimmung dagegen ein positiver Einfluss zu vermuten, sofern das Auktionsverfahren neben dem Gebotsbetrag weitere Relevanzfaktoren berücksichtigt.[306] Diese Annahme entspricht dem in der Praxis dominierenden Verfahren zur Rangbildung.[307] Als Bestandteil des Rangalgorithmus beeinflusst die Übereinstimmung zwischen Suchanfrage und vorgegebenem Keyword zumindest teilweise die Positionierung der Suchanzeige im Vergleich zu den konkurrierenden Anzeigen, so dass ein positiver Einfluss anzunehmen ist.

Hypothese 6: Je höher der Grad der Übereinstimmung von Suchanfrage und Suchwort ist, desto höher wird die Werbeanzeige auf der Suchergebnisseite positioniert.

Neben dem Grad der Übereinstimmung zwischen Suchanfrage und Keyword ist die Klickrate einer Suchmaschinenwerbeanzeige ein weiterer bekannter Relevanzfaktor.[308] Weitere Spezifikationen, wie z. B. die Zeitperiode, die der Klickrate zugrunde liegt, sind nicht bekannt. Die Klickrate als Bestandteil des Rangalgorithmus wurde im wissenschaftlichen Diskurs vielfach berücksichtigt. Der Einfluss der Klickrate wurde z. B. auf das Gleichgewicht der Auktionsalgorithmen, auf die Einnahmen des Suchmaschinenanbieters und auf die optimale Preis- sowie Bietstrategie untersucht.[309] Im Einklang mit diesen Ergebnissen hat die Klickrate einen positiven Einfluss auf die Positionierung der Anzeige. Wird die Suchanzeige im Vergleich zur Vergangenheit

---

306 Für die Rangreihung der Anzeigen auf Basis des Gebotsbetrages ist davon auszugehen, dass der Grad der Keywordübereinstimmung keinen Einfluss auf den Anzeigenrang besitzt.

307 Vgl. z. B. BALACHANDER/KANNAN/SCHWARTZ 2009, S. 2. Vgl. hierzu auch die Ausführungen in Abschnitt 2.3.2.2. sowie die dort angegebene Literatur.

308 Vgl. z. B. CHEN/FENG/WHINSTON 2009 sowie BALACHANDER/KANNAN/SCHWARTZ 2009.

309 Vgl. hierzu die Abschnitte 2.3.2.1. bis 2.3.2.4. und die dort zitierte Literatur.

häufiger angeklickt, so wird die Anzeige aufgrund der steigenden Relevanzbewertung höher positioniert.[310]

Hypothese 7: Je höher die Klickrate ist, desto höher wird die Werbeanzeige auf der Suchergebnisseite positioniert.

Zentraler Aspekt des Rangalgorithmus ist der Betrag, der von Werbetreibenden für die Platzierung der Werbeanzeige geboten wird. Neben der Berücksichtigung im Rangalgorithmus[311] wird der Gebotsbetrag insbesondere im Rahmen des Bietverhaltens und als Element von Bietsystemen untersucht.[312] Im Rahmen des Auktionsdesigns stehen die Frage nach Mindestpreisen und die Einkommensmaximierung im Mittelpunkt der Analyse.[313] Im Rahmen der meist formal-analytischen Untersuchungen wird ein positiver Zusammenhang zwischen der Höhe des Gebotsbetrages und der Positionierung auf der Suchergebnisseite angenommen. In einer empirischen Analyse realen Bietverhaltens konnte gezeigt werden, dass der Gebotsbetrag mit höherer Positionierung der Anzeige exponentiell zunimmt.[314] In Übereinstimmung mit den theoretischen und empirischen Ergebnissen wird von einem positiven Einfluss des Bietbetrags auf den Anzeigenrang ausgegangen.

Hypothese 8: Je höher der Gebotsbetrag ist, desto höher wird die Werbeanzeige auf der Suchergebnisseite positioniert.

---

310 Der Anstieg in Rängen vollzieht sich für die einzelne Anzeige sprunghaft, wenn die Bewertung der Anzeige eine konkurrierende Bewertung übersteigt, und maximal bis zur höchsten Positionierung neben den organischen Suchergebnissen.

311 Vgl. hierzu insbesondere Abschnitt 2.3.2.3. und die dort zitierte Literatur.

312 Vgl. zum Bietverhalten und Bietsystem die Ausführungen und Literatur in Abschnitt 2.3.2.4.

313 Vgl. zu den Auswirkungen des Gebotsbetrags im Auktionsdesign Abschnitt 2.3.2.4.

314 Vgl. zu diesem Ergebnis GANCHEV et al. 2007, o. S.

2.4.4. Zum Verhalten der Zielgruppe im Rahmen der Suchmaschinenwerbung

Die in den vorangegangenen Abschnitten abgeleiteten Hypothesen folgen den beiden Leitfragen der Untersuchung.[315] Im Folgenden werden Hypothesen zum Zusammenhang der Kennzahlen der Suchmaschinenwerbung[316] formuliert, die das Verhalten der Zielgruppe reflektieren. Die Darstellung folgt hierbei dem in Abschnitt 2.2.2. erläuterten idealtypischen Ablauf der Suchmaschinenwerbung (vgl. Abbildung 7).

Für die unterschiedlichen Anzeigenränge werden üblicherweise verschiedene Klickraten unterstellt.[317] Auf Basis dieser Annahme wird z. B. analysiert, welchen Einfluss der Anzeigenrang auf den Gebotsbetrag hat, um eine bestimmte Wirkung, also eine Klickzahl oder Klickrate, zu erreichen.[318] Folglich werden unterschiedlichen Rängen unterschiedliche Nutzenwerte zugeordnet.[319] Empirische Studien bestätigen diese Annahme, dass höher positionierte Suchmaschinenwerbeanzeigen vergleichsweise häufiger angeklickt werden.[320] Eine weiter oben gelistete Werbeanzeige erhält also bei gleicher Zahl an Einblendungen mehr Klicks, d. h. sie besitzt eine höhere Klickrate als eine Anzeige, die tiefer auf der Suchergebnisseite positioniert ist. Für den Zusammenhang zwischen Anzeigenrang und der Zahl an Klicks ist also von einem positiven Einfluss auszugehen.

---

315 Vgl. zu den Leitfragen die Ausführungen in Abschnitt 1.1.

316 Vgl. zu diesen Kennzahlen die Ausführungen in Abschnitt 2.2.4. und insbesondere Abbildung 10.

317 Vgl. hierzu die Befunde der Klickstudien im Rahmen des Suchverhaltens in Abschnitt 2.3.3.

318 Vgl. hierzu z. B. ÖZLÜK/CHOLETTE 2007; ASHLAGI/MONDERER/TENNENHOLTZ 2008 sowie NALDI/D'ACQUISTO/ITALIANO 2010.

319 Vgl. z. B. ABRAMS/GHOSH/VEE 2007 sowie NALDI/D'ACQUISTO/ITALIANO 2010.

320 Vgl. zu diesen Ergebnissen z. B. HOTCHKISS/ALSTON/EDWARDS 2005; JOACHIMS et al. 2005; AGICHTEIN et al. 2006; HOTCHKISS 2006; JOACHIMS et al. 2006; CRASWELL et al. 2008; LINDEN/MEEK/CHICKERING 2009 sowie ANIMESH/VISWANATHAN/AGARWAL 2011.

Hypothese 9: Je höher die Suchmaschinenwerbeanzeige auf der Suchergebnisseite positioniert wird, desto größer ist die Wahrscheinlichkeit, dass die Anzeige angeklickt wird, und desto mehr Klicks erfolgen.

Im Allgemeinen verfügen Werbetreibende mit Ausnahme des Anzeigenrangs im Gegensatz zu den Suchmaschinenanbietern über keine weiteren Informationen zum Klickverhalten auf der Suchergebnisseite. Für ein Anklicken einer Werbeanzeige stellt deren Einblendung eine notwendige Bedingung dar. Aufgrund dieser Bedingung lässt sich annehmen, dass mit steigender Zahl an Einblendungen ceteris paribus die Klickanzahl im Verhältnis der bisherigen Klickrate ansteigt.

Hypothese 10: Je häufiger die Suchmaschinenwerbeanzeigen eingeblendet werden, desto größer ist die Klickanzahl.

Eine angeklickte Suchmaschinenwerbeanzeige stellt zumindest für alle durch die Suchmaschinenwerbekampagne angesprochenen Interessenten eine notwendige Bedingung dar, damit diese Interessenten auf der Internetpräsenz des Werbetreibenden konvertieren.[321] Die Klickanzahl ist also ein Faktor, der die Gesamtzahl an Konversionen auf der Webseite beeinflusst. Wie bereits angemerkt, existieren bisher wenige Erkenntnisse mit Blick auf das Konversionsverhalten im Rahmen der Suchmaschinenwerbung. Aus diesem Grund wird bzgl. des Einflusses der Klickanzahl auf die Zahl der Gesamtkonversionen der intuitiven Annahme eines positiven Zusammenhangs gefolgt.

Hypothese 11: Je größer die Zahl angeklickter Suchmaschinenwerbeanzeigen ist, desto mehr Interessenten konvertieren auf der beworbenen Webseite.

Die Auseinandersetzung mit dem Online-Such- und Surfverhalten erfolgt in der Literatur sowohl allgemein mit Blick auf das Nutzungsverhalten im Internet als auch

---

321 Selbst wenn die Interessenten zu einem späteren Zeitpunkt auf der Webseite, z. B. bei einem zweiten (direkten) Besuch, konvertieren, steigt die Anzahl der gesamten Konversionen bei mehr angeklickten Suchanzeigen.

speziell im Kontext von Suchmaschinen.[322] Um die Werbeaktivitäten unter Nutzung multipler Werbemedien aus Sicht eines Werbetreibenden zu evaluieren, integriert das Untersuchungsmodell das Such- und Surfverhalten auf der beworbenen Webseite als Erklärungsgröße für das Konversionsverhalten auf dieser Webseite. In Anlehnung an die bisherige Forschung wird das Such- und Surfverhalten an der Verweildauer und der Verweiltiefe eines Besuches gemessen.[323] Die Ergebnisse dieser Untersuchungen lassen vermuten, dass Interessenten in Abhängigkeit vom Kontext bereit sind, multiple Seiten zu sichten.[324] In Folge dessen lässt sich ein positiver Einfluss der Verweildauer und der Verweiltiefe auf die Wahrscheinlichkeit zu konvertieren konstatieren.[325] Da die untersuchte Dienstleistung von hohem Involvement und rationalem Entscheidungsverhalten gekennzeichnet ist, ist anzunehmen, dass sich ein positiver Einfluss des Such- und Surfverhaltens auf die Zahl an Konversionen zeigt.

Hypothese 12: Je ausgeprägter das Such- und Surfverhalten der Interessenten ist, desto höher ist die Wahrscheinlichkeit, dass die Interessenten auf der beworbenen Webseite konvertieren, und desto mehr Konversionen erfolgen.

Um die ökonomische Relevanz der Werbeaktivitäten zu beurteilen, wird im Rahmen der vorliegenden Untersuchung ein positiver Zusammenhang zwischen der in diesem Fall vorökonomischen Konversion, die die Bestellung von Informationsmaterial misst, und der ökonomischen Zielgröße, die der Zahl an Vertragsabschlüssen entspricht, angenommen. Auf weitere Größen, um die Zahl an Vertragsabschlüssen zu erklären, wird im Untersuchungsmodell bewusst verzichtet. Dieses Vorgehen reflektiert einerseits die angenommene Perspektive des Werbetreibenden, der die Werbemaßnahmen praktikabel anhand vorhandener Beobachtungsdaten beurteilen möchte, und anderer-

---

322 Vgl. hierzu die Ausführungen sowie die zitierte Literatur in Abschnitt 2.3.3.

323 Vgl. zur Nutzung der Verweildauer und der Verweiltiefe z. B. ADAR/HUBERMAN 2000; BUCKLIN/SISMEIRO 2003; JOHNSON et al. 2004; MOE/FADER 2004a; MOE/FADER 2004b; SISMEIRO/BUCKLIN 2004; VAN DEN POEL/BUCKINX 2005; MOE 2006 sowie OLBRICH/HOLSING 2011.

324 Vgl. zu diesem Ergebnis insbesondere ADAR/HUBERMAN 2000.

325 Vgl. zu diesem Befund VAN DEN POEL/BUCKINX 2005.

seits erlaubt dieser Ansatz, den Anteil der Werbemaßnahmen zu identifizieren, der die Schwankungen in der Zahl an Vertragsabschlüssen erklärt.

Hypothese 13: Je höher die Zahl an Konversionen ist, desto mehr Verträge werden geschlossen.

2.5. Zwischenfazit zum zweiten Kapitel

Das vorliegende Kapitel führte in Abschnitt 2.2. in die begrifflichen Grundlagen sowie die grundsätzliche Funktionsweise der Suchmaschinenwerbung ein. Die Suchmaschinenwerbung wurde hierzu in das Suchmaschinenmarketing eingeordnet und von der Suchmaschinenoptimierung abgegrenzt. Für das grundlegende Verständnis der weiteren Ausführungen wurden der idealtypische Ablauf sowie der idealtypische Prozess der Suchmaschinenwerbung in Verbindung mit den zentralen Kenn- und Zielgrößen erläutert.

Auf Basis dieser Einführung wurden in Abschnitt 2.3. die aktuellen Forschungsergebnisse zum Auktionsdesign, zum Suchverhalten, zur Keywordgenerierung und zur Behandlung von Klickbetrug dargestellt. Zu konstatieren ist, dass eine umfassende Analyse der Instrumente zur Steuerung der Suchmaschinenwerbung bislang fehlt. Auch der parallelen Schaltung von Anzeigen in Suchmaschinen und in Zeitungen wurde vergleichsweise wenig Aufmerksamkeit zuteil, wie der Übersicht zum multimedialen Werbeeinsatz unter Berücksichtigung der Suchmaschinenwerbung zu entnehmen ist.[326] Die vorliegende Untersuchung differenziert sich in mehreren Aspekten von bisherigen Studien, die den gleichzeitigen Einsatz von Kommunikationsmaßnahmen im Internet und anderen Medien analysieren. So wird die Interaktion zwischen Zeitungsanzeigen und Suchmaschinenwerbung explizit betrachtet. Die Untersuchung basiert hierbei auf realen Daten eines Dienstleistungsunternehmens. Neben der parallelen Anzeigenschaltung in Zeitungen werden in dieser integrativen

326 Vgl. zum parallelen Einsatz von klassischen Werbemaßnahmen und der Suchmaschinenwerbung Abschnitt 2.3.6. und insbesondere Abbildung 17.

Analyse verschiedene Instrumente der Suchmaschinenwerbung berücksichtigt, um deren Wirkung auf die ökonomische Zielgröße zu untersuchen.

Ausgehend von der Funktionsweise der Suchmaschinenwerbung und den bisherigen Forschungsergebnissen erfolgte in Abschnitt 2.4. die Ableitung und Formulierung der Untersuchungshypothesen. Die Gliederung der Hypothesen folgt den identifizierten Forschungsfragen sowie dem idealtypischen Ablauf der Suchmaschinenwerbung. Die Hypothesen 1 und 2 repräsentieren den Effekt der parallelen Anzeigenschaltung in Suchmaschinen und Zeitungen. Zur Wirkung der Einflussfaktoren und Steuerungsinstrumente wurden die Hypothesen 3 bis 8 expliziert. Die Hypothesen 9 bis 13 beziehen sich auf die Kennzahlen der Suchmaschinenwerbung[327], die insbesondere auf das Verhalten der Suchenden zurückzuführen sind. In Kapitel 3. erfolgt eine kurze Darstellung der methodischen Grundlagen und Vorgehensweise, an die die empirische Analyse des in Abschnitt 2.4. abgeleiteten Untersuchungsmodells (vgl. Abbildung 18) in Kapitel 4. angeschlossen wird.

---

327 Vgl. zu diesen Kennzahlen der Suchmaschinenwerbung die Ausführungen in Abschnitt 2.2.4. und insbesondere Abbildung 10.

3. Methodische Grundlagen und Vorgehensweise der empirischen Untersuchung

3.1. Einführung in die Strukturgleichungsmodellierung

Zur Analyse von Modellen, die nicht direkt messbare, sogenannte latente, sowie multidimensionale Konstrukte enthalten, bietet sich der Einsatz von Strukturgleichungsmodellen[328] an, die komplexe Zusammenhänge zwischen exogenen und endogenen Größen simultan untersuchen. Für die vorliegende Untersuchung bietet sich die Analyse mittels der Strukturgleichungsmodellierung aufgrund zweier Eigenschaften an. Erstens sind mit der Werbestrategie in Zeitungen sowie dem Such- und Surfverhalten zwei latente, multidimensionale Konstrukte in der Analyse zu berücksichtigen. Zweitens sind die in Abschnitt 2.4. abgeleiteten komplexen Beziehungen des Hypothesengerüstes zu betrachten.[329]

Neben der Untersuchung latenter Variablen sowie der Modellierung und der Analyse komplexer Dependenzstrukturen, wie z. B. Zusammenhänge zwischen multiplen endogenen latenten Konstrukten, erlauben Strukturgleichungsmodelle im Vergleich zu den klassischen multivariaten Analyseverfahren auch die explizite Modellierung von Messfehlern.[330] Die Strukturgleichungsmodellierung, die zu den multivariaten

---

[328] In der Literatur finden auch die Bezeichnungen Kausalanalyse und Kausalmodellierung synonyme Verwendung. Diese Bezeichnungen sind nicht unproblematisch, da das Verfahren die suggerierte Aufdeckung von kausalen Zusammenhängen im Sinne eines kontrollierten Experimentes nicht leisten kann. Vgl. z. B. HOMBURG/HILDEBRANDT 1998, S. 17.

[329] Vgl. hierzu auch die Zusammenfassung der Hypothesen im Untersuchungsmodell in Abbildung 18.

[330] Vgl. FORNELL 1987, S. 410; CHIN 1998b, S. 297; CHIN/NEWSTED 1999, S. 308 sowie RINGLE 2004, S. 278 ff.

Analyseverfahren der zweiten Generation gezählt wird,[331] lässt sich in den varianz- und den kovarianzbasierten Ansatz differenzieren.[332]

Im Folgenden wird der allgemeine Aufbau von Strukturgleichungsmodellen skizziert und das Untersuchungsmodell formal definiert. Die Kriterien zur Auswahl des geeigneten Verfahrens werden in Abschnitt 3.2. vorgestellt. Anhand dieser Kriterien wird der Einsatz des varianzbasierten Verfahrens für die vorliegende Untersuchung begründet. Abschließend wird in Abschnitt 3.3. die Vorgehensweise zur Validierung dieses Ansatzes erläutert.

Jedes Strukturmodell besteht aus drei Teilmodellen, dem Strukturmodell sowie dem exogenen und dem endogenen Messmodell. Das Strukturmodell spezifiziert die Zusammenhänge zwischen den latenten Variablen. Es lässt sich formal aus der Regressionsanalyse ableiten und mittels folgender Gleichung beschreiben:[333]

(3.1) $$\eta = \mathrm{B}\eta + \Gamma\xi + \zeta$$

mit:

η = Vektor der endogenen latenten Konstrukte

B = Matrix der Koeffizienten β_{ij} zwischen endogenen latenten Konstrukten

Γ = Matrix der Koeffizienten γ_{ij} zwischen exogenen und endogenen latenten Konstrukten

---

331 Vgl. FORNELL 1987, S. 411 f. Zu den klassischen Verfahren zählen z. B. die Faktoren-, die Regressions- und die Varianzanalyse. Vgl. SCHLODERER/RINGLE/SARSTEDT 2009, S. 575.

332 Vgl. z. B. FORNELL/BOOKSTEIN 1982; FORNELL 1987 sowie CHIN/NEWSTED 1999. Der kovarianzbasierte Ansatz, in der Literatur synonym auch als Kovarianzstrukturanalyse und Linear Stuctural Relationships (LISREL)-Verfahren bezeichnet, ist auf die Arbeiten JÖRESKOGS (1967; 1969; 1970; 1971; 1973) zurückzuführen. Auf die Arbeiten WOLDS (1966; 1975; 1982) gründet sich hingegen der varianzbasierte Ansatz, für den die Begriffe Varianzstrukturanalyse und Partial Least Square (PLS)-Verfahren synonyme Verwendung im Schrifttum finden. Als alternatives varianzbasiertes Verfahren wird in jüngster Vergangenheit der sogenannte Generalized Structured Component Analysis (GSCA)-Ansatz diskutiert. Vgl. zu diesem Ansatz HWANG/TAKANE 2004 sowie HWANG et al. 2010.

333 Vgl. z. B. HOMBURG/BAUMGARTNER 1995, S. 163 sowie SCHLODERER/RINGLE/SARSTEDT 2009, S. 576

ξ = Vektor der exogenen latenten Konstrukte

ζ = Residualvektor

Die Variable η bezeichnet den Vektor der endogenen latenten Konstrukte und ξ den Vektor der exogenen latenten Konstrukte. Die direkten Beziehungen zwischen den endogenen latenten Konstrukten werden durch die Koeffizienten β_{ij} der Matrix B abgebildet. Die Matrix Γ mit den Koeffizienten γ_{ij} formuliert hingegen die direkten Effekte zwischen den exogenen und den endogenen latenten Konstrukten. Der Residualvektor ζ misst den Einfluss von nicht im Modell enthaltenen Variablen und Störgrößen. Das Strukturmodell bildet sich folglich aus den Beziehungen der latenten Konstrukte zuzüglich einer Residualgröße.

In den Messmodellen wird die Beziehung zwischen den (Mess-)Indikatoren und ihren latenten Konstrukten formuliert. Abhängig von der Richtung dieses Zusammenhangs lassen sich formative und reflektive Messansätze differenzieren.[334]

Bei einer formativen Spezifikation wird angenommen, dass das latente Konstrukt durch seine Indikatoren gebildet wird.[335] Das formativ spezifizierte Konstrukt ist also Ergebnis der Indikatoren[336] und lässt sich als eine Art Index interpretieren, der als Verdichtung der in allen Indikatoren enthaltenen Informationen zu verstehen ist.[337] Da ein formatives Konstrukt durch die Gesamtheit der Indikatoren definiert wird, führt die Eliminierung eines Indikators u. U. zu einer inhaltlichen Veränderung des Konstrukts

---

334 Vgl. z. B. MACCULLUM/BROWN 1993, S. 533 f.; FORNELL/CHA 1994, S. 58 ff. JARVIS/MACKENZIE/PODSAKOFF 2003, S. 200 ff. sowie GÖTZ/LIEHR-GÖBBERS 2004, S. 717 f. Kritisch wird im Schrifttum angemerkt, dass die Unterscheidung der Ansätze zu wenig beachtet wird. Vgl. DIAMANTOPOULOS/WINKLHOFER 2001; JARVIS/MACKENZIE/PODSAKOFF 2003; FASSOTT/EGGERT 2005; ALBERS/HILDEBRANDT 2006; FASSOTT 2006 sowie DIAMANTOPOULOS/RIEFLER/ROTH 2008. Für Anwendungsempfehlungen mit Blick auf formative und reflektive Messmodelle vgl. JARVIS/MACKENZIE/PODSAKOFF 2003; EBERL 2006; FASSOTT 2006 sowie COLTMAN et al. 2008.

335 MACCULLUM/BROWN 1993, S. 534 weisen in diesem Zusammenhang daraufhin, dass die Bezeichnung Indikator nicht im Sinne der Faktorenanalyse zu verstehen ist. Die Autoren schlagen alternativ die Bezeichnung ‚manifeste Variable' vor.

336 Vgl. CHRISTOPHERSON/GRAPE 2007, S. 105 sowie SCHLODERER/RINGLE/SARSTEDT 2009, S. 577.

337 Vgl. DIAMANTOPOULOS/WINKELHOFER 2001, S. 571 f.

und ist aus messtheoretischer Sicht allgemein nicht vertretbar.[338] Formal lassen sich die exogenen Messmodelle als Linearkombination der Indikatoren wie folgt darstellen.[339]

(3.2) $\xi = \Pi_{\xi} x + \zeta_{\xi}$

mit:

ξ = Vektor der exogenen latenten Konstrukte

Π_{ξ} = Matrix der Koeffizienten π_{ij} zwischen Indikatoren und exogenen Konstrukten

x = Vektor der Indikatoren der exogenen latenten Konstrukte

ζ_{ξ} = Residualvektor der exogenen latenten Konstrukte

Für die endogenen Messmodelle folgt die formale Darstellung analog.

(3.3) $\eta = \Pi_{\eta} y + \zeta_{\eta}$

mit:

η = Vektor der endogenen latenten Konstrukte

Π_{η} = Matrix der Koeffizienten π_{ij} zwischen Indikatoren und endogenen Konstrukten

y = Vektor der Indikatoren der endogenen latenten Konstrukte

ζ_{η} = Residualvektor der endogenen latenten Konstrukte

Zur Bestimmung eines latenten Konstrukts wird also im Rahmen der formativen Messmodellierung eine Linearkombination der Indikatoren und eines Residualterms abgeleitet, die auf dem regressionsanalytischen Ansatz beruht. Da für das latente Konstrukt als abhängige Variable keine empirischen Messwerte verfügbar sind, erfolgt dessen Schätzung in Relation zu den anderen latenten Konstrukten.[340]

---

338 Vgl. DIAMANTOPOULOS 1999, S. 453 f. sowie FASSOTT/EGGERT 2005, S. 39.

339 Vgl. z. B. LOHMÖLLER 1989, S. 25 ff.; CHIN/NEWSTED 1999, S. 323 sowie EBERL 2006, S. 652.

340 Vgl. WEIBER/MÜHLHAUS 2010, S. 35.

Im Rahmen der reflektiven Messmodellierung, die einem faktoranalytischen Ansatz folgt, bedingt das latente Konstrukt als unabhängige Größe hingegen die zugrundeliegenden Indikatoren.[341] Aus diesem Zusammenhang wird im Allgemeinen abgeleitet, dass eine Änderung des latenten Konstrukts zu einer Veränderung aller zugehörigen Indikatoren führt.[342] Die Indikatoren sollen folglich so gewählt werden, dass sie das Konstrukt möglichst umfassend und exakt reflektieren.[343] Die eigentliche Schätzung der Konstrukte erfolgt dann auf Basis der gewählten Indikatoren. Die formale Darstellung für ein exogenes bzw. endogenes reflektives Messmodell ist Formel 3.4 bzw. 3.5 zu entnehmen.

(3.4) $x = \Lambda_x \xi + \delta_x$

mit:

x = Vektor der Indikatoren der exogenen latenten Konstrukte

Λ_x = Matrix der Koeffizienten λ_{ij} zwischen Indikatoren und exogenen Konstrukten

ξ = Vektor der exogenen latenten Konstrukte

δ_x = Residualvektor der Indikatoren exogener Konstrukte

(3.5) $y = \Lambda_y \eta + \varepsilon_y$

mit:

y = Vektor der Indikatoren der endogenen latenten Konstrukte

Λ_y = Matrix der Koeffizienten λ_{ij} zwischen Indikatoren und endogenen Konstrukten

η = Vektor der endogenen latenten Konstrukte

ε_y = Residualvektor der Indikatoren endogener Konstrukte

---

341 Vgl. z. B. DIAMANTOPOULOS 1999, S. 446; CHRISTOPHERSON/GRAPE 2007, S. 104 sowie WEIBER/MÜHLHAUS 2010, S. 35.

342 Vgl. z. B. BAGOZZI/FORNELL 1982, S. 34 sowie FASSOTT/EGGERT 2005, S. 37.

343 Vgl. hierzu z. B. JARVIS/MACKENZIE/PODSAKOFF 2003, S. 200 sowie EBERT/RAITHEL 2009, S. 517.

Zusammenfassend lässt sich der Unterschied in den Messansätzen inhaltlich so formulieren, dass die formative Messmodellierung die Übereinstimmung zwischen den Indikatoren minimiert, während der reflektive Messansatz die Übereinstimmung zwischen den Indikatoren maximiert – also die inhaltliche Kongruenz der Indikatoren bzgl. des latenten Konstruktes identifiziert.[344]

Dem in Abbildung 18 dargestellten Untersuchungsmodell (vgl. Abschnitt 2.4.) ist bereits zu entnehmen, dass die Werbestrategie in Zeitungen sowie das Such- und Surfverhalten reflektiv spezifiziert sind.[345] Auf die formale Angabe der Konstrukte, die direkt durch ihren Indikator gemessenen werden – also einer Identitätsbeziehung entsprechen, wird in der folgenden formalen Darstellung des Untersuchungsmodells verzichtet. Die Modellierung erfolgt in diesen Fällen durch Festsetzung der Koeffizienten λ auf den Wert 1 und des Fehlerterms δ bzw. ε auf den Wert 0. Die Konstrukte entsprechen also ihrem beobachteten Indikator. Diese Spezifikation gründet sich inhaltlich auf die direkte Erfassung der jeweiligen Variablen. Anhand der vorgestellten Nomenklatur lässt sich das Untersuchungsmodell[346] formal darstellen. Das Strukturmodell umfasst die fünf Gleichungen, die sich aus der Erklärung der endogenen latenten Konstrukten ableiten.

$$
\begin{aligned}
\eta_{Einblendung} &= \gamma_1 \cdot \xi_{Zeitung} + \gamma_2 \cdot \xi_{KAnzahl} + \gamma_3 \cdot \xi_{Budget} + \gamma_4 \cdot \xi_{KÜberein.} + \zeta_1 \\
\eta_{Rang} &= \gamma_5 \cdot \xi_{KÜberein.} + \gamma_6 \cdot \xi_{Rate} + \gamma_7 \cdot \xi_{Gebot} + \zeta_2 \\
\eta_{Klick} &= \beta_1 \cdot \eta_{Einblendung} + \beta_2 \cdot \eta_{Rang} + \zeta_3 \\
\eta_{Konversion} &= \beta_3 \cdot \eta_{Klick} + \gamma_8 \cdot \xi_{Zeitung} + \gamma_9 \cdot \xi_{Verhalten} + \zeta_4 \\
\eta_{Vertrag} &= \beta_4 \cdot \eta_{Konversion} + \zeta_5
\end{aligned}
\tag{3.6}
$$

Die formale Spezifikation der Werbestrategie in Zeitungen sowie des Such- und Surfverhaltens ist den folgenden Gleichungen zu entnehmen.

---

344 Vgl. EBERT/RAITHEL 2009, S. 517 f.

345 Auf die inhaltliche Spezifikation wird in Abschnitt 4.3. eingegangen.

346 Vgl. zum Hypothesengerüst und Untersuchungsmodell die Ausführungen in Abschnitt 2.4. sowie Abbildung 18.

$$
\begin{aligned}
x_{Anzeigen} &= \lambda_{Zeitung,Anzeigen} \cdot \xi_{Zeitung} + \delta_1 \\
x_{Ausgaben} &= \lambda_{Zeitung,Ausgaben} \cdot \xi_{Zeitung} + \delta_2 \\
x_{Reichweite} &= \lambda_{Zeitung,Reichweite} \cdot \xi_{Zeitung} + \delta_3 \quad (3.7) \\
x_{VDauer} &= \lambda_{Verhalten,VDauer} \cdot \xi_{Verhalten} + \delta_4 \\
x_{VTiefe} &= \lambda_{Verhalten,VTiefe} \cdot \xi_{Verhalten} + \delta_5
\end{aligned}
$$

Die zwei Verfahren zur Schätzung des formulierten Modells werden im folgenden Abschnitt 3.2. dargestellt. Zur Bestimmung des für die vorliegende Untersuchung geeigneten Verfahrens werden auch die relevanten Auswahlkriterien vorgestellt und anschließend die Wahl für den varianzbasierten Ansatz begründet.

3.2. Verfahren zur Schätzung von Strukturgleichungsmodellen

Zur Analyse von Strukturgleichungsmodellen haben sich mit dem varianz- und dem kovarianzbasierten Ansatz zwei unterschiedliche Verfahren etabliert.[347]

Bei dem varianzanalytischen Ansatz handelt es sich um ein auf der Kleinst-Quadrate-Schätzung basierendes, zweistufiges Verfahren. In einem ersten Schritt werden Werte für die latenten Konstrukte aus den empirischen Messdaten geschätzt. Auf Basis dieser Schätzung werden in einem zweiten Schritt die Parameter des Strukturmodells, wie z. B. die Pfadkoeffizienten und die Konstanten, ermittelt.[348] Die Bezeichnung des Ansatzes leitet sich von seiner Zielsetzung ab, die Modellgrößen so zu bestimmen, dass der Anteil der erklärten Varianz der abhängigen Konstrukte und der reflektiven Indikatoren maximiert wird.[349] Die Schätzung führt zu einer möglichst optimalen Rekonstruktion der empirischen Daten.[350]

---

347 Zu einem ausgedehnten Vergleich dieser Ansätze siehe FORNELL/BOOKSTEIN 1982; CHIN/NEWSTED 1999; RINGLE 2004, S. 278-319; HERRMANN/HUBER/KRESSMANN 2006; SCHOLDERER/BALDERJAHN 2005 und 2006; REINARTZ/ HAENLEIN/HENSELER 2009; SOSIK/KAHAI/PIVOSO 2009 sowie WEIBER/MÜHLHAUS 2010, S. 47-69.

348 Vgl. SCHOLDERER/BALDERJAHN 2006, S. 63 sowie WEIBER/MÜHLHAUS 2010, S. 58.

349 Vgl. LOHMÖLLER 1989, S. 29 f.

350 Vgl. FASSOTT 2005, S. 26 sowie REINARTZ/HAENLEIN/HENSELER 2009, S. 341.

Der kovarianzanalytische Ansatz verfolgt hingegen einen ganzheitlichen Ansatz, der alle Elemente eines Strukturgleichungsmodells auf Basis der Informationen aus der empirischen Varianz-Kovarianzmatrix bzw. der Korrelationsmatrix simultan schätzt.[351] Zielsetzung ist, die Differenz zwischen der sich aus dem Modell ergebenden Kovarianzmatrix und der empirischen Kovarianzmatrix zu minimieren.[352] Die Bezeichnung des Ansatzes reflektiert diese Zielsetzung. Die Reproduktion der empirischen Daten durch das Strukturgleichungsmodell soll das Modell bestmöglich an die Realität annähern.

Aus den unterschiedlichen Schätzverfahren ergeben sich verschiedene Stärken und Schwächen, die abhängig von den Eigenschaften des Forschungsvorhabens zu einer Empfehlung führen, welches Verfahren jeweils einzusetzen ist.[353] JÖRESKOG und WOLD merken in diesem Zusammenhang an, dass die beiden Ansätze nicht als konkurrierende oder substituierende, sondern als komplementäre Verfahren zu verstehen sind.[354] Im Folgenden werden die bedeutendsten Entscheidungskriterien zur Wahl eines geeigneten Verfahrens skizziert und der Einsatz des varianzbasierten Ansatzes für die vorliegende Untersuchung motiviert.

Die Entscheidung zugunsten eines Ansatzes der Strukturgleichungsmodellierung ist letztlich abhängig von der Zielsetzung der Untersuchung. Ist das Ziel der Untersuchung eine parametrische Prüfung der empirischen Modellbeziehungen, also die beobachteten Veränderungen der latenten Konstrukte zu erklären, so ist ein kovarianzbasiertes Verfahren zu bevorzugen, da es konsistentere Schätzer beinhaltet.[355] Der varianzbasierte Ansatz unterschätzt dagegen die Pfadkoeffizienten und wird deshalb

---

351 Vgl. WEIBER/MÜHLHAUS 2010, S. 47.

352 Vgl. HERRMANN/HUBER/KRESSMANN 2006, S. 37 sowie SCHOLDERER/BALDERJAHN 2006, S. 62 f.

353 Vgl. CHIN/NEWSTED 1999, S. 336 f.; BLIEMEL et al. 2005, S. 10 sowie SCHOLDERER/BALDERJAHN 2006, S. 67.

354 Vgl. JÖRESKOG/WOLD 1982, S. 270.

355 Vgl. LOHMÖLLER 1989, S. 211 f.; BLIEMEL et al. 2005, S. 10 sowie HERRMANN/HUBER/KRESSMANN 2006, S. 44.

auch als konservativeres Verfahren bezeichnet.[356] Aus diesem Grund ist die Anwendung des varianzbasierten Ansatzes zu empfehlen, wenn die postulierten Zusammenhänge vergleichsweise neuartig sind und noch keine fundierte Mess- sowie Konstrukttheorie existiert.[357]

Die Operationalisierung der Messmodelle wird als ein weiterer Aspekt angesehen, um einen geeigneten Ansatz der Strukturgleichungsmodellierung auszuwählen.[358] Die Anwendung formativer sowie reflektiver Messmodelle ist prinzipiell in beiden Ansätzen möglich. Im Rahmen kovarianzbasierter Verfahren sind formative Messmodelle allerdings nur unter bestimmten Voraussetzungen analysierbar.[359] Die Berücksichtigung formativer Messmodelle ist dagegen in varianzbasierten Verfahren relativ unproblematisch möglich.

Als weitere Auswahlkriterien sind die Anforderungen an die Stichprobengröße und die den Verfahrensansätzen zugrundeliegenden Verteilungsannahmen zu beachten. Die kovarianzbasierte Strukturgleichungsanalyse benötigt im Vergleich zu dem varianzbasierten Ansatz eine höhere Anzahl an Beobachtungen.[360] Für den varianzbasierten Ansatz richtet sich der Stichprobenumfang nach der komplexesten Regressions-

---

356 Vgl. zur Konsistenz des varianzbasierten Schätzverfahrens z. B. CHIN/NEWSTED 1999, S. 329; HERRMANN/HUBER/KRESSMANN 2006, S. 44; SCHOLDERER/BALDERJAHN 2006, S. 61; sowie REINARTZ/HAENLEIN/HENSELER 2009, S. 341. Für einen Vergleich der varianz- und kovarianzbasierten Schätzer vgl. FORNELL/BOOKSTEIN 1982; ALBERS/HILDEBRANDT 2006 sowie REINARTZ/HAENLEIN/HENSELER 2009. Das Ergebnis, dass die Schätzer keine wesentlichen Unterschiede aufweisen, wird im Schrifttum kritisch diskutiert. Vgl. z. B. SCHOLDERER/BALDERJAHN 2005, S. 96 sowie 2006, S. 66.

357 Vgl. JÖRESKOG/WOLD 1982, S. 270; REINARTZ/HAENLEIN/HENSELER 2009, S. 341 sowie WEIBER/MÜHLHAUS 2010, S. 253.

358 Vgl. z. B. CHIN/NEWSTED 1999, S. 314; HERRMANN/HUBER/KRESSMANN 2006, S. 44 sowie PANTEN/BOßOW-THIES 2007, S. 316.

359 Vgl. hierzu z. B. HERRMANN/HUBER/KRESSMANN 2006, S. 52-55; SCHOLDERER/BALDERJAHN 2006, S. 66 sowie WEIBER/MÜHLHAUS 2010, S. 204 f. Für eine ausführliche Einführung, wie sich formative Messmodelle in kovarianzbasierten Strukturgleichungsmodellen spezifizieren lassen, vgl. TEMME 2006.

360 Vgl. REINARTZ/HAENLEIN/HENSELER 2009, S. 341 f.

gleichung im Modell.[361] So wird empfohlen, dass der Stichprobenumfang mindestens zehnmal so groß wie die Parameteranzahl dieser Regression ist.[362] Das varianzbasierte Verfahren kann zwar bereits bei relativ kleine Stichproben angewandt werden,[363] dennoch sollte, ebenso wie für das kovarianzbasierte Verfahren, eine große Stichprobe angestrebt werden.[364] Für den kovarianzbasierten Ansatz werden indes Beobachtungen in Höhe des Fünf- bis Zehnfachen aller im Modell zu schätzenden Parameter gefordert,[365] wobei sich der notwendige Stichprobenumfang bei steigender Modellkomplexität schnell erhöhen kann.[366] Das ‚günstigere' Verhältnis zwischen Stichprobengröße und Variablenzahl des varianzbasierten Ansatzes ist auf die partielle Schätzung einzelner Teilmodelle sowie auf das Fehlen restriktiver Verteilungsannahmen zurückzuführen.

Zur Ableitung inferenzstatistischer Ergebnisse wird im kovarianzbasierten Ansatz allgemein von einer multivariaten Normalverteilung ausgegangen. Die Verletzung dieser Annahme lässt sich durch die Wahl alternativer Schätzalgorithmen beheben, allerdings zu Lasten der inferenzstatischen Ergebnisse oder der erforderlichen Stichprobengröße.[367] Des Weiteren erweist sich die kovarianzbasierte Modellschätzung auf Basis

---

361 Hierbei handelt es sich entweder um das latente Konstrukt mit der größten Zahl an formativen Indikatoren oder um das endogene latente Konstrukt, das durch die meisten latenten Konstrukten erklärt wird. Vgl. CHIN 1998b, S. 311.

362 Vgl. zu dieser Heuristik CHIN 1998b, S. 311.

363 Vgl. z. B. CHIN/NEWSTED 1999, S. 335 f.

364 Vgl. HENSELER/RINGLE/SINKOVICS 2009, S. 291 ff. Vgl. zu einer kritischen Auseinandersetzung zum Stichprobenumfang MARCOULIDES/SAUNDERS 2006; SOSIK/KAHAI/PIOVOSO 2009 sowie HAIR/RINGLE/SARSTEDT 2011. Die erforderliche Mindestzahl wird nach CHIN/NEWSTED 1999, S. 335 f. nur selten 100 Beobachtungen übersteigen.

365 Vgl. HOMBURG/BAUMGARTNER 1995, S. 1103 sowie SCHOLDERER/BALDERJAHN 2006, S. 66.

366 Vgl. hierzu CHIN/NEWSTED 1999, S. 314 sowie HENSELER/RINGLE/SINKOVICS 2009, S. 291. Für eine tiefergehende Inspektion des Stichprobeneinflusses im Rahmen des kovarianzbasierten Ansatzes vgl. BACKHAUS/BLECHSCHMIDT/EISENBEIß 2006.

367 Als alternative Schätzer kommen in diesem Fall z. B. das unweighted-least-square- sowie das weighted-least-square-Verfahren in Frage. Vgl. HERRMANN/HUBER/KRESSMANN 2006, S. 39 sowie SCHOLDERER/BALDERJAHN 2006, S. 66. Einen Überblick über die unterschiedlichen Schätzverfahren geben z. B. HOMBURG/BAUMGARTNER 1995, S. 164 ff.

des Maximum-Likelihood-Algorithmus als relativ robust gegenüber Abweichungen der Normalverteilungsannahme.[368]

Im Gegensatz zu den kovarianzbasierten Ansätzen werden in dem varianzbasierten Strukturgleichungsansatz keine Verteilungsannahmen unterstellt.[369] Das varianzbasierte Verfahren ist des Weiteren relativ robust gegenüber fehlenden Modellelementen und vorliegender Multikollinearität.[370] Auch werden weder Unabhängigkeit der Beobachtungen noch Homoskedastizität der Residuen vorausgesetzt.[371] Die geringen statistischen Anforderungen des varianzbasierten Verfahrens führen zu einer flexibleren Anwendbarkeit im Vergleich zu kovarianzbasierten Ansätzen.

Mit diesen günstigen statistischen Eigenschaften gehen eine verzerrte Schätzung der Modellparameter sowie fehlende inferenzstatistische Testverfahren einher. Durch die Schätzung der Konstrukte mittels linearer Kombination der fehlerbehafteten Indikatoren auf Basis partieller Modelle werden die Ladungen im Messmodell überschätzt und die Pfade im Strukturmodell unterschätzt.[372] Aufgrund der tendenziellen Unterschätzung der Koeffizienten im Strukturmodell wird der varianzbasierte Ansatz als konservativer als das kovarianzbasierte Verfahren angesehen.[373]

Aufgrund fehlender Verteilungsannahmen lassen sich im Rahmen varianzbasierter Ansätze keine inferenzstatistischen Überprüfungen durchführen.[374] So existiert kein

---

368 Vgl. SCHOLDERER/BALDERJAHN 2006, S. 66 f. sowie REINARTZ/HAENLEIN/HENSELER 2009, S. 341.

369 Vgl. z. B. FORNELL/BOOKSTEIN 1982, S. 443 sowie CHIN 1998b, S. 311. Vgl. zur Parameterschätzung bei nicht-normalverteilten Daten die Simulationsergebnisse von CASSEL/HACKL/WESTLUND 1999.

370 Vgl. hierzu die Untersuchung von CASSEL/HACKL/WESTLUND 1999, S. 441 f.

371 Zur Anwendbarkeit des varianzbasierten Ansatzes verweist z. B. WOLD 1980, S. 70 explizit auf die Eignung zur Analyse von abhängigen Beobachtungen in Form von Zeitreihen. Zur Heteroskadistizität der Residuen in der varianzbasierten Strukturgleichungsmodellierung vgl. LOHMÖLLER 1989, S. 70 f. und CHIN/NEWSTED 1999, S. 325 f.

372 Vgl. CHIN/NEWSTED 1999, S. 328; ALBERS/HILDEBRANDT 2006, S. 16 sowie HERRMANN/HUBER/KRESSMANN 2006, S. 41.

373 Vgl. z. B. FORNELL/CHA 1994, S. 66 und HERRMANN/HUBER/KRESSMANN 2006, S. 41.

374 Vgl. GÖTZ/LIEHR-GÖBBERS 2004, S. 721 f. sowie HERRMANN/HUBER/KRESSMANN 2006, S. 39 f.

globales Gütemaß zur Modellbeurteilung. Um die Güte der Modellparameter zu bestimmen, muss folglich auf nicht-parametrische Tests sowie auf sogenannte Resampling-Prozeduren, wie z. B. Bootstrapping und Jackknifing, zurückgegriffen werden.[375]

Kriterium	varianzbasierter Ansatz	kovarianzbasierter Ansatz
Ziel der Untersuchung	Erklärung der latenten Variablen und der Indikatoren (prognoseorientiert)	Erklärung empirischer Datenstrukturen (parameterorientiert)
Methodik und Schätzprinzip	partielle Schätzung einzelner Teilmodelle unter Minimierung der Residualvariablen	simultane Schätzung aller Parameter durch ein globales Optimierungskriterium
Datenbasis	Ausgangsdatenmatrix	Varianz-Kovarianzmatrix
Messmodell	formative und reflektive Messmodelle	primär reflektive Messmodelle
Stichprobenumfang	kleine Stichproben ausreichend	abhängig von der Komplexität des Modells
Verteilungsannahmen	keine restriktiven Annahmen	explizite Berücksichtigung der Verteilung
Theorieanforderungen	neuartiges Phänomen ohne bewährte Messansätze	Test wohlformulierter Theorien
Gütekriterien & Gütebeurteilung	partielle Gütekriterien auf Basis nicht-parametrischer Tests und Hilfsprozeduren	globale und partielle Gütekriterien auf Basis parametrischer Tests

Abb. 19: Vergleich von varianz- und kovarianzbasierten Ansätzen zur Analyse von Strukturgleichungsmodellen[376]

---

375 Vgl. zum Resampling z. B. EFRON 1982 sowie REIMER 2009. Zum Einsatz im Rahmen der Modellvalidierung sowie zu einer Erklärung des Bootstrapping und des Jackknifing vgl. auch Abschnitt 3.3.

376 In Anlehnung an FORNELL 1987, S. 413; CHIN/NEWSTED 1999, S. 314; BLIEMEL et al. 2005, S. 11; HERRMANN/HUBER/KRESSMANN 2006, S. 44; HOMBURG/KLARMANN 2006, S. 735; WEIBER/MÜHLHAUS 2010, S. 66 sowie HAIR/RINGLE/SARSTEDT 2011, S. 140.

Im Vergleich zu kovarianzbasierten Ansätzen werden also bei der Anwendung des varianzbasierten Ansatzes zu Lasten einer exakten Parameterschätzung geringere Restriktionen sowie eine bessere Vorhersagekraft erreicht.[377] Die wesentlichen Unterschiede von varianz- und kovarianzbasierten Ansätzen zur Analyse von Strukturgleichungsmodellen sind in Abbildung 19 zusammenfassend dargestellt.

Dem varianzbasierten Ansatz ist nach Meinung im Schrifttum gegenüber der kovarianzbasierten Strukturanalyse der Vorzug zugeben, wenn ein oder mehrere der folgenden Charakteristika für die Untersuchung gelten:[378]

1. Die Zielsetzung der Untersuchung liegt in der Vorhersage einzelner Zielkonstrukte oder der Identifikation von zentralen Erfolgsfaktoren.
2. Das Untersuchungsfeld ist vergleichsweise neuartig bzw. dynamisch und es existiert noch keine fundierte Mess- sowie Konstrukttheorie.
3. Das Strukturgleichungsmodell ist relativ komplex und die Stichprobe ist im Vergleich zur Anzahl der zu schätzenden Variablen relativ klein.
4. Die Messmodellierung enthält sowohl formativ als auch reflektiv operationalisierte Konstrukte.
5. Die Daten verletzen die Annahme einer multivariaten Normalverteilung.

Zur Verfahrenswahl sind die ersten drei Charakteristika von besonderem Interesse, da, wie bereits erläutert, prinzipiell auch formative Messmodelle[379] und nicht-normalverteilte Daten[380] in der Kovarianzanalyse berücksichtigt werden können. Die Empfehlung in der Literatur für das varianzbasierte Verfahren ist unter diesen Charakteristika darauf zurückzuführen, dass die varianzbasierte Strukturgleichungsanalyse ohne Einschränkung angewendet werden kann. In der vorliegenden Unter-

---

377 Vgl. z. B. FORNELL/BOOKSTEIN 1982, S. 450.

378 Vgl. zu diesen Eigenschaften BAGOZZI/YI 1994, S. 19; CHIN 1998b, S. 333; CHIN/NEWSTED 1999, S. 336 sowie HAIR/RINGLE/SARSTEDT 2011, S. 140.

379 Vgl. zur Spezifikation formativer Messmodelle in der Kovarianzanalyse TEMME 2006.

380 Die Analyse nicht-normalverteilter Daten geht im Rahmen des kovarianzbasierten Verfahrens entweder zu Lasten der inferenzstatistischen Ergebnisse oder des erforderlichen Stichprobenumfangs. Vgl. HERRMANN/HUBER/KRESSMANN 2006, S. 39 sowie SCHOLDERER/BALDERJAHN 2006, S. 66.

suchung erfüllen die Indikatoren die Voraussetzung einer multivariaten Normalverteilung nicht.[381]

Die Entscheidung für den Einsatz des varianzbasierten Verfahrens begründet sich anhand der ersten drei Charakteristika, die alle für die vorliegende Untersuchung zu treffen. Mit der Zielsetzung einen Ansatz vorzustellen, der den parallelen Einsatz von Suchmaschinenwerbung und Zeitungsanzeigen analysiert sowie die wesentlichen Instrumente der Suchmaschinenwerbekampagne vergleicht, handelt es sich sowohl um bisher wenig erforschte Zusammenhänge als auch um ein dynamisches Untersuchungsgebiet. Des Weiteren liegt die anwenderorientierte Zielsetzung der Analyse darin, die Wirkungen der Einflussgrößen auf die Zielgröße zu vergleichen und die Entwicklung der ökonomischen Zielgröße zu prognostizieren.

Auch aus Überlegungen zur Stichprobengröße empfiehlt sich der Einsatz des varianzbasierten Verfahrens. Mit 155 Datenpunkten liegt die Stichprobe, trotz des dreijährigen Erfassungszeitraums, unter der für kovarianzbasierte Verfahren geforderten Mindeststichprobe von 200 Beobachtungen.[382] Dennoch ist der Umfang der Stichprobe für aussagekräftige Ergebnisse hinreichend groß.[383] Diese Vorgehensweise folgt dem Ergebnis einer jüngst veröffentlichten Simulationsstudie, die empfiehlt den varianzbasierten Ansatz bei unter 250 Beobachtungen zu verwenden.[384]

Ein weiterer Aspekt, der für den Einsatz des varianzbasierten Verfahrens spricht, ist die Robustheit des Verfahrens gegenüber fehlenden Modellparametern. Da in der vorliegenden Untersuchung der Fokus auf der Wirkung werblicher Aktivitäten liegt, wird von anderen Einflüssen auf die ökonomische Zielgröße abstrahiert. So kann der

---

381 Vgl. hierzu Abschnitt 4.2.

382 Vgl. hierzu z. B. CHIN/NEWSTED 1999, S. 314. HERRMANN/HUBER/KRESSMANN 2006, S. 35 leiten hieraus die Empfehlung ab, bei Fallzahlen unter 200 den varianzbasierten Ansatz zu verwenden.

383 Mit 155 Beobachtungen übersteigt die Stichprobe deutlich die nach CHINS (1998b, S. 311) Heuristik geforderte Mindestzahl von 30 Datenpunkten. Ähnlich ist die Datenmenge im Sinne von MARCOULIDES/SAUNDERS 2006 sowie SOSIK/KAHAI/PIOVOSO 2009 nicht zu gering.

384 Vgl. REINARTZ/HAENLEIN/HANSELER 2009, S. 342.

Effekt der Suchmaschinenwerbung sowie der Zeitungswerbung analysiert werden und nicht erfasste externe Einflüsse drohen nicht, die Ergebnisse zu verzerren.

Als varianzbasiertes Verfahren wird der ursprünglichen Methodologie von WOLD gefolgt.[385] Aus diesem Grund findet im weiteren Verlauf die synonyme und originäre Bezeichnung ‚Partial Least Squares (PLS)' für diese Methode Verwendung. Einen Überblick über die Kriterien, um varianzbasierte Strukturgleichungsmodelle zu validieren, gibt der folgende Abschnitt 3.3.

3.3. Validierung von varianzbasierten Strukturgleichungsmodellen

3.3.1. Gütebeurteilung reflektiver Messmodelle

Reflektive Messansätze können anhand von Reliabilitäts- und Validitätskriterien überprüft werden.[386] Zur Güteprüfung reflektiver Messmodelle existieren im Rahmen des varianzbasierten PLS-Verfahrens eine Reihe verschiedener Kriterien in der Literatur.[387] Als Kriterien zur Reliabilitäts- und Validitätsbeurteilung haben sich in diesem Zusammenhang die Inhaltsvalidität, die Indikatorreliabilität, die Konstruktreliabilität, die Konvergenzvalidität und die Diskriminanzvalidität durchgesetzt.[388] Ziel der Untersuchung ist zu eruieren, ob die Indikatorvariablen zur Bildung der latenten exogenen Konstrukte geeignet sind. Die wesentlichen Kriterien, um die Güte der Messmodelle einzuschätzen, werden im Folgenden kurz skizziert.

---

385 Vgl. hierzu die grundlegenden Arbeiten WOLDs 1966; 1975 sowie 1982.

386 Vgl. zur Beurteilung reflektiver Messmodelle z. B. GÖTZ/LIEHR-GOBBERS 2004, S. 727 f.; RINGLE 2004, S. 331-333; TENENHAUS et al. 2005, S. 163 f.; RINGLE/SPREEN 2007, S. 212 f. sowie GÖTZ/LIEHR-GOBBERS/KRAFT 2010, S. 694-696.

387 Vgl. zu dieser Aussage ähnlich GÖTZ/LIEHR-GOBBERS 2004, S. 727; RINGLE 2004, S. 19; HERRMANN/HUBER/KRESSMANN 2006, S. 56.

388 Vgl. zur Gütebeurteilung reflektiver Messmodelle anhand dieser Kriterien z. B. CHIN 1998b, S. 316-321; GÖTZ/LIEHR-GOBBERS 2004, S. 727 f.; RINGLE 2004, S. 331-333; TENENHAUS et al. 2005, S. 163 f.; HENSELER/RINGLE/SINKOVICS 2009, S. 298-300 sowie GÖTZ/LIEHR-GOBBERS/KRAFT 2010, S. 694-696.

Die Inhaltsvalidität bezeichnet den Grad, zu dem die Bedeutung des Konstrukts durch die Indikatoren abgebildet wird.[389] Zielsetzung ist also die Eindimensionalität der mit einem Konstrukt korrespondierenden Indikatoren zu prüfen. Zur Untersuchung der vorliegenden Konstruktdimensionen bietet sich an, eine explorative Faktorenanalyse[390] durchzuführen, um die den Indikatoren zugrunde liegende Faktorstruktur zu bestimmen.[391]

Für die explorative Faktorenanalyse wird als Extraktionsmethode die Hauptachsenanalyse[392] herangezogen. Die Zahl der zu extrahierenden Faktoren wird anhand des Kaiser-Kriteriums[393] bestimmt.[394] Im Ergebnis sollen die Indikatoren eines Messmodells eine einfaktorielle Struktur aufweisen. Der Zusammenhang zwischen den Indikatoren bemisst sich anhand der sogenannten ‚Measures of Sampling Adequacy' sowie der Kommunalitäten. Beide Größen, die im Wertebereich [0;1] liegen, sollten für die Indikatoren jeweils einen Wert größer als 0,5 annehmen.

Durch Aggregation der Measure of Sampling Adequacy bestimmt sich auch das Kaiser-Meyer-Olkin-Kriterium, das die Beziehung zwischen den Indikatoren zusammenfassend abbildet. Für das Kaiser-Meyer-Olkin-Kriterium wird mindestens ein Wert von 0,5 gefordert und ein Wert von 0,8 empfohlen.[395] Die Hypothese, dass die Indikatoren aus einer unkorrelierten Grundgesamtheit stammen, wird abschließend

---

389 Vgl. BOHRNSTEDT 1970, S. 91 f.

390 Vgl. für eine Einführung in die Faktorenanalyse z. B. BACKHAUS et al. 2011, S. 329-393 sowie HAIR et al. 2010, S. 91-151. Zum Einsatz der explorativen Faktorenanalyse zur Prüfung reflektiver Messmodelle vgl. z. B. WEIBER/MÜHLHAUS 2010, S. 106-109.

391 Vgl. BOHRNSTEDT 1970, S. 92; GÖTZ/LIEHR-GOBBERS 2004, S. 727 sowie GÖTZ/LIEHR-GOBBERS/KRAFT 2010, S. 694.

392 Vgl. zur Hauptachsenanalyse z. B. BACKHAUS et al. 2011, S. 356 f.

393 Die Anzahl der Faktoren ergibt sich nach KAISER aus der Zahl an Faktoren mit einem Eigenwert größer eins. Vgl. KAISER 1974.

394 Vgl. zu diesem Vorgehen, um reflektive Messmodellen der Strukturgleichungsanalyse zu prüfen, z. B. WEIBER/MÜHLHAUS 2010, S. 107.

395 Vgl. zu dieser Einteilung KAISER/RICE 1974.

unter der Annahme der multivariaten Normalverteilung mittels des Bartlett-Tests untersucht.[396] Der Test ist abzulehnen, um von Inhaltsvalidität auszugehen.

Die Indikatorreliabilität gibt den Anteil der Indikatorvarianz an, der durch das zugrunde liegende latente Konstrukt erklärt wird. Die Indikatorreliabilität berechnet sich für einen Indikator x_i wie folgt:[397]

$$(3.8) \qquad rel(x_i) = \frac{\lambda_{ij}^2 \phi_{jj}}{\lambda_{ij}^2 \phi_{jj} + \theta_{ii}}$$

mit:

x_i = Indikator i

λ_{ij} = geschätzte Ladung zwischen Indikator x_i und der latenten Variablen ξ_j

ϕ_{jj} = geschätzte Varianz der latenten Variablen ξ_j

θ_{ii} = geschätzte Varianz der zugehörigen Fehlervariablen δ_i

Als Schwellenwert für die Indikatorreliabilität wird üblicherweise gefordert, dass mehr als die Hälfte der Indikatorvarianz auf die latente Variable zurückzuführen ist.[398] Da sich unter Berücksichtigung der standardisierten Ergebniswerte die Indikatorreliabilität als Quadrat der Indikatorladung errechnet, wird aus dieser Forderung abgeleitet, dass die Ladungen λ_{ij} Werte größer als 0,7 annehmen sollten.[399]

Neben der Höhe der Ladung λ_{ij} zwischen latenter Variablen *j* und manifester Variablen *i* interessiert vor allem deren Signifikanz.[400] Zur Berechnung der empirischen t-Werte dienen im Rahmen des PLS-Verfahrens sogenannte Resampling-Prozeduren, die dem verteilungsannahmefreien Charakter des Verfahrens Rechnung tragen.[401] Als

---

[396] Vgl. BARTLETT 1937.

[397] Vgl. BAGOZZI/YI 1988, S. 80.

[398] Vgl. zu diesem Schwellenwert z. B. GÖTZ/LIEHR-GOBBERS 2004, S. 727.

[399] Vgl. RINGLE/SPREEN 2007, S. 212.

[400] Vgl. HULLAND 1999, S. 198.

[401] An dieser Stelle sei daran erinnert, dass aufgrund der fehlenden Verteilungsannahmen des PLS-Verfahrens keine direkten inferenzstatistischen Überprüfungen vorgenommen

Resampling-Prozeduren finden Bootstrapping[402] und Jackknifing[403] im PLS-Verfahren Anwendung. Zur Beurteilung der Schätzgüte ist Bootstrapping aufgrund eines geringeren Standardfehlers dem Jackknifing vorzuziehen.[404] In dieser Untersuchung wird deshalb das Bootstrapping-Verfahren eingesetzt.

Neben der Indikatorreliabilität, als Maß zur Gütebeurteilung einzelner Indikatoren, wird mittels Konstruktreliabilität[405] untersucht, wie gut ein Konstrukt durch die Gesamtheit seiner Indikatoren gemessen wird.[406] Als Maße für die Konstruktreliabilität werden sowohl Cronbachs α[407] als auch Jöreskogs ρ[408] herangezogen. Der wesentliche Unterschied der beiden Maße liegt in ihrem jeweiligen Ansatz begründet. Cronbachs α geht davon aus, dass alle Indikatoren gleichermaßen zur Konstruktmessung beitragen und sich lediglich aufgrund von Messfehlern unterscheiden. Bei der

---

werden können. Vgl. hierzu Abschnitt 3.2. Die fehlenden statistischen Eigenschaften können anhand sogenannter Resampling-Prozeduren ermittelt werden. Vgl. zum Resampling z. B. EFRON 1982 sowie REIMER 2009.

402 Das Bootstrap-Verfahren wurde von EFRON 1979 als Methode der statistischen Signifikanzprüfung von Schätzern in die Literatur eingeführt und von EFRON/TIBSHIRANI 1993 weiterentwickelt. Beim Bootstrapping werden aus der ursprünglichen Stichprobe Teilstichproben mit Zurücklegen gezogen. Der Umfang der Teilstichproben entspricht dem Umfang der ursprünglichen Stichprobe. Die Anzahl der Teilstichproben ist vom Anwender festzulegen. Vgl. zum Bootstrapping-Verfahren auch BOLLEN/STINE 1993 sowie TENENHAUS et al. 2005, S. 174 ff.

403 Beim Jacknifing werden die Teilstichproben gebildet, indem eine Anzahl von Elementen *d* sytematisch aus der ursprünglichen Stichprobe mit Umfang *N* entfernt wird. Jede Teilstichprobe hat also den Umfang N – d. Die Anzahl der Teilstichproben errechnet sich aus dem Binomialkoeffizienten *N* über *d.* Mit steigender Zahl der entfernten Elemente sinkt hierbei die Robustheit der t-Statistik, da die Schätzung mit weniger Teilstichproben erfolgt. Für eine Beschreibung der Jackknife-Prozedur vgl. z. B. die Ausführungen in EFRON 1979, S. 1-26 und CHIN 1998b, S. 318–320.

404 Vgl. zur Einschätzung der Resampling-Prozeduren die Ausführungen bei EFRON/GONG 1983, S. 39 f.; EFRON/TIBSHIRANI 1993, S. 145 f. sowie HERRMANN/HUBER/KRESSMANN 2006, S. 56.

405 In der Literatur finden die Begriffe Konstrukt- und Faktorreliabilität synonyme Verwendung.

406 Vgl. z. B. CHIN 1998b, S. 320; GÖTZ/LIEHR-GOBBERS 2004, S. 727-728; RINGLE 2004, S. 331-333; TENENHAUS et al. 2005, S. 164; HENSELER/RINGLE/SINKOVICS 2009, S. 298-300 sowie GÖTZ/LIEHR-GOBBERS/KRAFT 2010, S. 695.

407 Vgl. CRONBACH 1951.

408 Vgl. WERTS/LINN/JÖRESKOG 1974. In der Literatur finden auch die Bezeichnungen interne Konsistenz und Dillon-Goldsteins ρ synonyme Verwendung.

Berechnung von Jöreskogs ρ werden dagegen die tatsächlichen Indikatorladungen berücksichtigt. Aus diesem Grund erachtet CHIN Jöreskogs ρ als zu bevorzugendes Gütemaß.[409]

Unter Berücksichtigung standardisierter Werte errechnet sich Jöreskogs ρ für ein reflektiv gemessenes, latentes Konstrukt *j* wie folgt:[410]

$$(3.9)\qquad \rho_j = \frac{\left(\sum_{i=1}^{k_j} \lambda_{ij}\right)^2 \phi_{jj}}{\left(\sum_{i=1}^{k_j} \lambda_{ij}\right)^2 \phi_{jj} + \sum_{i=1}^{k_j} \theta_{ii}}$$

mit:

k_j = Anzahl der Indikatoren der latenten Variablen ξ_j

λ_{ij} = geschätzte Ladung zwischen Indikator x_i und der latenten Variablen ξ_j

ϕ_{jj} = geschätzte Varianz der latenten Variablen ξ_j

θ_{ii} = geschätzte Varianz der zugehörigen Fehlervariablen δ_i

Jöreskogs ρ nimmt wie Cronbachs α Werte zwischen 0 und 1 an, wobei hohe Werte in beiden Fällen auf eine hohe Qualität der Messung schließen lassen. Werte größer als 0,7 werden in der Literatur für beide Gütemaße als akzeptabel angesehen.[411]

Auch die durchschnittlich erfasste Varianz (DEV) wird zur Untersuchung auf Konstruktebene herangezogen und dient als Maß zur Beurteilung der Konvergenzvalidität.[412] Die durchschnittlich erfasste Varianz misst den durch ein Konstrukt

---

409 Vgl. CHIN 1998b, S. 320.

410 Vgl. zur Berechnungsvorschrift FORNELL/LARKER 1981, S. 45 sowie BAGOZZI/YI 1988, S. 80.

411 Vgl. NUNNALLY 1978, S. 245 sowie HULLAND 1999, S. 199. BAGOZZI/Yi 1988, S. 82 erachten für Jöreskogs ρ auch einen Wert größer als 0,6 als akzeptabel.

412 Vgl. z. B. GÖTZ/LIEHR-GOBBERS/KRAFFT 2010, S. 696.

erklärten Varianzanteil seiner Indikatoren. Für ein latentes Konstrukt j errechnet sich die durchschnittlich erfasste Varianz wie folgt:[413]

$$(3.10)\quad DEV(\xi_j) = \frac{\phi_{jj}\sum_{i=1}^{k_j}\lambda_{ij}^2}{\phi_{jj}\sum_{i=1}^{k_j}\lambda_{ij}^2 + \sum_{i=1}^{k_j}\theta_{ii}}$$

mit:

ξ_j = latente Variable j

k_j = Anzahl der Indikatoren der latenten Variablen ξ_j

λ_{ij} = geschätzte Ladung zwischen Indikator x_i und der latenten Variablen ξ_j

ϕ_{jj} = geschätzte Varianz der latenten Variablen ξ_j

θ_{ii} = geschätzte Varianz der zugehörigen Fehlervariablen δ_i

Die durchschnittlich erfasste Varianz kann also Werte zwischen 0 und 1 annehmen. Im Mittel soll mehr als die Hälfte der Varianz aller Indikatoren durch das zugrunde liegende Konstrukt erklärt werden, so dass für die durchschnittlich erfasste Varianz ein Schwellenwert größer als 0,5 gefordert wird.[414] Im Vergleich zu Jöreskogs ρ wird die durchschnittlich erfasste Varianz als konservativeres Gütemaß angesehen, da ρ noch akzeptable Werte liefern kann, wenn mehr als die Hälfte der Varianz auf Messfehler zurückzuführen ist.[415]

Anhand der Diskriminanzvalidität soll abschließend überprüft werden, ob die Messansätze tatsächlich inhaltlich unterschiedliche Größen messen.[416] Im Rahmen der Diskriminanzvalidität erfolgt also ein Vergleich über die isolierte Betrachtung der Messansätze hinaus. Zur Beurteilung der Diskriminanzvalidität werden im Rahmen

413 Vgl. Fornell/Larcker 1981, S. 45

414 Vgl. Fornell/Larcker 1981, S. 46; Bagozzi/Yi 1988, S. 82; Chin 1998b, S. 321 sowie Ringle/Spreen 2007, S. 212.

415 Vgl. Chin 1998b, S. 321; Ringle/Spreen 2007, S. 212 sowie Schloderer/Ringle/Sarstedt 2009, S. 581.

416 Vgl. Götz/Liehr-Gobbers/Krafft 2010, S. 696.

des PLS-Verfahrens sowohl das Fornell-Larcker-Kriterium als auch sogenannte Kreuzladungen herangezogen.[417]

Nach FORNELL und LARCKER kann dann von Diskriminanzvalidität ausgegangen werden, wenn für jedes reflektiv gemessene Konstrukt im Modell gilt, dass die Wurzel aus seiner durchschnittlich erfassten Varianz (vgl. Formel 3.10) größer ist als die Korrelationskoeffizienten dieses Konstruktes mit allen übrigen latenten Variablen.[418]

Zur Beurteilung der Diskriminanzvalidität können auch die sogenannten Kreuzladungen ermittelt werden. Hierunter werden die Korrelationen zwischen den zu prüfenden reflektiven Indikatoren und allen latenten Konstrukten verstanden.[419] Diskrimanzvalidität kann dann angenommen werden, wenn jeder Indikator die höchste Korrelation mit dem ihm zugeordneten latenten Konstrukt aufweist.[420]

Eine zusammenfassende Darstellung der Kriterien zur Gütebeurteilung von Messmodellen ist Abbildung 20 zu entnehmen.

---

417 Vgl. RINGLE/SPREEN 2007, S. 213 sowie BOßOW-THIES/PANTEN 2009, S. 376.

418 Vgl. FORNELL/LARCKER 1981, S. 46.

419 Vgl. CHIN 1998b, S. 321; RINGLE/SPREEN 2007, S. 213 sowie BOßOW-THIES/PANTEN 2009, S. 376.

420 Vgl. CHIN 1998b, S. 321; RINGLE/SPREEN 2007, S. 213 sowie BOßOW-THIES/PANTEN 2009, S. 376. SCHLODERER/RINGLE/SARSTEDT 2009, S. 581 merken kritisch zu einer Modifikation des Untersuchungsmodells anhand von Kreuzladungen an, dass dieses datengeleitete Vorgehen nicht der theoriegeleiteten Modellierung latenter Konstrukte genügt.

Güteart	Kriterium	Niveau
Inhaltsvalidität	explorative Faktorenanalyse	einfaktorielle Struktur
	Measures of Sampling Adequacy	> 0,5
	Kommunalitäten	> 0,5
	Kaiser-Meyer-Olkin Kriterium	> 0,5 gefordert > 0,8 empfohlen
	Bartlett Test	Ablehnung
Indikatorreliabilität	Indikatorladung λ_{ij}	> 0,7 und signifikant
Konstrukreliabilität	Cronbachs α_j	> 0,7
	Jöreskogs ρ_j	> 0,7
Konvergenzvalidität	durchschnittlich erfasste Varianz	> 0,5
Diskriminanzvalidität	Fornell-Larcker-Kriterium	$\sqrt{DEV(\xi_j)} > KOR(\xi_j;\xi_i)$
	Kreuzladungen	höchste $KOR(\lambda_{ij};\xi_n)$ bei ξ_j

Abb. 20: Kriterien zur Gütebeurteilung von Messmodellen[421]

3.3.2. Gütebeurteilung des Strukturmodells

Erst eine zuverlässige Schätzung der latenten Modellvariablen erlaubt die Ergebnisse des Strukturmodells zu beurteilen und in Folge zu interpretieren.[422] Das Strukturmodell umfasst die latenten Variablen und deren Pfadbeziehungen untereinander, die den aufgestellten Untersuchungshypothesen entsprechen.[423] Aufgrund der fehlenden Verteilungsannahmen des PLS-Verfahrens erfolgt auch die Überprüfung des Strukturmodells anhand nicht-parametrischer Hilfsprozeduren, die den Erklärungsgrad und die

---

[421] Eigene Darstellung in Anlehnung an CHIN 1998b; GÖTZ/LIEHR-GOBBERS 2004; TENENHAUS et al. 2005; RINGLE/SPREEN 2007; BOßOW-THIES/PANTEN 2009; SCHLODERER/RINGLE/SARSTEDT 2009 sowie GÖTZ/LIEHR-GOBBERS/KRAFFT 2010.

[422] Vgl. zur Beurteilung der Messmodelle Abschnitt 3.3.1.

[423] Vgl. zu den Hypothesen Abschnitt 2.4.

Prognoserelevanz der Modellparameter analysieren.[424] In Übereinstimmung mit dem Schrifttum sind die Pfadkoeffizienten, die Bestimmtheitsmaße R^2, die Effektstärken f^2 und die Stone-Geisser-Werte Q^2 bzw. q^2 für die einzelnen Modellelemente zu analysieren. Für das vollständige Strukturmodell kann abschließend der Goodness-of-Fit-(GoF-)Index herangezogen werden.[425]

Einen wichtigen Aufschluss über die unterstellten Zusammenhänge geben die Pfadkoeffizienten, die insbesondere hinsichtlich ihrer Richtung, Signifikanz und Einflussstärke zu evaluieren sind. Einen Vergleich ihrer Einflussstärke erlauben standardisierte Pfadkoeffizienten, die Werte zwischen -1 und 1 annehmen. Werte nahe -1 bzw. 1 zeigen einen starken negativen bzw. positiven, Werte nahe 0 einen schwachen Zusammenhang an. Ein einheitliches Mindestmaß bzgl. der Stärke des Zusammenhanges existiert nicht. CHIN geht z. B. von einem ‚bedeutsamen' Einfluss aus, wenn die standardisierten Pfadkoeffizienten betragsmäßig größer als 0,2 sind.[426] Bei einem Koeffizienten betragsmäßig größer als 0,1 nehmen LOHMÖLLER sowie SELTIN und KEEVES an, dass diese Beziehung nicht vernachlässigt werden darf.[427]

Die Signifikanz der Pfadkoeffizienten gibt weitere Auskunft über die Verlässlichkeit des Zusammenhangs.[428] Mittels Resampling-Prozeduren können wiederum die empirischen t-Werte ermittelt werden, um die Signifikanz der Pfadkoeffizienten zu bestimmen.[429] Das Bootstrapping findet auch hier aufgrund seines geringeren

---

424 Zu den einschlägigen Kriterien, um ein Strukturmodell im Rahmen des PLS-Ansatzes zu beurteilen, vergleiche z. B. CHIN 1998b; GÖTZ/LIEHR-GOBBERS 2004; RINGLE/SPREEN 2007; BOßOW-THIES/PANTEN 2009 sowie GÖTZ/LIEHR-GOBBERS/KRAFFT 2010.

425 Vgl. zum GoF-Index TENENHAUS et al. 2005, S. 173.

426 Vgl. CHIN 1998a, S. 11.

427 Vgl. LOHMÖLLER 1989, S. 60 sowie SELTIN/KEEVES 1994, S. 4356.

428 Neben der Signifikanz stellt nach Meinung von SCHLODERER/RINGLE/SARSTEDT 2009, S. 584 auch die Insignifikanz eines ursprünglich als relevant erachteten Zusammenhangs ein wichtiges Ergebnis dar.

429 Vgl. zu den Resampling-Prozeduren Abschnitt 3.3.1.

Standardfehlers im Vergleich zum Jackknifing Anwendung.[430] Ein absoluter t-Wert von 2,58 bzw. 1,96 zeigt einen signifikanten Zusammenhang auf dem Level $\alpha = 0{,}01$ bzw. $\alpha = 0{,}05$ an. Weisen die Koeffizienten auch ein der Hypothese entsprechendes Vorzeichen auf und sind betragsmäßig nicht zu vernachlässigen, so bewähren die empirischen Ergebnisse die angenommene Beziehung. Pfade, die nicht signifikant sind oder der unterstellten Richtung widersprechen, führen dagegen zur Ablehnung der formulierten Hypothese.[431]

Der Erklärungsgrad des Strukturmodells kann anhand des Bestimmtheitsmaßes R^2 der latenten endogenen Konstrukte bemessen werden.[432] Das Bestimmtheitsmaß misst für eine latente endogene Variable den Varianzanteil, der durch die Beziehungen im Modell erklärt wird. Als Anteilsgröße kann das Bestimmtheitsmaß Werte von 0 bis 1 annehmen, d. h. je größer das Bestimmtheitsmaß ist, desto höher ist der Anteil der erklärten Varianz an der Gesamtvarianz. Zur Einschätzung der Bestimmtheitsmaße dient im Rahmen von PLS-Verfahren eine von CHIN vorgenommene Beurteilung. Ergebnisse in Höhe von 0,67, 0,33 und 0,19 stuft CHIN als ‚substantial', ‚moderate' bzw. ‚weak' ein.[433]

Während das Bestimmtheitsmaß anzeigt, wie stark das Modell die Varianz einer latenten endogenen Variable erklärt, lässt sich mithilfe der sogenannten Effektstärke f^2 untersuchen, ob eine unabhängige latente Variable einen signifikanten Einfluss auf eine abhängige latente Variable ausübt.[434] Zur Berechnung der Effektstärke werden

---

430 Vgl. zur Einschätzung der Resampling-Prozeduren die Ausführungen bei EFRON/GONG 1983, S. 39 f.; EFRON/TIBSHIRANI 1993, S. 145 f. sowie HERRMANN/HUBER/KRESSMANN 2006, S. 56.

431 Vgl. GÖTZ/LIEHR-GOBBERS/KRAFT 2010, S. 702.

432 Vgl. z. B. CHIN 1998b, S. 316; GÖTZ/LIEHR-GOBBERS 2004, S. 328; RINGLE/SPREEN 2007, S. 214; sowie BOßOW-THIES/PANTEN 2009, S. 376 f.

433 Vgl. CHIN 1998b, S. 323. Diese Einteilung hat im Schrifttum eine weitgehende Akzeptanz erfahren. Anzumerken ist, dass diese exemplarische Beurteilung kontextbezogen betrachtet werden muss und je nach Untersuchungsgegenstand auch geringere Werte als beachtliche Ergebnisse zu akzeptieren sind. Vgl. SCHLODERER/RINGLE/SARSTEDT 2009, S. 584

434 Die Effektstärke wurde von COHEN 1988, S. 8-14 als Kriterium vorgeschlagen. Vgl. zur Effektstärke auch CHIN 1998b, S. 316.

jeweils das Bestimmtheitsmaß unter Ausschluss einzelner unabhängiger latenter Variablen und das Bestimmtheitsmaß des Gesamtmodells herangezogen. Formal errechnet sich die Effektstärke f^2 zwischen dem unabhängigen latenten Konstrukt i und der abhängigen latenten Variablen j wie folgt:

$$(3.11) \quad f_{ij}^2 = \frac{R_{inkl.}^2 - R_{exkl.}^2}{1 - R_{inkl.}^2}$$

mit:

f_{ij}^2 = Effekt der unabhängigen Variablen i auf die abhängige Variable j

$R_{inkl.}^2$ = Bestimmtheitsmaß der abhängigen Variablen j unter Einbeziehung der Variablen i

$R_{exkl.}^2$ = Bestimmtheitsmaß der abhängigen Variablen j unter Ausschluss der Variablen i

Die Effektstärke f^2 gibt also an, wie stark sich das Bestimmtheitsmaß einer abhängigen latenten Variable j ändert, wenn das latente Konstrukt i nicht Teil der Modellschätzung ist. Hohe Werte weisen darauf hin, dass die unabhängige Variable einen relevanten Beitrag zur Erklärung der abhängigen Größe liefert. Die f^2-Werte 0,02, 0,15 und 0,35 dienen als Richtwerte, ob eine unabhängige Variable einen ‚small', ‚medium' oder ‚large' Einfluss auf ein abhängiges Konstrukt ausübt.[435]

Zur weiteren Beurteilung des Strukturmodells wird anhand der Prognosegüte der Modellparameter die Generalisierbarkeit der Ergebnisse analysiert. Die Prognoserelevanz der latenten endogenen Konstrukte lässt sich mittels des sogenannten Stone-Geisser-Kriteriums Q^2 bestimmen.[436] Das Stone-Geisser-Kriterium misst, wie gut die

---

435 CHIN 1998b, S. 317 gibt diese Richtwerte in Anlehnung an COHENs 1988, S. 477 f. Einteilung im Rahmen der multiplen Regression an. Kritisch anzumerken ist, dass die Richtwerte abhängig vom Forschungsgebiet zu beurteilen sind. Da COHEN diese Einteilung für verhaltenswissenschaftliche Untersuchungen aufgestellt hat, finden diese auch im Marketing weite Anwendung.

436 Zur Schätzung der Prognoserelevanz findet nach einem Vorschlag von WOLD 1982, S. 30 das von STONE 1974 sowie GEISSER 1974 und 1975 parallel entwickelte Kriterium

empirischen Daten ohne Verlust an Freiheitsgraden durch das Modell und seine Parameterschätzungen rekonstruiert werden können.[437] Zu diesem Zweck werden für eine latente endogene Variable *j* die Residuen einer Schätzung durch die empirischen Daten mit den Residuen einer Modellschätzung auf Basis von Mittelwerten verglichen.

$$(3.12)\quad Q_j^2 = 1 - \frac{\sum_{d=1}^{D} E_d}{\sum_{d=1}^{D} O_d}$$

mit:

D = Auslassungsabstand der Blindfolding-Prozedur

E_d = quadrierte Residuen der Schätzung der ausgelassenen Werte anhand der empirischen Daten

O_d = quadrierte Residuen der Schätzung der ausgelassenen Werte anhand der Mittelwerte der ausgelassenen Daten

Für den Fall, dass die Modellparameter die ausgelassenen Daten besser prognostizieren als die Vergleichsschätzung auf Basis der Mittelwerte, liegt der Wert für das Stone-Geisser-Kriterium Q^2 über 0, so dass für das Modell eine hinreichende Prognoserelevanz angenommen werden kann.[438] Zur Berechnung der Q^2-Werte kann die Blindfolding-Prozedur herangezogen werden.[439] Zur Wahl des Auslassungsabstands existieren in diesem Zusammenhang unterschiedliche Vorschläge. Nach WOLD ist eine Primzahl zu wählen und CHIN schlägt eine Zahl im Bereich von 5 bis

auf Basis des Blindfolding Anwendung. Vgl. neben den Ausführungen bei STONE 1974 sowie GEISSER 1974 und 1975 auch die Ausführungen zum Blindfolding in Abschnitt 4.4.2.2.

437 Vgl. FORNELL/CHA 1994, S. 72 sowie CHIN 1998b, S. 318.

438 Vgl. u. a. FORNELL/CHA 1994, S. 73; CHIN 1998b, S. 318 sowie HERRMANN/HUBER/KRESSMANN 2006, S. 58.

439 Vgl. zu den Grundlagen der Blindfolding-Prozedur STONE 1974 und GEISSER 1974; 1975. Für einen kurzen Überblick zum Ablauf des Blindfolding vgl. z. B. CHIN 1998b, S. 317 sowie TENENHAUS et al. 2005, S. 174-176.

10 vor.[440] Hierbei ist sicherzustellen, dass der Auslassungsabstand kein ganzzahliger Teiler der Stichprobengröße ist.[441]

In Anlehnung an die Effektstärke können die Veränderungen der Q^2-Werte herangezogen werden, um die Prognosestärke einzelner Beziehungen im Strukturmodell zu evaluieren. Hierzu werden unter Einschluss und Ausschluss einer latenten Variablen i die Q^2-Werte eines latenten Konstruktes j bestimmt. Formal berechnet sich das pfadbezogene Stone-Geisser-Kriterium q_{ij}^2 wie folgt:[442]

$$(3.13) \quad q_{ij}^2 = \frac{Q_{inkl.}^2 - Q_{exkl.}^2}{1 - Q_{inkl.}^2}$$

mit:

q_{ij}^2 = Prognoserelevanz der unabhängigen Variablen i auf die abhängige Variable j

$Q_{inkl.}^2$ = Stone-Geisser-Wert der abhängigen Variablen j unter Einbeziehung der Variablen i

$Q_{exkl.}^2$ = Stone-Geisser-Wert der abhängigen Variablen j unter Ausschluss der Variablen i

Der pfadbezogene Stone-Geisser-Wert q^2 stellt also ein Maß dar, den relativen Prognoseeinfluss einer latenten Variable auf ein latentes endogenes Konstrukt zu untersuchen. Die Beurteilung der q^2-Werte orientiert sich dabei an den gleichen Richtwerten, die auch für die Effektstärke herangezogen werden. Werte von 0,02, 0,15 und 0,35 zeigen also an, ob eine latente Variable eine geringe, mittlere oder substanzielle Prognoserelevanz besitzt.[443]

Der iterative Algorithmus zur Schätzung der einzelnen Modellkomponenten, der dem PLS-Verfahren zugrunde liegt, führt dazu, dass lediglich eine lokale Gütebeurteilung

---

440 Vgl. WOLD 1982, S. 33 sowie CHIN 1998b, S. 318.

441 Vgl. RINGLE/SPREEN 2007, S. 215.

442 Vgl. z. B. CHIN 1998b, S. 318.

443 Vgl. zu den Richtwerten z. B. CHIN 1998b, S. 317 sowie RINGLE/SPREEN 2007, S. 215.

der Messmodelle und des Strukturmodells vorgenommen werden kann. Ein Globalmaß, wie z. B. bei der Kovarianzstrukturanalyse, das die Anpassungsgüte der empirischen Daten an eine globale Schätzfunktion ermittelt, existiert demzufolge nicht. Zur Beurteilung des Gesamtmodells wird mit dem sogenannten Goodness-of-Fit-(GoF-)Index deshalb ein Kriterium vorgeschlagen, das die Güte der Messmodelle und des Strukturmodells gleichzeitig berücksichtigt.[444] Der GoF-Index berechnet sich als geometrisches Mittel der durchschnittlichen Kommunalität und des durchschnittlichen Bestimmtheitsmaßes wie folgt:

$$(3.14)\quad GoF = \sqrt{\left(\frac{1}{p}\sum_{j=1}^{J}\sum_{i=1}^{p_j} cor^2\left(x_{ji}, \xi_j\right)\right)\cdot\left(\frac{1}{J}\sum_{j=1}^{J} R^2(\xi_j)\right)}$$

mit:

p = Gesamtzahl der Indikatoren

J = Gesamtzahl der latenten endogenen Variablen j

x_{ji} = Indikator i der latenten endogenen Variablen j

ξ_j = latente Variable j

Als Grenzwerte für einen geringen, mittleren und großen GoF-Index werden 0,1, 0,25 und 0,36 vorgeschlagen.[445]

Die Kriterien zur Gütebeurteilung des Strukturmodells sind in Abbildung 21 zusammengefasst.

---

444 Der GoF-Index stellt aufgrund der partiellen Optimierung des PLS-Verfahrens lediglich einen anwendungsorientierten Ansatz zur globalen Modellvalidierung dar. Vgl. TENENHAUS et al. 2005, S. 173.

445 Diese Werte werden von WETZELS/ODEKERKEN-SCHRÖDER/VAN OPEN 2009, S. 187 aus dem Fornell-Larcker-Kriterium (vgl. FORNELL/LARCKER 1981) und COHENs Einteilung bzgl. des Bestimmtheitsmaßes (Vgl. COHEN 1988) abgeleitet.

Prüfebene	Kriterium	Niveau
Pfadkoeffizienten	Wirkungsrichtung der Koeffizienten Ausmaß der standard. Koeffizienten Effektstärken f^2 Stone-Geisser-Kriterium q^2	bestätigt signifikant und > 0,1 relevant > 0,2 bedeutsam ≥ 0,02 gering ≥ 0,15 mittel ≥ 0,35 substanziell ≥ 0,02 gering ≥ 0,15 mittel ≥ 0,35 substanziell
Konstrukte	Bestimmtheitsmaß R^2 Stone-Geisser-Kriterium Q^2	≈ 0,67 substanziell ≈ 0,33 moderat ≈ 0,19 schwach > 0
Gesamtmodell	Goodness-of-Fit-Index	≥ 0,10 gering ≥ 0,25 mittel ≥ 0,36 groß

Abb. 21: Kriterien zur Gütebeurteilung eines Strukturmodells[446]

3.4. Zwischenfazit zum dritten Kapitel

Im dritten Kapitel wurden auf Basis der theoretischen Überlegungen sowie deren Abbildung im Untersuchungsmodell die methodischen Grundlagen gelegt. Infolge der Messung der Werbestrategie in Zeitungen sowie des Such- und Surfverhaltens durch mehr als einen Indikator führte Abschnitt 3.1. in die Strukturgleichungsmodellierung als adäquate Methodik ein. Hierzu wurden die Bestandteile eines Struktur-

[446] Eigene Darstellung in Anlehnung an CHIN 1998b; GÖTZ/LIEHR-GOBBERS 2004; TENENHAUS et al. 2005; RINGLE/SPREEN 2007; BOßOW-THIES/PANTEN 2009; SCHLODERER/RINGLE/SARSTEDT 2009 sowie GÖTZ/LIEHR-GOBBERS/KRAFFT 2010.

gleichungsmodells vorgestellt und deren formale Notation präsentiert. Abschließend wurde das Untersuchungsmodell formal spezifiziert.

Anhand dieser allgemeingültigen Ausführungen stellte Abschnitt 3.2. Kriterien vor, um das geeignete Verfahren für die vorliegende Untersuchung auszuwählen. Aufgrund der Zielsetzung einen Ansatz zu präsentieren, der den parallelen Einsatz von Suchmaschinenwerbung und Zeitungsanzeigen analysiert sowie die wesentlichen Instrumente der Suchmaschinenwerbekampagne vergleicht, wurde der varianzbasierte PLS-Ansatz als Verfahren für die empirische Untersuchung ausgewählt. Neben der anwenderorientierten Zielsetzung, die Wirkung der Steuerungsinstrumente zu beurteilen und die Entwicklung der ökonomischen Zielgröße zu prognostizieren, bietet sich dieser Ansatz auch aufgrund datentheoretischer Charakteristika an.

Um die Ergebnisse des Verfahrens validieren zu können, wurde in Abschnitt 3.3. die Vorgehensweise zur Prüfung der Messmodelle sowie des Strukturmodells skizziert. Anhand dieser Darstellung wurde jeweils ein Kriterienkatalog abgeleitet. Zur Validierung der Messmodelle werden folglich die Inhaltsvalidität, die Indikatorreliabilität, die Konstruktreliabilität, die Konvergenzvalidität und die Diskriminanzvalidität herangezogen. Die Pfadkoeffizienten, die Bestimmtheitsmaße R^2, die Effektstärken f^2 und die Stone-Geisser-Werte Q^2 bzw. q^2 werden für die einzelnen Modellelemente analysiert, um die Schätzung der Modellparameter zu beurteilen. Der GoF-Index dient abschließend dazu, das vollständige Strukturmodell einzuschätzen.

4. Empirische Befunde zur ökonomischen Wirkung der Suchmaschinenwerbung

4.1. Aufbau der empirischen Untersuchung

Auf Basis der Werbeaktivitäten eines Dienstleistungsunternehmens wird eine empirische Analyse durchgeführt, um die eingangs formulierten Leitfragen zu untersuchen. Die Ausführungen konzentrieren sich hierbei auf die aus den Leitfragen abgeleiteten Untersuchungshypothesen sowie auf das korrespondierende Untersuchungsmodell.[447]

Ziel der Untersuchung ist, ein Vorgehen zu präsentieren, das exemplarisch aufzeigt, wie der parallele Einsatz von Suchmaschinenwerbung und Zeitungsanzeigen sowie die Wirkung einzelner Instrumente der Suchmaschinenwerbung analysiert werden können. Um eine belastbare Aussage bzgl. dieser Beziehungszusammenhänge zu generieren, müssten die Fragestellungen auf Basis mehrerer verschiedener Datengrundlagen untersucht werden.[448] Da jegliche erklärende Aussage aber zwangsläufig eine Momentaufnahme darstellt und somit dem Wandel der Realität unterliegt, steht im Vordergrund dieser Untersuchung die Exemplifizierung eines Vorgehens, um die fraglichen Beziehungen zu analysieren. Entsprechende Momentaufnahmen bzgl. der formulierten Zusammenhänge werden als Teilergebnis des Verfahrensansatzes vorgestellt.

Die in der empirischen Untersuchung verwendete Datenbasis stellt eine umfassende Erhebung bzgl. der Werbeaktivitäten eines Dienstleistungsunternehmens dar. Die Inklusion aller ökonomisch relevanten Entscheidungsgrößen sowie der dreijährige Erhebungszeitraum bilden im Vergleich zu verwandten Studien zwei Besonderheiten der Datenbasis.

---

447 Vgl. zu den Untersuchungshypothesen die Ausführungen in Abschnitt 2.4. und zu dem Untersuchungsmodell insbesondere Abbildung 18.

448 Eine Forderung nach einer größeren Datenbasis ließe sich so weit fortsetzen, bis Informationen bzgl. eines Gegenstands und seiner zukünftigen Entwicklung bereits a priori vollständig vorhanden sind und die Ergebnisse der Untersuchung mit Sicherheit vorausgesagt werden können.

Die Datenbasis der Untersuchung wird in Abschnitt 4.2. vorgestellt. Nach einer kurzen Einführung in diese Datengrundlage werden anschließend die Erhebung und die Aufbereitung der Daten skizziert. Die für die Untersuchung relevanten Besonderheiten werden im Anschluss dargelegt. In Abschnitt 4.3. wird erläutert, wie die besonderen Eigenschaften des Datensatzes berücksichtigt werden, wie die Messmodelle formuliert sind und wie die einzelnen Indikatoren kodiert sind. Die empirischen Ergebnisse werden anschließend in Abschnitt 4.4. vorgestellt. Die Analyse erfolgt hierbei in einem ersten Schritt unter Berücksichtigung aller Ergebniszahlen. In einem zweiten Schritt wird dann unter Berücksichtigung der Ergebnisse, die auf die Suchmaschinenwerbung zurückzuführen sind, abschließend untersucht, ob ein Einfluss von Zeitungsanzeigen auf die Suchmaschinenwerbung existiert und welchen Beitrag die einzelnen Steuerungsinstrumente der Suchmaschinenwerbung zu dem Ergebnis dieser Maßnahme leisten. Anhand einzelner Teilergebnisse der vorausgegangenen Analyse werden in Abschnitt 4.5. Unterschiede im Such- und Surfverhalten sowie im Verhalten bzgl. des Vertragsschlusses analysiert. Eine Diskussion aller Untersuchungsergebnisse folgt in Abschnitt 4.6. Das Kapitel endet in Abschnitt 4.7. mit einer kurzen Zusammenfassung der Ergebnisse.

4.2. Datengrundlage der Untersuchung

4.2.1. Einführung in die Datengrundlage

Zur Untersuchung der Fragestellung, ob bei der Nutzung mehrerer Werbekanäle Zusammenhänge zwischen den Werbeträgern entstehen, werden im Folgenden die Werbeaktivitäten eines Dienstleitungsunternehmens über einen Zeitraum von drei Jahren herangezogen.[449] Im Zeitraum vom 01.09.2006 bis zum 31.08.2009 bediente sich das Unternehmen sowohl klassischer Werbeträger als auch Online-Werbemaßnahmen.

Im Rahmen der klassischen Werbung wurde u. a. eine erhebliche Zahl von Anzeigen in Printmedien, insbesondere in regionalen und in überregionalen Tageszeitungen

---

[449] Eine erste Beschreibung dieser Datenbasis findet sich in OLBRICH/SCHULTZ 2010a.

geschaltet. Als Online-Maßnahmen kamen die Suchmaschinenwerbung und ab Juli 2008 das Affiliate-Marketing[450] zum Einsatz.

Aus Sicht des Dienstleistungsunternehmers stellt die Zahl an abgeschlossenen Verträgen die zentrale ökonomische Zielgröße dar, um den Erfolg der einzelnen Werbemaßnahmen zu beurteilen.[451] Als Voraussetzung für den Vertragsschluss kann die Anforderung von Informationsmaterial gesehen werden, da die Vertragsunterlagen hauptsächlich mit dem Informationsmaterial distribuiert werden. Da ferner der Vertragsschluss nicht im Internet erfolgt, wird im Rahmen der Werbemaßnahmen die Anforderung von Informationsmaterial als Konversion gemessen.

Mit der Zahl an Konversionen sind im Fall des Dienstleistungsunternehmens also noch keine Erlöse verbunden. Weitere besondere Merkmale des Datensatzes sind der Medienwechsel zwischen Anforderung des Informationsmaterials und Vertragsschluss sowie der zeitlichen Divergenz zwischen diesen Zeitpunkten. Der Datensatz wurde für die vorliegende Analyse um diesen zeitlichen Verzug bereinigt, indem als Zeitpunkt des Vertragsschlusses der Tag angenommen wird, an dem das Informationsmaterial angefordert wurde. Die Vertragsabschlüsse wurden hierzu bis zum 01.09.2010 – also bis zu einem Jahr nach Ende des Untersuchungszeitraumes – erhoben.

Zur Bestimmung des Erfolgs einzelner Werbemaßnahmen wurden die Interessenten des Dienstleistungsunternehmens bei der Anforderung von Informationsmaterial und beim Abschluss eines Vertrages ungestützt befragt, wie sie auf das Unternehmen aufmerksam geworden sind. Fanden Interessenten über eine Online-Werbemaßnahme ihren Weg zu den Internetseiten des Dienstleistungsunternehmens, wurde dieser Kontakt zusätzlich im Rahmen der Informationsmaterialanfrage protokolliert. Neben

450 Beim Affiliate-Marketing handelt es sich im Prinzip um einen Transfer bewährter Vertriebsstrukturen auf das Online-Medium. Vgl. FRITZ 2004, S. 182. Mithilfe ausgewählter Partnerwebseiten, den sogenannten Affiliates, baut das werbetreibende Unternehmen, auch Merchant genannt, ein virtuelles Vertriebsnetz auf. Vgl. für eine weiterführende Einführung z. B. BÜTTGEN 2002.

451 Für die zugrundeliegende Dienstleistung bietet sich die Zahl an Vertragsabschlüssen als ökonomische Zielgröße an, da jedem Vertragsabschluss ein vergleichbarer Deckungsbeitrag zugewiesen werden kann.

der Zuordnung zu einer bestimmten Online-Maßnahme konnte für die Suchmaschinenwerbung auch das Suchwort erfasst werden, das zur Einblendung der Suchmaschinenwerbeanzeige geführt hat.

Ferner wurden alle Logeinträge für den dreijährigen Zeitraum erfasst, um das Such- und Surfverhalten auf den Seiten des Dienstleistungsunternehmens zu untersuchen. Logdaten werden durch den Webserver generiert und protokollieren alle Anfragen und Zugriffe auf Dateien der Internetpräsenz des Dienstleisters.[452] Jede Anfrage bzw. jeder Dateizugriff wird als eine Zeile in den Logdaten erfasst. Für den Zeitraum fielen insgesamt 15.042.813 Logzeilen an.

Der Aufbau der angefallenen Logeinträge folgt dem sogenannten Combined Log Format des National Center for Supercomputing Applications (NCSA). Dieser Standard enthält Einträge eines Access Log, eines Referrer Logs und eines Agent Logs.

Access Logs listen alle eine einzelne Datei betreffenden Anfragen. Diese Liste speichert Angaben zu dem Hostnamen der Anfrage, das Datum und die Uhrzeit der Anfrage, die eigentliche Anfrage, den übermittelten Statuscode sowie die Zahl der transferierten Bytes des übermittelten Dokuments. Der Hostname bezeichnet den Namen des anfragenden Rechners im Netzwerk. Im Internet entspricht der Name in vielen Fällen der dem Rechner zugewiesenen IP-Adresse.

Referrer Logs protokollieren in Form einer Internetadresse den Ursprung der Anfrage. Anhand des Referrer Logs wird in der empirischen Untersuchung ermittelt, ob der Besuchsvorgang über die Ergebnisseite einer Suchmaschine erfolgte und ob ein Klick auf eine Suchmaschinenwerbeanzeige Auslöser des Besuchs auf den Internetseiten des Dienstleistungsanbieters war.

Agent Logs liefern Daten bzgl. des Namens und der Version des anfragenden Browsers. Anhand dieser Informationen lassen sich auch die automatisierten Zugriffe

---

452 Vgl. vertiefend zum Thema Logdaten z. B. PIROLLI/PITTKOW 1999 sowie LUTZKY/TEICHMANN 2002.

z. B. von Suchmaschinenprogrammen identifizieren, die Webseiten systematisch erfassen.

Ein fiktiver Beispieleintrag im NCSA Combined Log Format ist in Abbildung 22 dargestellt.

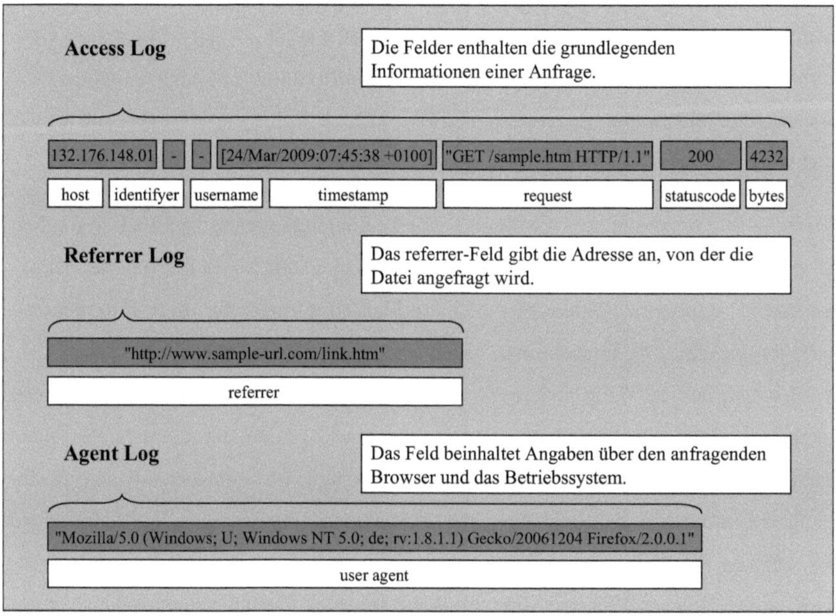

Abb. 22: Beispiel eines Eintrages im NCSA Combined Log Format[453]

Für den klassischen Werbekanal wurden tagesgenau die Zahl an Anzeigen, deren Reichweite sowie die angefallenen Ausgaben erhoben. Im Untersuchungszeitraum wurden 375 Anzeigen mit einer Reichweite[454] von ca. 5,5 Millionen Kontakten ge-

---

453 OLBRICH/SCHULTZ 2010b, S. 40.

454 Die Reichweiten wurden nach Angaben der Verlagshäuser oder anhand der Informationsgemeinschaft zur Feststellung der Verbreitung von Werbeträgern (IVW) e. V. bestimmt. Die Reichweite aller Anzeigen wurde über die verschiedenen Zeitungen so ermittelt, dass bei Schaltung von mehreren Anzeigen im Untersuchungszeitraum in der gleichen Zeitung die Reichweite einfach in die Gesamtreichweite eingeflossen ist. Die 5,5 Millionen Kontakte stellen folglich eine konservative Angabe im Sinne der Netto-Reichweite dar.

schaltet. Die Schaltung von Zeitungsanzeigen rief 2.658 direkt den einzelnen Anzeigen zurechenbare Interessenten – 10,41 % aller Kontakte in den drei Jahren – hervor.

Auch für die Online-Werbemaßnahmen wurden pro Tag die Anzahl der eingeblendeten Anzeigen (Impressionen), die Anzahl der angeklickten Anzeigen (Klicks), die Ausgaben und die Anzahl der erfolgreichen Informationsanfragen (Konversionen) ermittelt. Im Rahmen der Suchmaschinenwerbung wurden ca. 20 Millionen Werbeeinblendungen, ca. 400.000 Klicks und 13.002 Informationsanfragen ausgelöst. Die Suchmaschinenwerbung generierte 50,91 % aller Informationsanfragen im Untersuchungszeitraum.

Zusätzlich führten beinahe 3,4 Millionen Werbeeinblendungen im Affiliate-Marketing zu ca. 50.000 Klicks und 2.107 Informationsanfragen. Im Sinne des pay-per-action-Ansatzes[455] wurde im Rahmen des Affiliate-Marketing direkt für diese Informationsanfragen gezahlt. Die Interessenten, die durch das Affiliate-Marketing angesprochen wurden, wurden auf eine andere Zielseite als die durch andere Werbemaßnahmen adressierten Interessenten gelenkt. In den erfassten Logdaten sind diese Interessenten nicht enthalten. Da sich die vorliegende Untersuchung insbesondere auf den gleichzeitigen Einsatz von Zeitungsanzeigen und Suchmaschinenwerbung konzentriert und das Affiliate-Marketing erst ab Juli 2008 im Untersuchungszeitraum eingeführt wurde, wird diese Werbemaßnahme im Rahmen der hier vorliegenden Analyse nicht gesondert untersucht.

Neben diesen 17.767 direkt durch Werbemaßnahmen generierten Informationsanfragen wurden weitere 7.772 Informationsanfragen in den betrachteten drei Jahren erfasst. 1.614 Informationsanfragen waren nach Angaben der Befragten auf Empfehlungen, z. B. durch Arbeitskollegen, Freunde oder Verwandte, zurückzuführen. Weitere 4.420 Interessenten sagten aus, andere Informationsquellen genutzt zu haben, wie z. B. Aushänge, Broschüren oder allgemein das Internet. Bei 1.738 Informationsanfragen machten die Interessenten keine Angaben.

---

455 Vgl. zum pay-per-action-Ansatz MAHDIAN/TOMAK 2008.

Abbildung 23 fasst die Verteilung der Informationsanfragen abhängig von ihrem Ursprung für den dreijährigen Untersuchungszeitraum anschaulich zusammen.

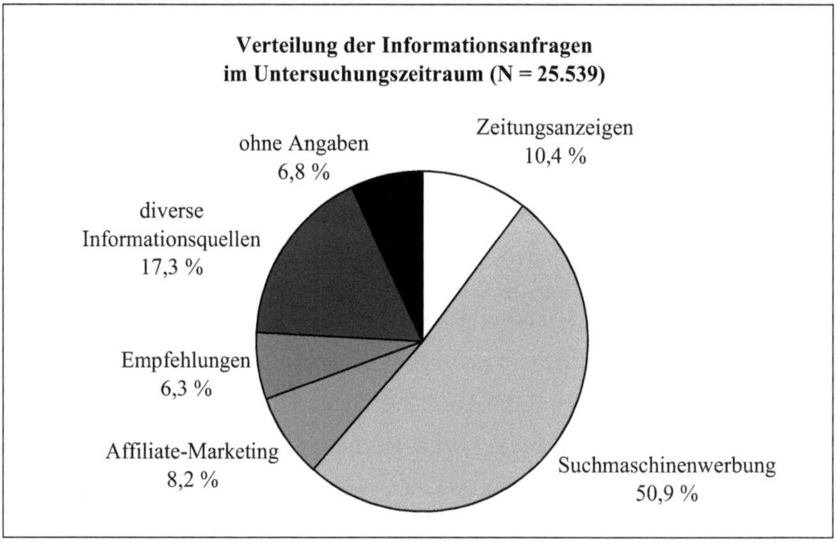

Abb. 23: Verteilung der Informationsanfragen im Untersuchungszeitraum

Nach der Einführung in die Datengrundlage in diesem Abschnitt skizziert der folgende Abschnitt 4.2.2., wie die Daten erhoben und aufbereitet wurden. In Abschnitt 4.2.3. werden anschließend die relevanten Besonderheiten der Datengrundlage erörtert, die in der Untersuchung zu berücksichtigen sind.

4.2.2. Erfassung und Aufbereitung der Daten

Die Datengrundlage für die vorliegende Untersuchung umfasst mehrere Datenquellen. Im Einzelnen wurden die Aktivitäten in den beiden Werbemedien Print und Suchmaschine erhoben sowie alle Informationsanfragen und Vertragsabschlüsse den Untersuchungszeitraum betreffend erfasst. Zusätzlich wurden alle Logdaten für den dreijährigen Zeitraum aufgezeichnet, um das Such- und Surfverhalten auf den Seiten des Dienstleistungsunternehmens zu untersuchen. Die Erfassung und Aufbereitung dieser Daten wird im Folgenden kurz skizziert.

Die Werbeaktivitäten im Medium Print konzentrierten sich auf regionale und überregionale deutschsprachige Tageszeitungen. Bezogen auf das Erscheinungsdatum einer Anzeige wurden die angefallenen Ausgaben und die mit dem Medium verbundene Reichweite erhoben. Die angefallenen Ausgaben entsprechen den Beträgen, die für die Anzeigenschaltung gezahlt wurden. Die Reichweite wurde nach Angaben des Verlagshauses oder der Informationsgemeinschaft zur Feststellung der Verbreitung von Werbeträgern (IVW) e. V. bestimmt. Erschienen mehrere Anzeigen an einem Tag, wurden die Werte aggregiert. Über den Untersuchungszeitraum wurden so tagesgenau die Anzahl an Anzeigen, deren Reichweite sowie die angefallenen Ausgaben ermittelt.

Zur Erfassung der Suchmaschinenwerbung wurde ein automatisierter Bericht eingerichtet, der die pro Keyword und auf Tagesbasis aggregierten Daten für die zurückliegenden sieben Tage täglich versendet. Durch dieses Vorgehen wurde insbesondere die kontinuierliche und vollständige Datenerfassung auch für den Fall sichergestellt, dass Berichte nicht oder fehlerhaft übermittelt werden. Für die 1.096 Tage im Untersuchungszeitraum wurden auf diese Weise 399.179 Zeilen erfasst, die anschließend für eine Analyse auf Kampagnenebene und auf Tagesbasis aggregiert wurden. Steuerungsinstrumente auf Kampagnenebene, wie z. B. das verfügbare Budget, wurden parallel protokolliert und in der Datenbasis ergänzt.

Die im Untersuchungszeitraum ausgelösten Anfragen von Informationsmaterial und die auf diesen Zeitraum zurückzuführenden Vertragsabschlüsse wurden vom Dienstleistungsanbieter erfasst und anonymisiert zur weiteren Analyse zur Verfügung gestellt. Aus Sicht des Dienstleistungsanbieters stellen die Informationsanfrage die vorökonomische Zielgröße und der Vertragsschluss die ökonomische Zielgröße dar. Der Erfolg der einzelnen Werbemaßnahmen lässt sich also anhand dieser Größen bestimmen. Um diese Zielgrößen einer Werbemaßnahme zuzuordnen, wurden die Interessenten des Dienstleistungsanbieters bei der Anforderung von Informationsmaterial und bei der Unterzeichnung des Vertrages ungestützt befragt, wie sie auf das Unternehmen aufmerksam geworden sind. Zusätzlich wurde für Interessenten, die mittels einer Online-Werbemaßnahme den Internetauftritt des Dienstleistungsanbieters fanden, dieser Kontakt automatisch im Rahmen der Informationsmaterialanfrage protokolliert.

Zwischen Anforderung des Informationsmaterials und Abschluss eines Vertrages existiert eine zeitliche Divergenz, die durch zwei Maßnahmen im Rahmen der Datenerhebung berücksichtigt wird. Um die Vertragsabschlüsse zu erfassen, die den Maßnahmen im Untersuchungszeitraum zuzurechnen sind, wurden die Vertragsschlüsse ein Jahr nach dem Untersuchungszeitraum, am 01.09.2010, erhoben. In die Analyse flossen dann alle Verträge ein, die auf Informationsanfragen im Untersuchungszeitraum zurückzuführen sind.[456] Für die vorliegende Analyse wird außerdem der Datensatz um diesen zeitlichen Verzug bereinigt, indem als Zeitpunkt des Vertragsschlusses der Tag angenommen wird, an dem das Informationsmaterial angefordert wurde.

Der Webserver des Dienstleistungsanbieters übermittelt die Logdaten jeweils für eine Kalenderwoche. Die Sammlung dieser Logdateien erfolgte hierbei so, dass der gesamte Untersuchungszeitraum vollständig abgedeckt ist. Für den Untersuchungszeitraum fielen insgesamt 15.042.813 Logzeilen an. Zur weiteren Analyse wurden diese Datenzugriffe um irrelevante, doppelte und fehlerhafte Datenanfragen bereinigt.[457] Als irrelevante Anfragen werden im Sinne des Web Mining die Anforderung von z. B. Graphik- und Skriptdateien gesehen, die als Teil einer Webseite angefordert werden. Für die Identifizierung eines Besuchsvorganges bzw. eines Besuchspfades werden diese Informationen nicht benötigt. Doppelte Anfragen entstehen, wenn bei einer geringen Verbindungsgeschwindigkeit durch wiederholte Klicks die gleichen Inhalte angefragt werden. Diese doppelten Anfragen stellen im Sinne der vorliegenden Untersuchung lediglich Datenrauschen dar und werden deshalb ohne Informations-

---

456 In Abschnitt 4.2.3. wird der zeitliche Verzug zwischen Anforderung von Informationsmaterial und Abschluss eines Vertrages genauer untersucht. An dieser Stelle sei bereits angemerkt, dass für die vollständige Untersuchungskohorte zu konstatieren ist, dass 99,8 % aller Vertragsabschlüsse innerhalb eines Jahres abgeschlossen werden. Aufgrund dieses Ergebnisses erscheint die Erfassung der Vertragsabschlüsse ein Jahr nach Ende des Untersuchungszeitraumes für die Analyse zielführend gewesen zu sein.

457 Vgl. zu diesem Vorgehen z. B. COOLEY/MOBASHER/SRIVASTAVA 1999; BENSBERG 2001, S. 133-146 sowie POHLE/SPILIOPOULOU 2002.

verlust für die Analyse entfernt. Nach der Entfernung fehlerhafter Aufrufe wurden auch automatische Zugriffe von sogenannten Indexern[458] entfernt, da das Such- und Surfverhalten der (menschlichen) Interessenten im Folgenden analysiert wird.

Für die Analyse des Such- und Surfverhaltens werden die Zugriffe anschließend anhand der anonymisierten IP-Adresse[459] zu einem Besuchsvorgang zusammengefasst. Ein Besuchsvorgang lässt sich als kontinuierliche Serie von Zugriffen von einer IP-Adresse definieren. Um mehrere Besuchsvorgänge von einer IP-Adresse zu identifizieren, wurde eine maximale Zeit zur Seitenansicht von zwei Stunden festgelegt.[460] Insgesamt wurden 710.055 Besuchsvorgänge ermittelt. Für diese Besuchsvorgänge wurden anschließend die Verweildauer sowie die Verweiltiefe berechnet. Anhand des Referrer Logs[461], also dem Ursprung der Anfrage, wurde ferner ermittelt, ob der Besuchsvorgang über die Ergebnisseite einer Suchmaschine erfolgte und ob ein Klick auf eine Suchmaschinenwerbeanzeige Auslöser des Besuchs auf den Internetseiten des Dienstleistungsanbieters war.

Nachdem in diesem Abschnitt die Erhebung und Aufbereitung der Daten kurz skizziert wurde, werden im nächsten Abschnitt einige besondere Charakteristika der Datengrundlage aufgezeigt, die im Rahmen der Analyse zu berücksichtigen sind.

---

458 Diese Programme werden von Suchmaschinen eingesetzt, um Webseiten systematisch zu erfassen. Für diese Programme finden auch die Bezeichnungen Bot, Crawler, Spider und Wanderer synonyme Verwendung. Vgl. z. B. FERBER 2003, S. 300 f. sowie GLÖGGLER 2003, S. 26.

459 Die IP-Adresse wurde von Seiten des Dienstleistungsanbieters mithilfe eines kollisionsfreien Hash-Algorithmus anonymisiert, so dass sich die Logzeilen zu einem Besuchsvorgang zusammenfassen lassen, ohne auf den Ursprung der Anfrage schließen zu können.

460 Im Schrifttum wird üblicherweise als Grenze eine Dauer von einer halben Stunde angesetzt. Vgl. z. B. PIROLLI/PITTKOW 1999, S. 32; LUTZKY/TEICHMANN 2002, S. 312 sowie ALI/SCARR 2007, S. 515. Die erhöhte Ansichtszeit erscheint aufgrund der zugrunde liegenden Dienstleistung, die durch ein hohes Involvement und einen rationalen Entscheidungsprozess gekennzeichnet ist, angebracht.

461 Vgl. zum Aufbau von Logdaten die Ausführungen in Abschnitt 4.2.1. und insbesondere Abbildung 22.

4.2.3. Besondere Charakteristika der Datengrundlage

Die Werbeaktivitäten eines Dienstleistungsunternehmens wurden über einen Zeitraum von drei Jahren erfasst. Die Datengrundlage weist in diesem Fall einige für die Untersuchung relevante Besonderheiten auf. Im Einzelnen sind dies

- ein Dienstleistungsangebot, das durch hohes Involvement und rationales Entscheidungsverhalten gekennzeichnet ist,
- ein konstant hohes Werbeaufkommen im Untersuchungszeitraum,
- ein gegenläufiger Einsatz der Werbemaßnahmen innerhalb von Kalenderwochen,
- ein Unterschied zwischen den Medien bzgl. der Anzeigenschaltung und deren Rezeption sowie in Folge deren Wirkung und
- eine räumliche und zeitliche Differenz zwischen Informationsanforderung und Vertragsschluss.

Diese Charakteristika der Datengrundlage werden nachfolgend skizziert und deren Relevanz für die nachfolgende Analyse erläutert. Eine ausführliche Berücksichtigung der für die empirische Untersuchung relevanten Eigenschaften erfolgt dann in Abschnitt 4.3.

Das Leistungsangebot des Unternehmens erfordert einerseits, dass sich der potenzielle Kunde in einen zeitintensiven und längerfristigen Erstellungsprozess einbringt, und stellt andererseits für den Kunden einen nicht unerheblichen finanziellen Aufwand dar. Der Dienstleistung liegt deshalb auch jeweils ein unterzeichneter Vertrag zugrunde. Die Anzahl abgeschlossener Verträge wird infolgedessen als zentrale ökonomische Zielgröße herangezogen, um die Werbemaßnahmen zu beurteilen. Aufgrund dieser Eigenschaften ist davon auszugehen, dass die Interessenten durch einen hohen Grad an Involvement[462] geprägt sind und eher zu einem rationalen Entscheidungsprozess neigen dürften. Dies dürfte insbesondere die Suchbereitschaft der Interessenten sowie

[462] KROEBER-RIEL und ESCH bezeichnen das Involvement der Zielgruppe als eine Einflussgröße entstehender Wirkungsunterschiede von Kommunikationsmitteln. Vgl. hierzu einführend KROEBER-RIEL/ESCH 2011, S. 195-203.

deren Wahrscheinlichkeit, einen Vertrag abzuschließen, beeinflussen und ist dementsprechend in der Untersuchung zu beachten.

Im Untersuchungszeitraum liegt ein konstant hohes Werbeaufkommen vor. Im Durchschnitt erfolgen pro Woche 2,4 Anzeigenschaltungen in Printmedien und die Suchmaschinenwerbekampagne läuft in diesem Zeitraum kontinuierlich, wenn auch auf unterschiedlichen Niveaus. Als Indiz für das Werbeaufkommen sind in Abbildung 24 die Werbereichweiten der unterschiedlichen Werbemedien abgetragen und in Abbildung 25 die angefallenen Ausgaben pro Woche der Zeitungsanzeigen und der Suchmaschinenwerbung im Zeitverlauf dargestellt.

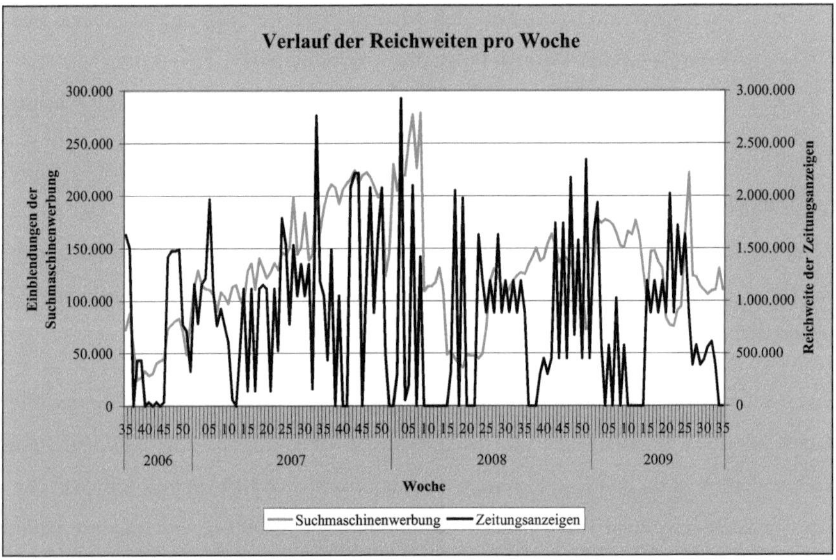

Abb. 24: Reichweite der Werbemaßnahmen pro Woche

Neben der Kontinuität der werblichen Aktivitäten zeigt sich im Werbeverhalten des Dienstleisters eine Präferenz für die Schaltung von Zeitungsanzeigen hin zum Wochenende. Die Verteilung der Zeitungsanzeigen pro Wochentag ist Abbildung 26 zu entnehmen. Die Anzeigenschaltungen an Freitagen, Samstagen und Sonntagen summieren sich zu 70,67 % aller Schaltungen in Printmedien.

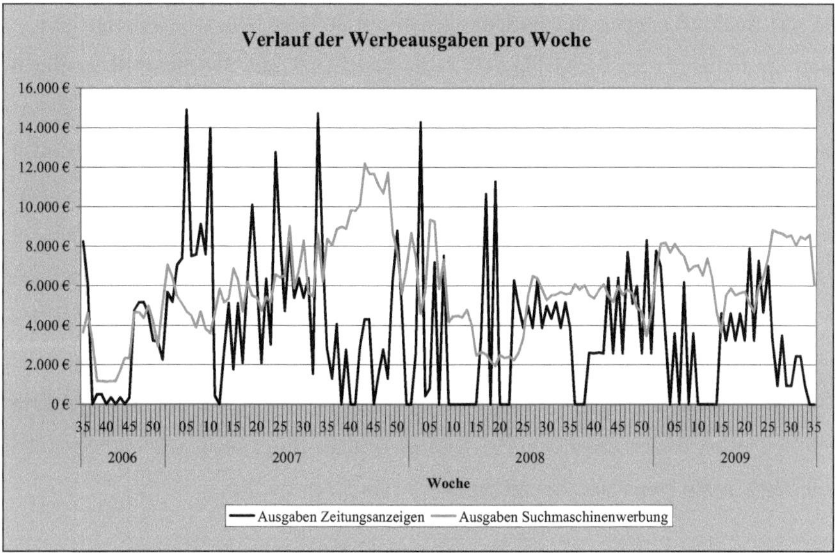

Abb. 25: Verlauf der Werbeausgaben pro Woche

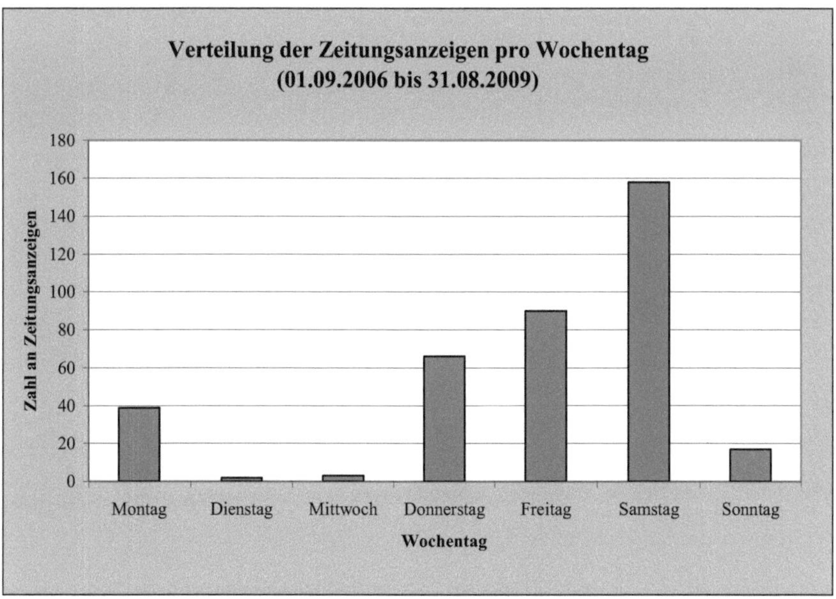

Abb. 26: Verteilung der Zeitungsanzeigen pro Wochentag

Da das Suchaufkommen bei Suchmaschinen i. d. R. zum Wochenende abnimmt,[463] führt die Präferenz zur Schaltung von Zeitungsanzeigen zum Wochenende zu einem gegensätzlichen Verlauf der Werbemaßnahmen. Zur Verdeutlichung dieses Zusammenhangs sind in Abbildung 27 abhängig vom Wochentag die prozentualen Anzeigenschaltungen in Printmedien sowie die anteiligen Einblendungen von Suchmaschinenwerbeanzeigen abgetragen. Der gegensätzliche Verlauf ist deutlich zu erkennen. Auf Basis tagesbezogener Daten lieferte eine Analyse des gleichzeitigen Werbeeinsatzes allein aufgrund des unterschiedlichen Werbeverhaltens Indizien für eine Konkurrenzbeziehung zwischen den Werbemaßnahmen. Für die empirische Untersuchung ist also festzuhalten, dass sich eine tagesbezogene Analyse nur dann anbietet, wenn dieser gegensätzliche Verlauf berücksichtigt wird. Andernfalls sollte eine Analyse auf Basis tagesbezogener Daten vermieden werden.

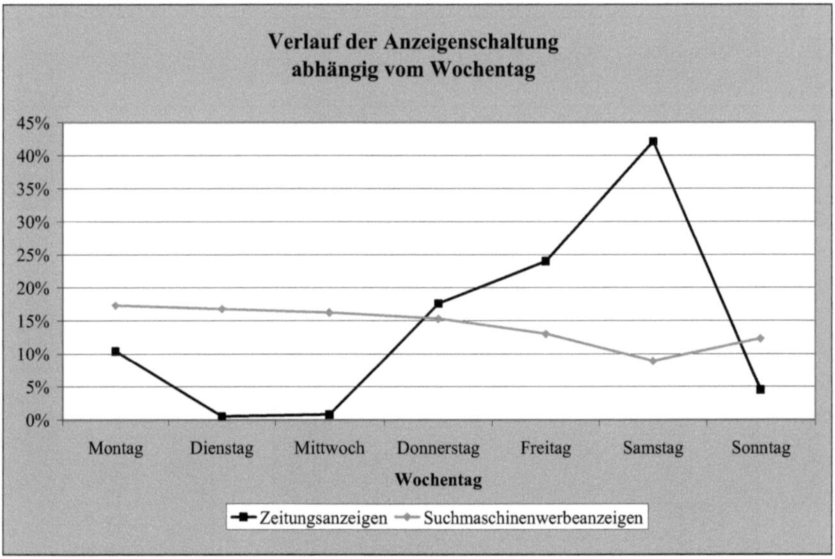

Abb. 27: Verlauf der Anzeigenschaltung abhängig vom Wochentag

---

463 Vgl. für einen Befund im Suchverhalten bei Nutzung von Suchmaschinen SCHMIDT-MÄNZ 2007, S. 147.

Ein weiteres Merkmal, in dem sich Suchmaschinenwerbung von Zeitungsanzeigen unterscheidet, ist der zeitliche Zusammenfall von Anzeigenschaltung und deren Rezeption sowie in Folge deren Wirkung. Im Rahmen der Suchmaschinenwerbung wird die Werbeanzeige erst auf eine Anfrage des potenziellen Interessenten hin geschaltet, so dass der Werbemittelkontakt unmittelbar mit dem Zeitpunkt der Werbemittelschaltung zusammenfällt. Anhand eines Klicks auf die Anzeige zeigt sich die Werbewirkung beinahe unmittelbar. Auch die mittelbare Wirkung, definiert als Konversion, erfolgt im Internet eher zeitnah als im Printmedium.[464]

Zeitungsanzeigen können hingegen in ihrer Wirkung einen stärkeren zeitlichen Verzug als Suchmaschinenwerbeanzeigen aufweisen. Da Printmedien nicht an demselben Tag, an dem sie erscheinen, gelesen werden müssen, kann die Anzeige auch nach dem Erscheinungsdatum wahrgenommen werden. So berichten z. B. SENTKER und DRÖSSER, dass ‚Die Zeit' zum größten Teil nach dem Erscheinungstag (Donnerstag) gelesen wird.[465] Diesem zeitlichen Verzug zwischen Schaltung und Kontakt sowie in Folge der Wirkung der Zeitungsanzeigen ist in der empirischen Analyse Rechnung zu tragen.

Die räumliche und zeitliche Diskrepanz zwischen Informationsanforderung (Konversion) und Vertragsschluss stellt ein weiteres Charakteristikum der erhobenen Datengrundlage dar, das in der empirischen Untersuchung zu berücksichtigen ist. Die räumliche Differenz ist dem Medienwechsel von der Informationsanforderung im Internet zur handschriftlichen Unterzeichnung des Vertrages geschuldet. Der Medienwechsel erklärt ablaufbedingt einen geringen Anteil der zeitlichen Differenz zwischen Informationsanforderung und Vertragsschluss, da sowohl das Informationsmaterial als auch der unterschriebene Vertrag überwiegend postalisch versendet werden. Der

---

464 Im Internet finden diese Schritte aufeinander folgend ohne Medienwechsel statt. Aus diesem Grund ist im Vergleich zu anderen Werbemedien das Internet dazu geeignet, im Sinne des Flow-Gedankens eine unaufdringliche Verbindung von Rezeption und Wirkung bzgl. einer Werbemaßnahme zu ermöglichen. Vgl. zu dieser Forschungsrichtung im Internet HOFFMAN/NOVAK 1996; NOVAK/HOFFMAN/YUNG 1999; BAUER/GRETHER 2004 sowie HOFFMAN/NOVAK 2009.

465 Vgl. SENTKER/DRÖSSER 2006, S. 66.

wesentliche Anteil dieser zeitlichen Differenz dürfte darauf zurückzuführen sein, dass die Dienstleistung durch hohes Involvement und rationales Entscheidungsverhalten geprägt ist. So ist anzunehmen, dass sich Interessenten intensiv mit dem Informationsmaterial beschäftigen und Vergleiche mit alternativen Angeboten anstellen.

Im Mittel liegen zwischen der Anforderung von Informationsmaterial und Vertragsschluss 32,6 Tage bei einer Standardabweichung von 36,7. Der Median liegt bei 20 Tagen, d. h. nach 20 Tagen lag die Hälfte aller unterzeichneten Verträge vor. Die kürzeste Dauer beträgt 0 Tage[466] und die längste 447 Tage. Die Verteilung dieses zeitlichen Verzugs ist Abbildung 28 zu entnehmen und im Rahmen der empirischen Analyse zu berücksichtigen.

Für die Datengrundlage wurden insgesamt fünf besondere Charakteristika konstatiert. Das charakteristische hohe Involvement und die Neigung zu einem rationalen Entscheidungsverhalten bilden spezifische Rahmenbedingungen der vorliegenden Untersuchung. Das insgesamt hohe Werbeaufkommen im untersuchten Zeitraum beeinflusst insbesondere die Auswahl des empirischen Verfahrens – so ist ein (Baseline-)Vergleich mit Ergebnissen ohne werbliche Aktivität nicht möglich. Der gegenläufige Wochenverlauf, der Unterschied bzgl. Werbeschaltung und Rezeption der beiden Medien sowie die räumliche und zeitliche Differenz zwischen Informationsanforderung und Vertragsschluss sind drei Charakteristika, die insbesondere im Rahmen der empirischen Analyse zu berücksichtigen sind. In Abschnitt 4.3. wird ausführlich erläutert, wie diese Eigenschaften im Rahmen der empirischen Analyse berücksichtigt werden.

---

466 Der geringe Zeitverzug zwischen Anforderung von Informationsmaterial und Vertragsschluss ist auf den digitalen Abruf von Informationsmaterial und der Rücksendung z. B. per Fax zurückzuführen. Der Eingang des Originals wurde zum Teil in den Daten nicht erfasst. Nach Aussage des Unternehmens handelt es sich hierbei um Einzelfälle. Durch Datierung des Vertragsschluss auf das Datum der Informationsanforderung wird dieser zeitliche Verzug in der empirischen Untersuchung aufgelöst. Vgl. Abschnitt 4.3.

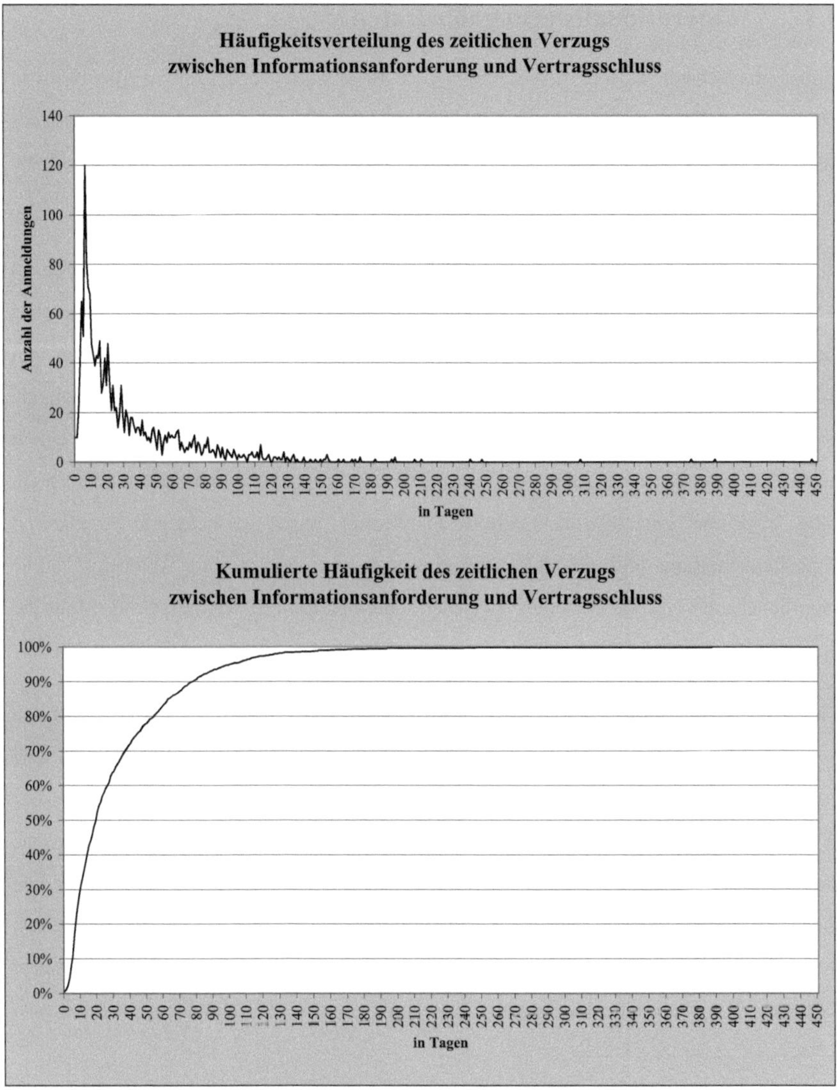

Abb. 28: Zeitdifferenz zwischen Informationsanforderung und Vertragsschluss

4.3. Operationalisierung der Daten

Bevor im nächsten Abschnitt die empirischen Ergebnisse vorgestellt werden, wird in diesem Abschnitt erläutert, wie die besonderen Eigenschaften des Datensatzes berücksichtigt worden sind, wie die Messmodelle formuliert wurden und wie die Indikatoren kodiert sind.

Für den Aufbau der empirischen Untersuchung weist der Datensatz drei relevante, in Abschnitt 4.2.3. vorgestellte Eigenschaften auf. Die beiden Medien zeigen erstens einen gegenläufigen Wochenverlauf, so dass die Präferenz der Werbeschaltung von Zeitungsanzeigen am Wochenende in Kombination mit dem zum Wochenende abnehmenden Suchaufkommen[467] bei einer tagesbezogenen Analyse zu einem negativen Zusammenhang zwischen Anzeigenschaltung und Suchmaschinenwerbung führt. Zweitens unterscheiden sich beide Medien in der zeitlichen Differenz von Anzeigenschaltung und deren Rezeption sowie in Folge in ihrer Wirkung.[468] Die räumliche und zeitliche Differenz zwischen Konversion und Vertragsschluss stellt die dritte Besonderheit des Datensatzes dar.

Im Rahmen der empirischen Analyse werden die ersten beiden Eigenschaften durch die Verwendung von auf Wochenbasis aggregierten Daten berücksichtigt. Die Aggregation der Daten erfolgt hierbei jeweils von Donnerstag zu Mittwoch, um der Werbeschaltung hin zum Wochenende Rechnung zu tragen. Durch eine wochenweise Betrachtung der Werbeaktivitäten wird also der unterschiedliche Verlauf der Medien innerhalb einer Woche ausgeblendet. Des Weiteren erlauben wöchentliche Daten einen mehrtägigen Verzug zwischen der Schaltung einer Zeitungsanzeige und Eintreten ihrer Wirkung. Die räumliche Diskrepanz zwischen Konversion und Vertragsschluss, also

---

467 Vgl. für einen in Suchmaschinen entsprechenden Befund SCHMIDT-MÄNZ 2007, S. 147.

468 Bei der Suchmaschinenwerbung fällt der Werbemittelkontakt unmittelbar mit dem Zeitpunkt der Werbemittelschaltung zusammen, da die Werbeanzeige erst auf eine Suchanfrage des potenziellen Interessenten hin geschaltet wird. Zeitungsanzeigen können hingegen in ihrer Wirkung einen stärkeren zeitlichen Verzug als Suchmaschinenwerbeanzeigen aufweisen. Da Zeitungen nicht an demselben Tag, an dem sie erscheinen, gelesen werden müssen, kann die Anzeige auch nach dem Erscheinungsdatum wahrgenommen werden.

der Wechsel von der Anforderung von Informationsmaterial im Internet zur handschriftlichen Unterzeichnung des Vertrages, wird durch die Zuordnung durch persönliche Daten, wie z. B. Name oder Adresse, aufgehoben. Auf Basis dieser Zuordnung erfolgt die Auflösung der zeitlichen Differenz, indem der Vertragsschluss für die empirische Untersuchung auf das Datum der Konversion datiert wird.[469] Die charakteristischen Eigenheiten der Datengrundlage lassen sich somit vollständig in der Datenanalyse berücksichtigen.

Entsprechend der formulierten Untersuchungshypothesen werden in der Datenanalyse die Werbestrategie für das Medium Print sowie das Such- und Surfverhalten durch mehrere Indikatoren gemessen. Die Präferenzen und Entscheidungen des Dienstleistungsanbieters für die Werbestrategie in Tageszeitungen manifestieren sich in der Zahl an Anzeigen, der Reichweite und den Ausgaben. Diese drei Größen dienen dementsprechend als Messindikatoren und wurden jeweils pro Untersuchungswoche kumuliert. Das Such- und Surfverhalten auf den Internetseiten des Dienstleistungsanbieters zeigt sich im Umfang und in der Intensität der Besuchsvorgänge. Der Umfang und die Intensität können anhand der erfassten Logdaten durch die Verweiltiefe und die Verweildauer gemessen werden.[470] Die Verweiltiefe bezeichnet die Summe der aufgerufenen Internetseiten und die Verweildauer bemisst die Zeit, die auf den Internetseiten verbracht wurde. Diese beiden Größen dienen dementsprechend als Indikatoren für das Such- und Surfverhalten. An dieser Stelle sei bereits angemerkt,

---

469 Dem zeitlichen Verzug zwischen Anforderung des Informationsmaterials und Unterzeichnung des Vertrages wurde auch im Rahmen der Datenerfassung Rechnung getragen. Die Vertragsabschlüsse wurden ein Jahr nach dem Erhebungszeitraum, am 01.09.2010, erhoben, so dass Interessenten, die zum Ende des Untersuchungszeitraums Informationsmaterial angefordert haben, mit einem Entscheidungshorizont von einem Jahr erfasst worden sind. Für die vollständige Untersuchungskohorte ist zu konstatieren, dass 99,8 % aller Vertragsabschlüsse innerhalb eines Jahres abgeschlossen werden. Vgl. Abbildung 28.

470 Vgl. zur Verwendung von Verweiltiefe und Verweildauer exemplarisch ADAR/HUBERMAN 2000; BUCKLIN/SISMEIRO 2003; JOHNSON et al. 2004; MOE/FADER 2004a; MOE/FADER 2004b; SISMEIRO/BUCKLIN 2004; VAN DEN POEL/BUCKINX 2005; MOE 2006 sowie OLBRICH/HOLSING 2011.

dass sich diese beiden Messansätze im Rahmen der empirischen Untersuchung als zweckdienlich und zielführend erwiesen haben.[471]

Neben diesen Messansätzen mit mehreren Indikatoren beinhaltet das Untersuchungsmodell auch direkt beobachtbare Konstrukte, die jeweils durch einen einzelnen Indikator gemessen und durch diesen vollständig erklärt werden. Als exogene, direkt gemessene Größen enthält das Modell mit der Keywordanzahl, dem Wochenbudget, der Keywordübereinstimmung und dem Gebotsbetrag die wesentlichen unmittelbaren Instrumente der Suchmaschinenwerbekampagne. Als mittelbares, direkt beoabachtbares Konstrukt wird in der Untersuchung die Klickrate berücksichtigt, die im Sinne eines Regelkreises über die Auswahl der Suchworte sowie der Anzeigen beeinflusst werden kann. Der Anzeigenrang sowie die Zahl an Anzeigeneinblendungen, an Klicks, an Konversionen und an Vertragsabschlüssen bilden als endogene, direkt gemessene Konstrukte im Modell die wesentlichen Kennzahlen der Suchmaschinenwerbung ab.

Die fünf Instrumente der Suchmaschinenwerbekampagne beziehen sich jeweils auf eine Untersuchungswoche und werden nachfolgend kurz erläutert. Die Keywordanzahl, das Wochenbudget und die Keywordübereinstimmung dienen dazu, die Zahl an Anzeigeneinblendungen zu erklären. Als Messindikator reflektiert die Keywordanzahl die Summe aller Keywords, die in einer Untersuchungswoche verwendet werden. Das Wochenbudget ergibt sich aus der Summe der verfügbaren Tagesbudgets. Als drittes Instrument zur Erklärung der Zahl an Einblendungen dient die Keywordübereinstimmung. Die Keywordübereinstimmung ist so kodiert, dass mit zunehmender Forderung nach Kongruenz zwischen Suchanfrage und Keyword der Wert der Keywordübereinstimmung steigt. Auch zur Erklärung des Anzeigenranges wird die Keywordübereinstimmung herangezogen. Die Klickrate, definiert als Quotient aus Klickanzahl und Anzeigeneinblendungen, entspricht dem Prozentsatz von angeklickten Suchmaschinenwerbeanzeigen in einer Untersuchungswoche und dient ebenso im Modell als Erklärungsgröße für Positionierung der Anzeige auf der Suchergebnisseite.

---

471 Vgl. hierzu die Ergebnisse in Abschnitt 4.4. und 4.5.

Als weiteres Instrument des Anzeigenranges wurde der maximale Gebotsbetrag in der Woche berücksichtigt.

Die zu erklärenden Kennzahlen und Zielgrößen beziehen sich ebenso auf jeweils eine Untersuchungswoche.[472] Die Zahl an Einblendungen, an Klicks, an Konversionen und an Vertragsabschlüssen repräsentiert jeweils die Summe der tagesbezogenen Daten, die für jeweils eine Untersuchungswoche kumuliert wurden. Der Anzeigenrang pro Untersuchungswoche wurde durch das gewichtete arithmetische Mittel in der Woche berechnet. Ein Überblick über die Kennzahlen der Suchmaschinenwerbung ist der Tabelle in Abbildung 29 zu entnehmen.

Kennzahl	Arithmetisches Mittel	Standardabweichung
Einblendung	130.616	54.450,47
Rang	3,4	0,44
Klick	2.600	1.064,63
Konversion	161	50,26
Vertragsabschluss	17	9,26

Abb. 29: Kennzahlen der Suchmaschinenwerbung pro Woche im Überblick

4.4. Empirische Ergebnisse der Untersuchung

4.4.1. Darstellung der Untersuchungsergebnisse

Nachdem in den vorangegangenen Abschnitten die Datengrundlage der Untersuchung dargelegt wurde, dient der vorliegende Abschnitt der Darstellung der empirischen Untersuchungsergebnisse. Die Ausführungen konzentrieren sich hierbei auf die Beziehungszusammenhänge der in Abschnitt 2.4. formulierten Hypothesen. Die Analyse der einzelnen Untersuchungshypothesen erfolgt gemeinsam mithilfe des in

472 Es sei daran erinnert, dass zur Sicherstellung der zeitlichen Zuordnung die Vertragsabschlüsse auf das Datum der entsprechenden Konversion, also der Anforderung des Informationsmaterials, datiert wurden.

Abschnitt 3.1. vorgestellten Strukturgleichungsmodells. In Abschnitt 4.4.2. wird der Eignung des aufgestellten Untersuchungsmodells nachgegangen, um den unternehmerischen Erfolg, gemessen an der Zahl an Vertragsabschlüssen, zu erklären. Die Ergebnisse tragen neben der Hypothesenprüfung zur Klärung der Fragestellung bei, welchen Einfluss die werblichen Aktivitäten und ihre Parameter auf die Anzahl abgeschlossener Verträge besitzen. In Abschnitt 4.4.3. erfolgt eine erneute Prüfung des Untersuchungsmodells unter Berücksichtigung der Zahl an Konversionen und an Vertragsabschlüssen, die der Suchmaschinenwerbung zugerechnet werden. Auch das Such- und Surfverhalten wird hierbei auf Basis der Suchmaschinenwerbenutzer im Modell berücksichtigt. Dieses Vorgehen dient dazu, abschließend zu untersuchen, ob ein Einfluss von Zeitungsanzeigen auf die Suchmaschinenwerbung existiert, und festzustellen, welchen Beitrag die einzelnen Steuerungsinstrumente der Suchmaschinenwerbung zu dem Ergebnis dieser Maßnahme leisten.

4.4.2. Empirische Ergebnisse auf Basis der Datengrundlage

4.4.2.1. Überblick

Zur Analyse der unterstellten Beziehungen im Rahmen des parallelen Einsatzes von Suchmaschinenwerbung und Zeitungsanzeigen fand das von WOLD vorgestellte Partial Least Squares (PLS)-Verfahren Anwendung.[473] Die erfassten Daten wurden mithilfe von SmartPLS 2.0[474] ausgewertet.[475] Die Ergebnisse dieser varianzbasierten Strukturgleichungsanalyse sind in Abbildung 30 dargestellt.

---

473 Vgl. zum PLS-Verfahren die ursprünglichen Ausführungen in WOLD 1966. Tiefergehende Erläuterungen finden sich z. B. bei CHIN 1998a, CHIN 1998b, GÖTZ/LIEHR-GOBBERS 2004, TENENHAUS et al. 2005 sowie HERRMANN/HUBER/KRESSMANN 2006. Für eine Übersicht zum Einsatz des PLS-Verfahrens im internationalen Marketing vgl. HENSELER/RINGLE/SINKOVICS 2009.

474 Vgl. RINGLE/WENDE/WILL 2005.

475 Vgl. zu einem ausführlichen Vergleich von Programmen zur Analyse varianzbasierter Strukturgleichungsmodelle TEMME/KREIS/HILDEBRANDT 2009.

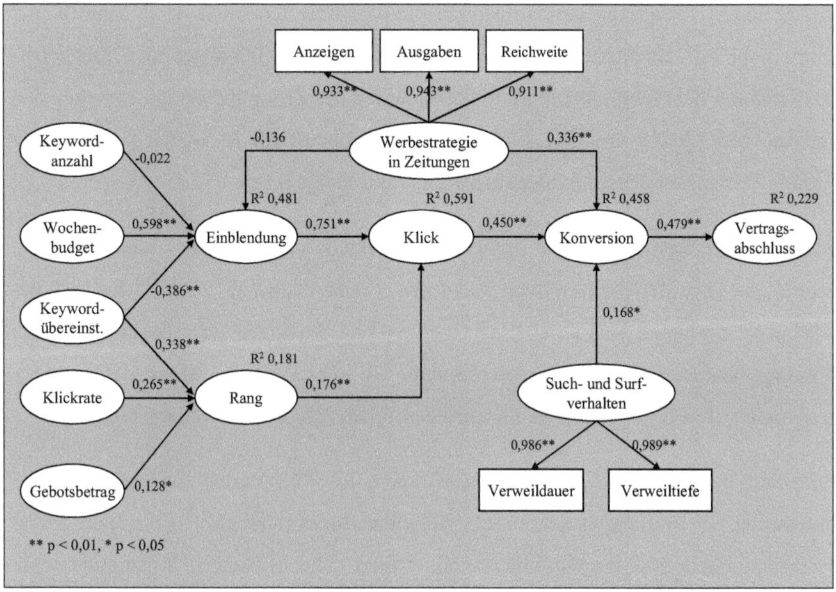

Abb. 30: Modell zum parallelen Einsatz von Suchmaschinenwerbung und Zeitungsanzeigen

Bei den exogenen Konstrukten Keywordanzahl, Wochenbudget, Keywordübereinstimmung, Klickrate und Gebotsbetrag sowie den endogenen Konstrukten Einblendung, Rang, Klick, Konversion und Vertragsabschluss handelt es sich um direkt beobachtbare Konstrukte, d. h. sie werden jeweils durch einen einzelnen Indikator gemessen und durch diesen Indikator vollständig erklärt. Die Messmodellierung erfolgt in diesen Fällen durch Festsetzung des Koeffizienten λ auf den Wert 1 und des Fehlerterms δ bzw. ε auf den Wert 0.[476] Aufgrund dieser einheitlichen Spezifikation wird in Abbildung 30 ohne relevanten Informationsverlust auf die Darstellung dieser Messbeziehungen zugunsten der Übersichtlichkeit verzichtet.

---

476 Vgl. zur Spezifikation von Messmodellen mit nur einem Messindikator und einer kritischen Reflektion dieses Ansatzes z. B. BERGKVIST/ROSSITER 2007; FUCHS/DIAMONTOPOULOS 2009 sowie SARSTEDT/WILCZYNSKI 2009. Für die vorliegende Untersuchung ist anzumerken, dass die Kennzahlen jeweils direkt gemessen wurden.

In Abbildung 30 sind die standardisierten Pfadkoeffizienten sowie deren Signifikanzbeurteilung auf einem Niveau von $\alpha = 0{,}01$ bzw. $\alpha = 0{,}05$ abgebildet. Die Pfadkoeffizienten beziffern den Grad und die Richtung des Zusammenhangs zwischen den verbundenen Modellvariablen. Mit dem Bestimmtheitsmaß R^2 ist auch jeweils der erklärte Varianzanteil eines endogenen Konstruktes angegeben.

Bevor die Interpretation der Ergebnisse erfolgen kann, ist die Modellgüte zu beurteilen. Die Modellbeurteilung dient der Feststellung, ob zuverlässige Schätzergebnisse vorliegen, auf deren Basis verlässliche Aussagen über die untersuchten Zusammenhänge getroffen werden können. An dieser Stelle sei bereits vorweggenommen, dass die Modellgüte als zufriedenstellend angesehen werden kann.

Aufgrund der fehlenden Verteilungsannahmen des PLS-Verfahrens sind inferenzstatistische Überprüfungen nur mittels Hilfsprozeduren möglich.[477] Eine Beurteilung der Messmodelle und des Strukturmodells erfolgt daher anhand nicht-parametrischer Gütekriterien.[478] In Abschnitt 4.4.2.2. wird die Güte der Messmodelle untersucht und Abschnitt 4.4.2.3. dient der Güteprüfung des Strukturmodells. In Abschnitt 4.4.2.4. erfolgt dann eine Feststellung erster Untersuchungsergebnisse.

4.4.2.2. Güteprüfung der Messmodelle

Das Strukturgleichungsmodell in Abbildung 30 enthält mit der Werbestrategie in Zeitungen und dem Such- und Surfverhalten zwei latente Konstrukte, die durch mehr als einen Indikator gemessen werden. Für das Werbeverhalten in Tageszeitungen werden die Zahl an Anzeigen, deren Reichweite und die angefallenen Ausgaben herangezogen. Die Verweildauer und die Verweiltiefe dienen als Indikatoren für das Such- und Surfverhalten auf den Internetseiten des Dienstleistungsunternehmens. Diese beiden reflektiven Messansätze werden im Folgenden anhand von Reliabilitäts- und

---

477 Vgl. CHIN/NEWSTED 1999, S. 314 sowie EBERL 2006, S. 665.

478 Die Validierung des Strukturgleichungsmodells folgt den Ausführungen in Abschnitt 3.3. Vgl. ausführlich zu den Gütekriterien z. B. CHIN 1998b; DIAMANTOPOULOUS/WINKLHOFER 2001; GÖTZ/LIEHR-GOBBERS 2004; RINGLE 2004; TENENHAUS et al. 2005; HERRMANN/HUBER/KRESSMANN 2006 sowie HENSELER/RINGLE/SINKOVICS 2009.

Validitätskriterien überprüft.[479] Den Ausführungen in Abschnitt 3.3.1. folgend werden zur Reliabilitäts- und Validitätsbeurteilung die Inhaltsvalidität, die Indikatorreliabilität, die Konstruktreliabilität, die Konvergenzvalidität und die Diskriminanzvalidität herangezogen, um die Güte der Messmodelle einzuschätzen. Ziel dieser Untersuchung ist zu eruieren, ob die ausgewählten Indikatorvariablen zur Bildung der latenten exogenen Konstrukte geeignet sind.

Zielsetzung der Inhaltsvalidität ist, die Eindimensionalität der Indikatoren zu prüfen. Zur Untersuchung der vorliegenden Konstruktdimensionen wird eine explorative Faktorenanalyse[480] durchgeführt, anhand derer die den Indikatoren zugrunde liegende Faktorstruktur bestimmt wird.[481] In den separat durchgeführten explorativen Faktorenanalysen wurde als Extraktionsmethode die Hauptachsenanalyse eingesetzt und die Zahl der zu extrahierenden Faktoren anhand des Kaiser-Kriteriums[482] bestimmt.

Für die drei Indikatoren, die das Werbeverhalten in Tageszeitungen messen, bestätigt die explorative Faktorenanalyse die unterstellte einfaktorielle Struktur. Der Eigenwert beträgt 2,396. Der Faktor erklärt insgesamt 79,9 % der Varianz der Indikatoren. Anhand des Kaiser-Meyer-Olkin-Kriteriums beträgt der Zusammenhang zwischen den Indikatoren 0,756. Der Bartlett-Test wird hier nicht herangezogen, da die Indikatoren die Voraussetzung der multivariaten Normalverteilung verletzen.[483] Für alle drei

---

479 Vgl. zur Beurteilung reflektiver Messmodelle z. B. GÖTZ/LIEHR-GOBBERS 2004, S. 727 f.; RINGLE 2004, S. 331-333; TENENHAUS et al. 2005, S. 163 f.; RINGLE/SPREEN 2007, S. 212 f. sowie GÖTZ/LIEHR-GOBBERS/KRAFT 2010, S. 694-696.

480 Vgl. für eine Einführung in die Faktorenanalyse z. B. BACKHAUS et al. 2011, S. 329-393 sowie HAIR et al. 2010, S. 91-151. Zum Einsatz der explorativen Faktorenanalyse zur Prüfung reflektiver Messmodelle vgl. z. B. WEIBER/MÜHLHAUS 2010, S. 106-109.

481 Vgl. BOHRNSTEDT 1970, S. 92; GÖTZ/LIEHR-GOBBERS 2004, S. 727 sowie GÖTZ/LIEHR-GOBBERS/KRAFT 2010, S. 694.

482 Die Anzahl der Faktoren ergibt sich nach KAISER aus der Zahl an Faktoren mit einem Eigenwert größer eins. Vgl. KAISER 1974.

483 Die multivariate Normalverteilung wird anhand des Kolmogorov-Smirnov-Tests unter Verwendung der Signifikanzkorrektur nach LILLIEFORS (1967) sowie des Shapiro-Wilk-Tests (SHAPIRO/WILK 1965) jeweils mit einer Wahrscheinlichkeit von $p < 0{,}001$ abgelehnt.

Indikatoren liegen die Werte der Measures of Sampling Adequacy und der Kommunalitäten deutlich über 0,5 (vgl. Abbildung 31). Die explorative Faktorenanalyse bestätigt also die Eindimensionalität der Indikatoren, so dass von Inhaltsvalidität auszugehen ist.

Indikator	Faktor-ladungen	erklärte Varianz	Measures of Sampling Adequacy	Kommunalität
Anzeigen	0,863	79,9 %	0,796	0,745
Ausgaben	0,928		0,718	0,862
Reichweite	0,888		0,762	0,788
Verweildauer	0,975	95,1 %	(0,500)	0,951
Verweiltiefe	0,975		(0,500)	0,951

Abb. 31: Ergebnisse der Prüfung der Inhaltsvalidität

Auch für die Verweildauer und die Verweiltiefe als Indikatoren des Such- und Surfverhaltens wird die Eindimensionalität im Rahmen der explorativen Faktorenanalyse bestätigt. Der Eigenwert des Faktors beträgt 1,901 und erklärt 95,1 % der Varianz der Indikatoren. Das Kaiser-Meyer-Olkin-Kriterium sowie die Measures of Sampling Adequacy liefern im Fall von zwei Variablen immer einen Wert von 0,5, so dass diese Größen hier keinen Aufschluss über die Eignung der Indikatoren geben. Der Bartlett-Test zeigt mit $\chi^2_{appr.}(1) = 359{,}32,\ p < 0{,}001$ aber eine deutliche Ablehnung der Hypothese, dass die beiden Indikatoren aus einer unkorrelierten Grundgesamtheit stammen. Die Kommunalitäten übersteigen mit 0,951 ebenfalls deutlich den geforderten Wert. Die Werte sind Abbildung 31 zu entnehmen. Auch für die Indikatoren des Such- und Surfverhaltens ist die Inhaltsvalidität anzunehmen. Im Folgenden sind nun die tiefer gehenden Reliabilitäts- und Validitätsprüfungen durchzuführen.

Für die Indikatorreliabilität, definiert als Anteil der Indikatorvarianz, der durch das zugrunde liegende latente Konstrukt erklärt wird, wird gefordert, dass mehr als die Hälfte der Indikatorvarianz auf die latente Variable zurückzuführen ist.[484] Die Forderung, dass die Ladungen λ_{ij} Werte größer als 0,7 annehmen sollen,[485] erfüllen alle fünf Indikatorladungen mit Werten zwischen 0,911 und 0,989 deutlich.[486]

Neben der Höhe der Ladung λ_{ij} zwischen latenter Variablen j und manifester Variablen i interessiert vor allem deren Signifikanz.[487] Zur Berechnung der empirischen t-Werte dienen im Rahmen des PLS-Verfahrens sogenannte Resampling-Prozeduren, die dem verteilungsannahmefreien Charakter des Verfahrens Rechnung tragen.[488] In dieser Untersuchung wird zur Beurteilung der Schätzgüte das Bootstrapping eingesetzt, das aufgrund eines geringeren Standardfehlers dem Jackknifing vorzuziehen ist.[489]

Im Rahmen des Bootstrapping-Verfahrens wurden 1.000 Teilstichproben mit einem Umfang, entsprechend der originalen Stichprobe, von 155 Wochen aus dem ursprünglichen Datensatz mit Zurücklegen gezogen, um die empirischen t-Werte zu ermitteln.[490] Die t-Werte der Indikatorladungen sind in Abbildung 32 dargestellt. Alle t-Werte übersteigen deutlich den Mindestwert von 2,35 des einseitigen Tests, so dass alle Indikatoren auf einem Niveau von $\alpha = 0{,}01$ als hochsignifikant bezeichnet werden können.

---

484 Vgl. zu diesem Schwellenwert z. B. GÖTZ/LIEHR-GOBBERS 2004, S. 727.

485 Vgl. RINGLE/SPREEN 2007, S. 212.

486 Vgl. zu diesen Werten Abbildung 30 in Abschnitt 4.4.2.1.

487 Vgl. HULLAND 1999, S. 198.

488 An dieser Stelle sei daran erinnert, dass aufgrund der fehlenden Verteilungsannahmen des PLS-Verfahrens keine direkten inferenzstatistischen Überprüfungen vorgenommen werden können. Vgl. hierzu Abschnitt 3.2. Die fehlenden statistischen Eigenschaften können anhand sogenannter Resampling-Prozeduren ermittelt werden. Vgl. zum Resampling z. B. EFRON 1982 sowie REIMER 2009.

489 Vgl. zur Einschätzung der Resampling-Prozeduren die Ausführungen bei EFRON/GONG 1983, S. 39 f.; EFRON/TIBSHIRANI 1993, S. 145 f.; EFRON 2003, S. 135 ff. sowie HERRMANN/HUBER/KRESSMANN 2006, S. 56.

490 Der empirische t-Wert wird anhand des Quotienten zwischen der ursprünglichen Schätzung eines Parameters und der Schätzung des korrespondierenden Standardfehlers anhand des Bootstrapping ermittelt. Vgl. HENSELER/RINGLE/SINKOVICS 2009, S. 305 f.

Indikator	standardisierte Indikatorladung	Indikator-reliabilität	t-Wert	Signifikanz-niveau
Anzeigen	0,933	0,870	55,33	$p < 0,01$
Ausgaben	0,943	0,889	63,69	$p < 0,01$
Reichweite	0,911	0,830	37,09	$p < 0,01$
Verweildauer	0,986	0,972	464,78	$p < 0,01$
Verweiltiefe	0,989	0,978	643,16	$p < 0,01$

Abb. 32: Indikatorreliabilität

Die Indikatoren der Werbestrategie in Zeitungen sowie die Indikatoren des Surfverhaltens weisen also hohe und signifikante Beziehungen auf, so dass die Realibilität der Indikatoren angenommen werden kann. Auf Ebene der einzelnen Indikatoren wird also die Eignung der Indikatoren zur Konstruktmessung bestätigt.

Neben der Indikatorreliabilität als Maß zur Gütebeurteilung einzelner Indikatoren wird mittels Konstruktreliabilität untersucht, wie gut ein Konstrukt durch die Gesamtheit seiner Indikatoren gemessen wird.[491] Als Maße für die Konstruktreliabilität werden sowohl Cronbachs α[492] als auch Jöreskogs ρ[493] herangezogen. Werte größer als 0,7 werden in der Literatur für beide Gütemaße als akzeptabel angesehen.[494]

Für das Werbeverhalten in Zeitungen ergibt sich ein Cronbachs α von 0,922 und ein Jöreskogs ρ von 0,945. Beide Werte überschreiten also deutlich den geforderten Mindestwert. Mit 0,975 für Cronbachs α und 0,988 für Jöreskogs ρ liegen auch die Werte für das Surfverhalten deutlich über dem Mindestwert von 0,7. Die Konstrukt-

491 Vgl. z. B. CHIN 1998b, S. 320; GÖTZ/LIEHR-GOBBERS 2004, S. 727 f.; RINGLE 2004, S. 331-333; TENENHAUS et al. 2005, S. 164; HENSELER/RINGLE/SINKOVICS 2009, S. 298-300 sowie GÖTZ/LIEHR-GOBBERS/KRAFT 2010, S. 695.

492 Vgl. CRONBACH 1951.

493 Vgl. WERTS/LINN/JÖRESKOG 1974. In der Literatur finden auch die Bezeichnungen interne Konsistenz und Dillon-Goldsteins ρ synonyme Verwendung.

494 Vgl. NUNNALLY 1978, S. 245 sowie HULLAND 1999, S. 199. BAGOZZI/Yi 1988, S. 82 erachten für Jöreskogs ρ auch einen Wert größer als 0,6 als akzeptabel.

reliabilität wird also für beide latenten Variablen bestätigt, so dass auch auf Konstruktebene von der Eignung der Indikatoren zur Messung ihrer respektiven Konstrukte auszugehen ist.

Auch die durchschnittlich erfasste Varianz (DEV) wird zur Untersuchung auf Konstruktebene herangezogen und dient als Maß zur Beurteilung der Konvergenzvalidität.[495] Die durchschnittlich erfasste Varianz, die den durch ein Konstrukt erklärten Varianzanteil seiner Indikatoren misst, soll im Mittel mehr als die Hälfte der Varianz aller Indikatoren durch das zugrunde liegende Konstrukt erklären. Für die durchschnittlich erfasste Varianz wird deshalb ein Schwellenwert größer als 0,5 gefordert.[496]

Die durchschnittlich erfasste Varianz für die Werbestrategie in Zeitungen beträgt 0,863 und für das Surfverhalten ergibt sich ein Wert von 0,976. Beide Konstrukte erklären deutlich mehr als die Hälfte der Varianz ihrer Indikatoren, so dass in beiden Messansätzen Konvergenzvalidität vorliegt.

Anhand der bisher untersuchten Kriterien wurde die isolierte Eignung der beiden Messansätze beurteilt und insgesamt deren Eignung bestätigt. Im Sinne der Diskriminanzvalidität wird abschließend überprüft, ob die Messansätze tatsächlich inhaltlich unterschiedliche Größen messen.[497] Zur Beurteilung der Diskriminanzvalidität werden das Fornell-Larcker-Kriterium und die Kreuzladungen herangezogen.[498]

In Abbildung 33 sind der Diagonalen (in Fettschrift) die Ergebnisse der Wurzelberechnung zu entnehmen. Unter der Diagonalen sind die Korrelationskoeffizienten zwischen den latenten Konstrukten angegeben. Mit einem Wert von 0,929 für das Werbeverhalten in Zeitungen und einem Wert von 0,988 für das Surfverhalten wird

---

495 Vgl. z. B. GÖTZ/LIEHR-GOBBERS/KRAFFT 2010, S. 696.

496 Vgl. FORNELL/LARCKER 1981, S. 46; BAGOZZI/YI 1988, S. 82; CHIN 1998b, S. 321 sowie RINGLE/SPREEN 2007, S. 212.

497 Vgl. GÖTZ/LIEHR-GOBBERS/KRAFFT 2010, S. 696.

498 Vgl. RINGLE/SPREEN 2007, S. 213 sowie BOBOW-THIES/PANTEN 2009, S. 376.

die Diskriminanzvalidität anhand des Fornell-Larcker-Kriteriums für beide Messansätze bestätigt.

latente Variable	Werbestrategie in Zeitungen	Such- und Surfverhalten
Werbestrategie in Zeitungen	**0,929**	-
Such- und Surfverhalten	0,189	**0,988**
Keywordanzahl	-0,236	0,217
Wochenbudget	0,201	0,337
Keywordübereinstimmung	0,195	0,335
Klickrate	-0,055	0,167
Gebotsbetrag	0,015	0,029
Einblendung	0,064	0,483
Rang	-0,140	0,172
Klick	0,005	0,602
Konversion	0,370	0,503
Vertragsabschluss	0,284	0,384

Abb. 33: Diskriminanzvalidität anhand des Fornell-Larcker-Kriteriums

Für die zu prüfenden Indikatoren sind die Korrelationskoeffizienten mit allen latenten Konstrukten in Abbildung 34 angegeben. Die drei Indikatoren, die die Werbung in Zeitungen betreffen, und die zwei Indikatoren des Surfverhaltens bestätigen jeweils deutlich ihre Eignung zur Messung ihrer jeweiligen latenten Größen. Auch anhand der Kreuzladungen ist also von Diskriminanzvalidität der beiden Messansätze auszugehen.

Indikator	latente Variable											
	Werbestrategie in Zeitungen	Surfverhalten	Keywordanzahl	Wochenbudget	Keywordüber-einstimmung	Klickrate	Gebotsbetrag	Einblendung	Rang	Klick	Konversion	Vertragsschluss
Anzeigen	**,972**	,192	-,278	,139	,262	,200	-,028	-,014	-,222	,009	,351	,328
Ausgaben	**,958**	,155	-,122	,221	,204	,084	-,094	,014	-,155	-,003	,332	,377
Reichweite	**,934**	,257	-,069	,164	,213	,094	,062	,101	-,033	,094	,243	,345
Verweildauer	,190	**,986**	,209	,178	,322	,075	-,160	,436	,146	,572	,466	,440
Verweiltiefe	,174	**,987**	,170	,269	,346	,081	-,157	,463	,067	,613	,511	,394

Abb. 34: Diskriminanzvalidität anhand von Kreuzladungen

In diesem Abschnitt wurde die Eignung der beiden reflektiven Ansätze zur Messung der Werbung in Zeitungen und des Surfverhaltens untersucht. Die Gütebeurteilung der Messmodelle erfolgte anhand der Inhaltsvalidität, der Indikatorreliabilität, der Konstruktreliabilität, der Konvergenzvalidität und der Diskriminanzvalidität. Alle Kriterien wurden jeweils deutlich erfüllt. Die gewählten Indikatoren sind also in hohem Maße dazu geeignet, die latenten reflektiven Konstrukte abzubilden.

4.4.2.3. Güteprüfung des Strukturmodells

Nachdem die Beurteilung der Messmodelle eine zuverlässige Schätzung der latenten Modellvariablen aufzeigen konnte,[499] dienen die folgenden Ausführungen der Prüfung des Strukturmodells. Im Einzelnen werden den Ausführungen in Abschnitt 3.3.2. folgend die Pfadkoeffizienten, die Bestimmtheitsmaße R^2, die Effektstärken f^2 und die Stone-Geisser-Werte Q^2 bzw. q^2 beurteilt. Abschließend wird für das vollständige Strukturmodell der Goodness-of-Fit-(GoF-)Index ermittelt.[500]

---

499 Vgl. zur Beurteilung der Messmodelle Abschnitt 4.4.2.2.

500 Vgl. zum GoF-Index TENENHAUS et al. 2005, S. 173.

Die Pfadkoeffizienten werden hinsichtlich ihrer Einflussstärke, Richtung und Signifikanz evaluiert. Zum Vergleich der Einflussstärken werden die standardisierten Pfadkoeffizienten herangezogen. Bei einem Koeffizienten betragsmäßig größer als 0,1 ist diese Beziehung nicht zu vernachlässigen.[501]

Um die Signifikanz der Pfadkoeffizienten zu bestimmen, werden wiederum mittels Resampling-Prozeduren die empirischen t-Werte ermittelt. Zur Berechnung der empirischen t-Werte wurden im Rahmen des Bootstrapping-Verfahrens 1.000 Teilstichproben mit einem Umfang, entsprechend der originalen Stichprobe, von 155 Wochen aus dem ursprünglichen Datensatz mit Zurücklegen gezogen. Abbildung 35 stellt die ermittelten t-Werte und die korrespondierenden Signifikanzniveaus dar. Aufgrund dieses Ergebnisses wird auch die Bewährung bzw. die Ablehnung der formulierten Hypothesen in Abbildung 35 angezeigt.

Die in den Hypothesen 1 und 3 formulierten Zusammenhänge müssen aufgrund der empirischen Untersuchung abgelehnt werden. Für beide Untersuchungshypothesen wird die erwartete Richtung nicht bestätigt und das Ergebnis ist auf einem Signifikanzniveau von $\alpha = 0{,}05$ mit einem kritischen t-Wert in Höhe von 1,96 nicht signifikant. Die restlichen Hypothesen bewähren sich auf Basis der vorliegenden Ergebnisse.

Dass ein Einfluss zwischen den Zeitungsanzeigen und den Einblendungen der Suchmaschinenwerbeanzeigen im Modell nicht nachgewiesen werden konnte, ist u. U. darauf zurückzuführen, dass Anzeigen in Zeitungen nur in geringem Maße auf das ohnehin sehr hohe Niveau an Suchmaschinenwerbeeinblendungen wirken. In Folge dessen könnten die wertmäßig geringen Auswirkungen der Zeitungsanzeigen durch die Schwankungen im Suchverhalten überdeckt werden.

Auch die Keywordanzahl erscheint anhand der vorliegenden Untersuchungsergebnisse kein geeigneter Prädiktor für die Einblendungen der Suchmaschinenwerbung zu sein. Möglicherweise überschneiden sich einzelne Keywords in ihrer Reichweite so, dass sie die Reichweite anderer Keywords überdecken.

---

501 Vgl. LOHMÖLLER 1989, S. 60 sowie SELTIN/KEEVES 1994, S. 4356.

unabhängige Variable	abhängige Variable	Hypothese	Pfadkoeffizient	t-Wert	p-Wert	Bewährung
Werbestrategie in Zeitungen	Einblendung	+ (H1)	-0,136	1,85	n. s.	nein
Werbestrategie in Zeitungen	Konversion	+ (H2)	0,336	5,65	0,01	ja
Keywordanzahl	Einblendung	+ (H3)	-0,022	0,35	n. s.	nein
Wochenbudget	Einblendung	+ (H4)	0,598	8,99	0,01	ja
Keywordübereinstimmung	Einblendung	- (H5)	-0,386	6,93	0,01	ja
Keywordübereinstimmung	Rang	+ (H6)	0,338	6,52	0,01	ja
Klickrate	Rang	+ (H7)	0,265	5,02	0,01	ja
Gebotsbetrag	Rang	+ (H8)	0,128	2,22	0,05	ja
Einblendung	Klick	+ (H9)	0,751	13,78	0,01	ja
Rang	Klick	+ (H10)	0,176	3,83	0,01	ja
Klick	Konversion	+ (H11)	0,450	6,39	0,01	ja
Such- und Surfverhalten	Konversion	+ (H12)	0,168	2,17	0,05	ja
Konversion	Vertragsschluss	+ (H13)	0,479	9,86	0,01	ja

Abb. 35: Ergebnisse der Beziehungen im Strukturmodell

Der Erklärungsgrad des Strukturmodells wird anhand des Bestimmtheitsmaßes R^2 der latenten endogenen Konstrukte bemessen.[502] Als Anteilsgröße kann das Bestimmtheitsmaß Werte von 0 bis 1 annehmen, d. h. je größer das Bestimmtheitsmaß ist, desto höher ist der Anteil der erklärten Varianz an der Gesamtvarianz. Zur Einschätzung der

---

502 Vgl. z. B. CHIN 1998b, S. 316; GÖTZ/LIEHR-GOBBERS 2004, S. 328; RINGLE/SPREEN 2007, S. 214; sowie BOßOW-THIES/PANTEN 2009, S. 376 f.

Bestimmtheitsmaße dient die von CHIN vorgenommene Beurteilung, die Ergebnisse in Höhe von 0,67, 0,33 und 0,19 als ‚substantial', ‚moderate' bzw. ‚weak' einstuft.[503]

Dieser Einstufung folgend zeigen die Bestimmtheitsmaße[504] für die Einblendung ($R^2 = 0,481$), für den Klick ($R^2 = 0,591$) und für die Konversion ($R^2 = 0,458$) einen moderaten bis substanziellen Erklärungsgrad des Modells an. Das Bestimmtheitsmaß für den Rang ($R^2 = 0,181$) liegt dagegen unter dem als schwach eingeschätzten Richtwert von 0,19, während das Bestimmtheitsmaß für den Vertragsabschluss ($R^2 = 0,229$) über diesem Wert liegt.

Unter Berücksichtigung der Tatsache, dass Suchmaschinen vielfältige Faktoren zur Relevanzbewertung und anschließenden Rangbildung kombinieren,[505] erscheint der schwache Erklärungsgrad des Modells für den Rang wenig überraschend. Die drei aus Sicht des Dienstleistungsanbieters unmittelbar beeinflussbaren Größen, die im Rahmen der Relevanzbewertung und Rangbildung herangezogen werden, erklären also 18 % der Varianz in der Anzeigenpositionierung. Zu konstatieren ist, dass weitere, bisher nicht offengelegte Kriterien die Rangbildung bestimmen.

Mit einem Wert von 0,229 stellt das Bestimmtheitsmaß für den Vertragsabschluss ein akzeptables Ergebnis dar, wenn in Erwägung gezogen wird, dass die untersuchte Dienstleistung durch ein hohes Involvement und einen rationalen Entscheidungsprozess geprägt ist.[506] Ohne weitere Erklärungsgrößen einzubeziehen, erklärt allein die Zahl an Konversionen bereits 23 % der Varianz der Vertragsabschlüsse. Beinahe ein Viertel aller Vertragsabschlüsse im Untersuchungszeitraum sind also direkt auf die werblichen Aktivitäten in Zeitungen und in Suchmaschinen zurückzuführen. Indirekte Effekte, wie z. B. durch Weiterempfehlungen, sind hierbei noch unberücksichtigt.

---

503 Vgl. CHIN 1998b, S. 323.

504 Vgl. zu den Bestimmtheitsmaßen Abbildung 30 in Abschnitt 4.4.2.1.

505 Vgl. für eine Übersicht über Ansätze zur Relevanzbewertung und Rangbildung z. B. DOPICHAY 2009.

506 Vgl. Abschnitt 4.2.3. zu den Charakteristika des Untersuchungsgegenstands.

Während das Bestimmtheitsmaß anzeigt, wie stark das Modell die Varianz einer latenten endogenen Variable erklärt, lässt sich mithilfe der sogenannten Effektstärke f^2 untersuchen, ob eine unabhängige latente Variable einen signifikanten Einfluss auf eine abhängige latente endogene Variable ausübt.[507] Die Effektstärke f^2 gibt an, wie stark sich das Bestimmtheitsmaß einer abhängigen latenten Variable ändert, wenn ein latentes Konstrukt nicht Teil der Modellschätzung ist.

Hohe Werte weisen darauf hin, dass die unabhängige Variable einen relevanten Beitrag zur Erklärung der abhängigen Größe liefert. Die f^2-Werte 0,02, 0,15 und 0,35 dienen als Richtwerte, ob eine unabhängige Variable einen ‚small', ‚medium' oder ‚large' Einfluss auf ein abhängiges Konstrukt ausübt.[508] In Abbildung 36 sind die Effektstärken f^2 für die vorliegende Untersuchung angegeben.

Der Beitrag der drei latenten endogenen Konstrukte Gebotsbetrag, Klickrate und Keywordübereinstimmung fällt zur Erklärung des Anzeigenranges mit Werten von 0,084, 0,020 und 0,138, entsprechend der in Abschnitt 3.3.2. angeführten Richtwerte, gering aus. Anhand der Effektstärke können diese drei Konstrukte in eine Reihenfolge zur Erklärung des Anzeigenranges gebracht werden. Für den Untersuchungsgegenstand zeigt sich also, dass die Klickrate am wenigsten und die Keywordübereinstimmung am ehesten zur Erklärung des Anzeigenranges beiträgt. Dieses Teilergebnis stimmt mit den bisherigen Analysen der Pfadkoeffizienten sowie des Bestimmtheitsmaßes überein.

Auch für die unabhängigen latenten Variablen, die im Modell die Werbeeinblendung erklären, werden die bisherigen Ergebnisse bestätigt. Mit $f^2 = 0{,}001$ zeigt die Keywordanzahl keinen wesentlichen und das Printverhalten mit $f^2 = 0{,}031$ lediglich einen geringen Einfluss auf die Einblendungen. Dagegen weisen die Keyword-

507 Die Effektstärke wurde von COHEN 1988, S. 8-14 als Kriterium vorgeschlagen. Vgl. zur Effektstärke CHIN 1998b, S. 316 sowie die Ausführungen in Abschnitt 3.3.2.

508 CHIN 1998b, S. 317 gibt diese Richtwerte in Anlehnung an COHENS 1988, S. 477 f. Einteilung im Rahmen der multiplen Regression an. Kritisch anzumerken ist, dass die Richtwerte abhängig vom Forschungsgebiet zu beurteilen sind. Da COHEN diese Einteilung für verhaltenswissenschaftliche Untersuchungen aufgestellt hat, finden diese auch im Marketing weite Anwendung.

übereinstimmung und das Wochenbudget mit einer Effektstärke von 0,266 bzw. 0,644 einen moderaten bzw. großen Einfluss auf.

unabhängige Variable	**abhängige Variable**			
	Einblendung	**Rang**	**Klick**	**Konversion**
Werbestrategie in Zeitungen	0,031	-	-	0,197
Keywordanzahl	0,001	-	-	-
Wochenbudget	0,651	-	-	-
Keywordübereinstimmung	0,269	0,138	-	-
Klickrate	-	0,084	-	-
Gebotsbetrag	-	0,020	-	-
Such- und Surfverhalten	-	-	-	0,031
Einblendung	-	-	1,376	-
Rang	-	-	0,076	-
Klick	-	-	-	0,233

Abb. 36: Effektstärken der latenten Variablen

Ein Vergleich der Effektstärken des Anzeigenranges und der Anzeigeneinblendung als Erklärungsgrößen des Klickverhaltens zeigt einen dominanten Beitrag der Anzeigeneinblendung. Mit einer Effektstärke $f^2 = 1{,}376$ beeinflusst die Anzeigeneinblendung im erheblichen Maße das Klickverhalten, während der Anzeigenrang mit einem Wert von $f^2 = 0{,}076$ einen deutlich geringeren Einfluss hat. Für eine Dienstleistung, die insbesondere durch hohes Involvement und einen rationalen Entscheidungsprozess gekennzeichnet ist, erscheint dieses Ergebnis plausibel, da ein Interessent für diese Dienstleistung durchaus eine erhöhte Suchbereitschaft aufweisen dürfte. Interessenten dürften zumindest die Ergebnisse auf der ersten Suchergebnisseite miteinander vergleichen.[509]

Zur Erklärung der Konversionen ergeben sich für das Werbeverhalten in Zeitungen, das Surfverhalten und die Klickanzahl Effektstärken von 0,197, 0,031 und 0,229. Die beiden Werbemedien zeichnen sich also jeweils für einen moderaten Einfluss verantwortlich, während die Such- und Surfintensität auf der Unternehmenswebseite einen geringeren Erklärungsbeitrag liefert.

Die Effektstärken liefern insgesamt ein akzeptables Bild zum Erklärungsgrad der einzelnen unabhängigen Variablen. Für die im Modell untersuchten komplexen Zusammenhänge stellen die ermittelten Effektstärken ein zufriedenstellendes Ergebnis dar. Lediglich die Keywordanzahl weist keinen wesentlichen Beitrag zur Erklärung der Anzeigeneinblendungen auf. Aufgrund der Untersuchung des entsprechenden Pfadkoeffizienten ist dieses Ergebnis bereits zu erwarten gewesen.

Die Generalisierbarkeit der Ergebnisse wird anhand der Prognosegüte der Modellparameter analysiert, die sich mittels des sogenannten Stone-Geisser-Kriteriums Q^2 bestimmen lässt.[510] Für den Fall, dass die Modellparameter die ausgelassenen Daten besser prognostizieren als die Vergleichsschätzung auf Basis der Mittelwerte, liegt der Wert für das Stone-Geisser-Kriterium Q^2 über 0, so dass für das Modell eine hinreichende Prognoserelevanz angenommen wird.[511]

---

509 Aktuelle Ergebnisse zeigen, dass lediglich die ersten Suchergebnisseiten inspiziert werden. Vgl. hierzu die Ausführungen sowie die herangezogene Literatur in Abschnitt 2.3.3. Auf der ersten Suchergebnisseite wurde die Mehrzahl der Werbeanzeigen des Unternehmens geschaltet. Vgl. hierzu in Abschnitt 4.3. die durchschnittlichen Mittelwerte sowie deren Standardabweichungen in der Übersicht in Abbildung 29.

510 Zur Schätzung der Prognoserelevanz findet nach einem Vorschlag von WOLD 1982, S. 30 das von STONE und GEISSER parallel entwickelte Kriterium auf Basis des Blindfolding Anwendung. Vgl. STONE 1974 sowie GEISSER 1974 und 1975.

511 Vgl. u. a. FORNELL/CHA 1994, S. 73; CHIN 1998b, S. 318 sowie HERRMANN/HUBER/KRESSMANN 2006, S. 58.

Zur Berechnung der Q^2-Werte wurde die Blindfolding-Prozedur[512] mit einem Auslassungsabstand von 7 herangezogen.[513] Abbildung 37 stellt die resultierenden Q^2-Werte dar. Alle Werte liegen deutlich über 0, so dass für die latenten endogenen Konstrukte eine verlässliche Prognoserelevanz anzunehmen ist.

	Einblendung	**Rang**	**Klick**	**Konversion**	**Vertrags-abschluss**
Stone-Geisser Q^2	0,476	0,181	0,588	0,453	0,218

Abb. 37: Konstruktbezogene Stone-Geisser-Werte Q^2

In Anlehnung an die Effektstärke können die Veränderungen der Q^2-Werte herangezogen werden, um die Prognosestärke einzelner Beziehungen im Strukturmodell zu evaluieren. Hierzu werden die Q^2-Werte eines latenten Konstruktes sowohl unter Einschluss einer latenten Variablen als auch unter Ausschluss dieser Variablen bestimmt.

Der pfadbezogene Stone-Geisser-Wert q^2 stellt also ein Maß dar, das sich eignet, um den relativen Prognoseeinfluss einer latenten Variable auf ein latentes endogenes Konstrukt zu untersuchen. Die Beurteilung der q^2-Werte orientiert sich dabei an den gleichen Richtwerten, die auch für die Effektstärke herangezogen werden. Werte von 0,02, 0,15 und 0,35 zeigen also an, ob eine latente Variable eine geringe, mittlere oder substanzielle Prognoserelevanz besitzt.[514] In Abbildung 38 sind die pfadbezogenen Stone-Geisser-Werte q^2 für die vorliegende Untersuchung angegeben.

---

512 Vgl. zu den Grundlagen der Blindfolding-Prozedur STONE 1974 und GEISSER 1974; 1975. Für einen kurzen Überblick zum Ablauf des Blindfolding vergleiche z. B. CHIN 1998b, S. 317 sowie TENENHAUS et al. 2005, S. 174-176.

513 Der Auslassungsabstand D = 7 stimmt mit dem Vorschlag WOLDS 1982, S. 33 überein, eine Primzahl zu wählen, und liegt im Bereich zwischen 5 und 10, der von CHIN 1998b, S. 318 empfohlen wird. Auch erfüllt D = 7 das Kriterium nach RINGLE/SPREEN 2007, S. 215, kein ganzzahliger Teiler der Stichprobengröße N = 155 zu sein.

514 Vgl. zu den Richtwerten z. B. CHIN 1998b, S. 317 sowie RINGLE/SPREEN 2007, S. 215.

unabhängige Variable	abhängige Variable			
	Einblendung	Rang	Klick	Konversion
Werbestrategie in Zeitungen	0,021	-	-	0,189
Keywordanzahl	0,001	-	-	-
Wochenbudget	0,629	-	-	-
Keywordübereinstimmung	0,270	0,137	-	-
Klickrate	-	0,085	-	-
Gebotsbetrag	-	0,022	-	-
Such- und Surfverhalten	-	-	-	0,031
Einblendung	-	-	1,359	-
Rang	-	-	0,076	-
Klick	-	-	-	0,224

Abb. 38: Pfadbezogene Stone-Geisser-Werte q^2

Die pfadbezogenen Stone-Geisser-Werte bestätigen die bisherigen Ergebnisse. Insbesondere entsprechen Stärke und Reihenfolge der relativen Prognosestärken den Resultaten der Effektstärkenuntersuchung.

Zur Beurteilung des Gesamtmodells wird der sogenannten Goodness-of-Fit-(GoF-) Index berechnet, der die Güte der Messmodelle und des Strukturmodells gleichzeitig berücksichtigt.[515] Als Grenzwerte für einen geringen, mittleren und großen GoF-Index werden 0,1, 0,25 und 0,36 vorgeschlagen.[516] Der GoF-Index für das Modell beträgt

515 Der GoF-Index stellt aufgrund der partiellen Optimierung des PLS-Verfahrens lediglich einen anwendungsorientierten Ansatz zur globalen Modellvalidierung dar. Vgl. TENENHAUS et al. 2005, S. 173.

516 Diese Werte werden von WETZELS/ODEKERKEN-SCHRÖDER/VAN OPEN 2009, S. 187 aus dem Fornell-Larcker-Kriterium (FORNELL/LARCKER 1981) und COHENs Einteilung bzgl. des Bestimmtheitsmaßes (COHEN 1988) abgeleitet.

0,59, so dass auch bei einer zusammenfassenden Beurteilung eine akzeptable Modellanpassung angenommen werden kann.

4.4.2.4. Diskussion der Untersuchungsergebnisse

Anhand der Beurteilung der Messmodelle sowie des Strukturmodells ist von einer zufriedenstellenden Modellgüte auszugehen, um den parallelen Einsatz von Anzeigen in Suchmaschinen und in Zeitungen zu untersuchen. Die unterstellten Beziehungen haben sich im Rahmen der Untersuchung weitestgehend bewährt. Lediglich die Keywordanzahl und die Printmaßnahmen zeigen jeweils keinen signifikanten Einfluss auf die Zahl an Einblendungen der Suchmaschinenwerbung, so dass die Hypothesen 1 und 3 abzulehnen sind.[517] Zur Erklärung der endogenen Modellvariablen werden die Untersuchungsergebnisse nachfolgend zunächst partiell betrachtet, bevor im Anschluss eine zusammenfassende Würdigung der Ergebnisse erfolgt.

Die Anzahl der Suchmaschinenwerbeeinblendungen wird insbesondere durch das Wochenbudget und den Grad der Keywordübereinstimmung bestimmt. Diese beiden Instrumente erklären einen wesentlichen Anteil der Schwankungen der Werbeeinblendungen. Die Varianz der Werbeeinblendungen wird zu 48,1 % durch das gesamte Modell erklärt. Wie bereits angeführt, zeigen die Keywordanzahl und die Printmaßnahmen keinen signifikanten Einfluss auf die Einblendungen der Suchmaschinenwerbeanzeige.

Dass die Keywordanzahl keinen signifikanten Erklärungsbeitrag leistet, ist möglicherweise darauf zurückzuführen, dass sich einzelne Keywords in ihrer Reichweite überschneiden und so die Reichweite anderer Keywords überdecken. In diesem Zusammenhang ist zukünftig zu prüfen, ob alternativ nicht die Zahl an unterschiedlichen Wörtern oder an verschiedenen Wortfeldern angemessenere Indikatoren darstellen,[518] um die Anzahl der Anzeigeneinblendungen auf der Suchmaschinenergebnisseite zu schätzen.

---

[517] Vgl. hierzu in Abschnitt 4.4.2.3. Abbildung 35.

[518] Einen Ansatz zur semantischen Schätzung von Suchwortfeldern stellen jüngst RUTZ/TRUSOV/BUCKLIN 2011 vor.

Ein Einfluss zwischen den Zeitungsanzeigen und der Zahl an Suchmaschinenwerbeeinblendungen konnte im Modell ebenfalls nicht nachgewiesen werden. Anzeigen in Zeitungen wirken u. U. nur in geringem Maße auf das ohnehin sehr hohe Niveau der Suchmaschinenwerbeeinblendungen, so dass diese wertmäßig geringen Auswirkungen der Zeitungsanzeigen durch die Schwankungen im Suchverhalten überdeckt werden.

Alle Hypothesen zur Erklärung des Anzeigenranges bewähren sich im Rahmen dieser Untersuchung. Der Grad der Keywordübereinstimmung, die Klickrate und der Gebotsbetrag werden somit als Faktoren bestätigt, die die Positionierung der Werbeanzeigen bestimmen. Diese drei Einflussfaktoren erklären mit 18,1 % einen geringen Anteil der Varianz des Anzeigenranges. Da die Algorithmen zur Relevanzbewertung und anschließenden Rangbildung der Suchmaschinen eine Vielzahl weiterer, teilweise nicht offengelegter Faktoren bei unterschiedlicher Gewichtung beinhalten, stellt dieses Ergebnis bereits einen wesentlichen Beitrag zur Erklärung der Anzeigenpositionierung dar. Der Suchmaschinenanbieter Google hat in jüngster Vergangenheit begonnen, seinen kontrovers diskutierten Qualitätsfaktor für Keywords anzugeben, die in den Suchmaschinenwerbekampagnen eines Werbetreibenden eingesetzt werden. Für Untersuchungen, die sich insbesondere mit der Werbeschaltung bei diesem Suchmaschinenanbieter befassen, könnte der Qualitätsfaktor neben den hier identifizierten Faktoren eine weitere, geeignete Erklärungsgröße sein.

Die Schwankungen in der Klickanzahl werden zu 59,1 % durch die Anzeigeneinblendungen und den Anzeigenrang erklärt. Ein Vergleich der standardisierten Pfadkoeffizienten zeigt, dass mit einem hochsignifikanten Koeffizienten in Höhe von 0,751 die Anzeigeneinblendungen im erheblichen Maße die Schwankungen der Klickanzahl beeinflussen, während der Anzeigenrang mit einem hochsignifikanten Wert von 0,176 einen deutlich geringeren Effekt ausübt. Dieses Resultat erscheint für eine Dienstleistung, die insbesondere durch ein hohes Involvement und einen rationalen Entscheidungsprozess gekennzeichnet ist, plausibel, da ein Interessent für diese Dienstleistung einen erhöhten Suchaufwand auf sich nehmen dürfte, d. h. sich z. B. nicht auf die jeweils ersten Ergebnisse zu beschränken.

Die Varianz der Konversionsanzahl kann zu 45,8 % im Modell aufgedeckt werden, d. h. beinahe die Hälfte dieser Schwankungen lässt sich durch die Werbemaßnahmen und das Verhalten auf den Unternehmenswebseiten erklären. Mit einem standardisierten Pfadkoeffizienten von 0,168 zeigt das Such- und Surfverhalten der Interessenten im Vergleich zu den Werbemaßnahmen den schwächsten Einfluss. Ein Großteil der Konversionen ist dagegen auf die Suchmaschinenwerbekampagne (0,450) und in einem etwas geringeren Maße auf die Zeitungsanzeigen (0,336) zurückzuführen. Dieses Ergebnis stimmt auch mit der Verteilung der Informationsanfragen im Untersuchungszeitraum überein.[519]

Ohne weitere Einflussfaktoren zu berücksichtigen, sind bereits 22,9 % aller Vertragsabschlüsse auf die Zahl an Informationsanfragen zurückzuführen. Zur Beantwortung der Frage, welchen Beitrag die einzelnen exogenen Instrumente leisten, um die Varianz der Vertragsabschlüsse zu erklären, werden im Folgenden die Totaleffekte der exogenen Größen auf die Zahl der Vertragsabschlüsse herangezogen. Die Totaleffekte ergeben sich als Produkt aller Pfadkoeffizienten, die als zusammengesetzter Pfad vom exogenen Konstrukt hin zum Zielkonstrukt Vertragsabschluss führen. Existieren mehrere Pfade von einem Konstrukt zum Zielkonstrukt, wie z. B. für die Keywordübereinstimmung, sind all diese Wege zu berechnen und anschließend zu summieren. Die resultierenden Totaleffekte in Bezug auf die Zahl an Vertragsabschlüssen sind Abbildung 39 zu entnehmen.

Ein Vergleich der Totaleffekte, die die Instrumente der Suchmaschinenwerbekampagne mit den Vertragsabschlüssen in Beziehung setzen, zeigt, dass das Wochenbudget im Untersuchungszeitraum den betragsmäßig stärksten Einfluss auf die Vertragsabschlüsse besitzt. Dieser Einfluss dürfte im Rahmen der Suchmaschinenwerbung allgemein dann vorhanden sein, wenn das Werbebudget restringierend wirkt, d. h. auch bei Änderung nahezu vollständig ausgeschöpft wird. Den zweitstärksten Einfluss besitzt der Grad an Keywordübereinstimmung. Für die Keywordübereinstimmung

519 Vgl. zur Verteilung der Informationsanfragen die Ausführungen in Abschnitt 4.2.1. und insbesondere Abbildung 23.

stimmung offenbart der Totaleffekt, dass der Einfluss auf die Zahl an Vertragsabschlüssen insgesamt negativ ausfällt. Der negative Effekt zwischen Keywordübereinstimmung und Anzeigeneinblendung dominiert also die positive Wirkung der Keywordübereinstimmung auf die Anzeigenpositionierung. Die Klickrate und der Gebotsbetrag als direkte Instrumente der Suchmaschinenwerbekampagne beeinflussen in absteigender Reihenfolge die Zahl an Vertragsabschlüssen. Die Keywordanzahl wird hier nicht weiter berücksichtigt, da sich der Pfad in Übereinstimmung mit den bisherigen Ergebnissen als nicht signifikant erwies.

	Variable	Totaleffekt	t-Wert	Signifikanzniveau
exogene Größe	Werbestrategie in Zeitungen	0,139	4,132	p < 0,01
	Keywordanzahl	-0,004	0,347	n. s.
	Wochenbudget	0,097	4,188	p < 0,01
	Keywordübereinstimmung	-0,050	3,014	p < 0,01
	Klickrate	0,010	2,104	p < 0,05
	Gebotsbetrag	0,005	1,902	p < 0,10
	Such- und Surfverhalten	0,080	2,022	p < 0,05
endogene Größe	Einblendung	0,162	5,303	p < 0,01
	Rang	0,038	3,135	p < 0,01
	Klick	0,216	5,800	p < 0,01
	Konversion	0,479	9,861	p < 0,01

Abb. 39: Totaleffekte in Bezug auf die Zahl an Vertragsabschlüssen

Für einen Vergleich der beiden Werbemaßnahmen wäre für die Suchmaschinenwerbung der Zusammenhang zwischen Klickanzahl und Zahl an Vertragsabschlüssen heranzuziehen, um alle Effekte der Suchmaschinenwerbung, wie z. B. im Modell nicht berücksichtigter Einflussgrößen, einzubeziehen. Kritisch anzumerken ist, dass dieser Zusammenhang auch den im Modell unterstellten Effekt der Zeitungsanzeigen auf die

Anzeigeneinblendungen der Suchmaschinenwerbung beinhaltet. Aus diesem Grund bietet sich anhand von Totaleffekten ein Vergleich von Zeitungsanzeigen und Suchmaschinenwerbung nicht an.

Die Reihenfolge der Steuerungsinstrumente der Suchmaschinenwerbung bezieht sich bisher auf alle Konversionen und Vertragsabschlüsse. Auch unter Berücksichtigung der Konversionen und Vertragsabschlüsse, die ausschließlich auf die Suchmaschinenwerbung zurückzuführen sind, ist anzunehmen, dass diese Reihenfolge unverändert bleibt, da alle Instrumente am Ende ihrer Wirkungskette durch die gleichen Beziehungen beeinflusst werden. Allerdings ist ein insgesamt wertmäßig stärkerer Effekt zu erwarten, da so ein direkter Zusammenhang der Input- und Outputgrößen der Suchmaschinenwerbung abgebildet wird.

Eine weitere Motivation zur Analyse des Modells unter Berücksichtigung der Konversionen und Vertragsabschlüsse, die direkt durch die Suchmaschinenwerbung hervorgerufen werden, liegt in der weiterhin offenen Frage begründet, ob ein Zusammenhang zwischen Print- und Suchmaschinenwerbung existiert. In der bisherigen Untersuchung konnte kein direkter Einfluss der Zeitungsanzeigen auf die Einblendungen der Suchmaschinenwerbeanzeige nachgewiesen werden. Mit dem hochsignifikanten Einfluss der Zeitungsanzeigen auf die Gesamtzahl an Konversionen ist jedoch ungeklärt, ob dieser Einfluss ausschließlich auf die direkt durch die Printmaßnahmen hervorgerufenen Konversionen zurückzuführen ist. Sofern auch ein indirekter Zusammenhang zwischen Zeitungsanzeigen und den Konversionen aus der Suchmaschinenwerbung auszuschließen ist, wäre ein Einfluss der Zeitungsanzeigen auf die Suchmaschinenwerbung im Rahmen dieser Untersuchung abzulehnen und insgesamt ein neutraler Zusammenhang dieser beiden Werbemaßnahmen zu konstatieren.

Im folgenden Abschnitt wird dieser Zusammenhang unter Berücksichtigung der Konversionen und Vertragsabschlüsse, die ausschließlich auf die Suchmaschinenwerbung zurückzuführen sind, untersucht.

4.4.3. Empirische Ergebnisse auf Basis der Suchmaschinenwerbedaten

4.4.3.1. Überblick

Auf Basis des umfassenden Datensatzes zeigte die empirische Analyse in Abschnitt 4.4.2., dass die Zeitungsanzeigen keinen signifikanten Einfluss auf die Einblendungen der Suchmaschinenwerbeanzeigen hatten. Der erwartete Einfluss dieser Anzeigen auf die Zahl an Konversionen wurde jedoch bestätigt. Um die Frage nach dem Zusammenhang zwischen Printmaßnahmen und Suchmaschinenwerbung abschließend zu klären, ist im Folgenden zu prüfen, ob dieser Einfluss lediglich auf den Anteil an Konversionen zurückzuführen ist, der den Zeitungsanzeigen zugeordnet wurde. Zu diesem Zweck erfolgt eine erneute Modellrechnung auf Basis der Konversionen, die direkt der Suchmaschinenwerbung zugerechnet wurden. Die Zahl an Vertragsabschlüssen sowie das Such- und Surfverhalten wurden ebenso an die Gruppe der Suchmaschinenwerbenutzer angepasst.

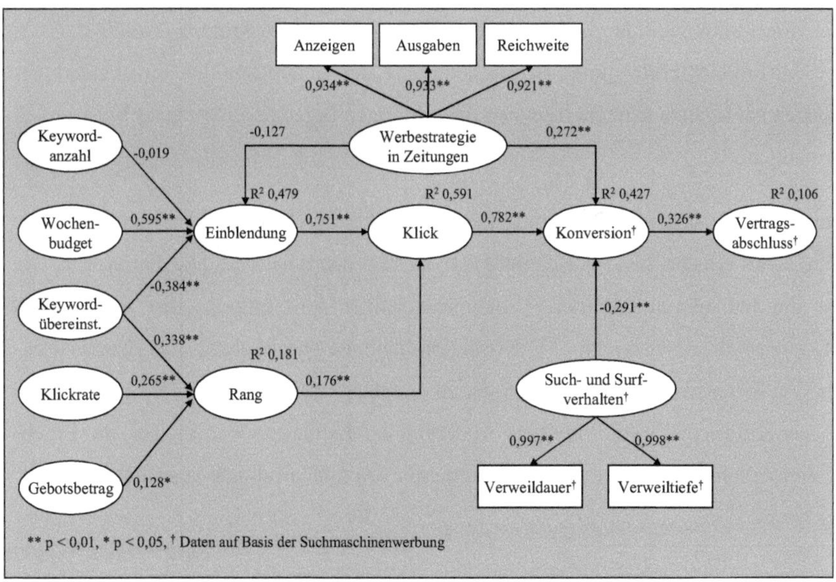

Abb. 40: Modell zum parallelen Einsatz von Anzeigen in Suchmaschinen und in Zeitungen unter Berücksichtigung der Nutzer der Suchmaschinenwerbung

Bis auf diese Auswahl bleibt der Aufbau und die Struktur der Daten entsprechend Abschnitt 4.3. unverändert. Das Ergebnis der PLS-Analyse ist in Abbildung 40 dargestellt. Abbildung 40 enthält wiederum die standardisierten Pfadkoeffizienten und die Bestimmtheitsmaße der latenten endogenen Konstrukte.

In den folgenden Abschnitten wird das Modell entsprechend der Vorgehensweise in Abschnitt 3.3. einer Güteprüfung unterzogen. In Abschnitt 4.4.3.2. erfolgt die Prüfung der Messmodelle und in Abschnitt 4.4.3.3. wird das Strukturmodell untersucht. Eine Inspektion der Ergebnisse erfolgt dann in Abschnitt 4.4.3.4., wobei insbesondere die Abweichungen zum vollständigen Modell im Fokus der Betrachtung stehen.

4.4.3.2. Güteprüfung der Messmodelle unter Berücksichtigung der Nutzer der Suchmaschinenwerbung

Die Güteprüfung der Messmodelle erfolgt analog zu Abschnitt 3.3.1. sowie den Ausführungen in Abschnitt 4.4.2.2. anhand der Inhaltsvalidität, der Indikatorreliabilität, der Konstruktreliabilität, der Konvergenzvalidität und der Diskriminanzvalidität.[520] Da die Messmodellierung unter Berücksichtigung der Zeitungsgrößen unverändert geblieben ist, ist anzunehmen, dass sich die bisherigen Ergebnisse für dieses Messmodell bestätigen.

Der Grad, zu dem die Bedeutung des Konstrukts durch die Indikatoren abgebildet wird, wird entsprechend Abschnitt 3.3.1. anhand der Inhaltsvalidität untersucht. Die für die Indikatoren geforderte Eindimensionalität wird mittels einer explorativen Faktorenanalyse untersucht. Als Extraktionsmethode wurde erneut die Hauptachsenanalyse herangezogen und die Zahl der zu extrahierenden Faktoren wurde anhand des Kaiser-Kriteriums bestimmt. Ohne Änderung der Zeitungsgrößen bleiben die Ergebnisse folglich unverändert,[521] so dass weiterhin von Inhaltsvalidität auszugehen ist.

---

520 Vgl. zu diesem Vorgehen z. B. CHIN 1998b, S. 316-321; GÖTZ/LIEHR-GOBBERS 2004, S. 727 f.; RINGLE 2004, S. 331-333; TENENHAUS et al. 2005, S. 163 f.; HENSELER/RINGLE/SINKOVICS 2009, S. 298-300 sowie GÖTZ/LIEHR-GOBBERS/KRAFT 2010, S. 694-696.

521 Vgl. zu diesen Ergebnissen Abschnitt 4.4.2.2. sowie Abbildung 31.

Die Inhaltsvalidität wird auch für die Verweildauer und die Verweiltiefe, die das Such- und Surfverhalten der Nutzer von Suchmaschinenwerbung reflektieren, bestätigt. Der Eigenwert des Faktors beträgt 1,979 und erklärt 99,0 % der Varianz der Indikatoren. Das Kaiser-Meyer-Olkin-Kriterium sowie die Measures of Sampling Adequacy können im Fall von zwei Variablen keinen Aufschluss über die Eignung dieser Indikatoren geben, da diese Kriterien immer einen Wert von 0,5 annehmen. Dass die beiden Indikatoren aus einer unkorrelierten Grundgesamtheit stammen, ist anhand des Bartlett-Tests $\chi^2_{appr.}(1) = 600{,}83,\ p < 0{,}001$ signifikant abzulehnen. Da auch die Kommunalitäten mit 0,990 deutlich den geforderten Wert übersteigen, ist auch für die Indikatoren des Such- und Surfverhaltens unter Nutzung der Suchmaschinenwerbung von Inhaltsvalidität auszugehen. Die Ergebnisse der Faktorenanalyse sind Abbildung 41 zu entnehmen.

Indikator	**Faktor-ladungen**	**erklärte Varianz**	**Measures of Sampling Adequacy**	**Kommunalität**
Verweildauer	0,995	99,0 %	(0,500)	0,990
Verweiltiefe	0,995		(0,500)	0,990

Abb. 41: Ergebnisse der Prüfung der Inhaltsvalidität

Die Indikatorreliabilität wird anhand der Indikatorladungen sowie deren Signifikanz beurteilt. Die Indikatorladungen übersteigen mit Werten zwischen 0,921 und 0,998 die geforderte Schwelle von 0,7 deutlich. Mehr als die Hälfte der Indikatorvarianz ist somit auf die jeweilige latente Variable zurückzuführen. Zur Ermittlung der empirischen t-Werte wurden im Rahmen des Bootstrapping-Verfahrens 1.000 Teilstichproben von 155 Wochen aus dem angepassten Datensatz mit Zurücklegen gezogen. Die resultierenden Werte sind Abbildung 42 zu entnehmen. Alle t-Werte übersteigen deutlich den Mindestwert von 2,33, so dass alle Indikatoren auf einem Niveau von $\alpha = 0{,}01$ als hochsignifikant bezeichnet werden können. Da alle Indikatoren des Werbeverhaltens in Zeitungen sowie die Indikatoren des Surfverhaltens hohe und signifikante Werte aufweisen, wird auf Ebene der einzelnen Indikatoren deren Eignung zur Konstruktmessung bestätigt.

Indikator	standardisierte Indikatorladung	Indikator-reliabilität	t-Wert	Signifikanz-niveau
Anzeigen	0,934	0,872	24,45	$p < 0{,}01$
Ausgaben	0,933	0,870	27,34	$p < 0{,}01$
Reichweite	0,921	0,848	22,55	$p < 0{,}01$
Verweildauer	0,997	0,994	1832,16	$p < 0{,}01$
Verweiltiefe	0,998	0,996	2333,89	$p < 0{,}01$

Abb. 42: Indikatorreliabilität unter Berücksichtigung der Suchmaschinendaten

Wie gut ein Konstrukt durch die Gesamtheit seiner Indikatoren gemessen wird, wird entsprechend den Ausführungen in Abschnitt 3.3.1. mittels der Konstruktreliabilität untersucht. Als Maß für die Konstruktreliabilität werden Cronbachs α und Jöreskogs ρ berechnet. Für das Werbeverhalten in Zeitungen ergibt sich Cronbachs α zu 0,922 und Jöreskogs ρ zu 0,950. Beide Werte überschreiten also deutlich den geforderten Mindestwert von 0,7. Mit 0,995 für Cronbachs α und 0,998 für Jöreskogs ρ liegen auch die Werte für das Surfverhalten deutlich über diesem Mindestwert. Für beide latenten Variablen wird die Konstruktreliabilität bestätigt, so dass auch auf Konstruktebene von der Eignung der Indikatoren zur Messung ihrer Konstrukte auszugehen ist.

Die durchschnittlich erfasste Varianz (DEV) wird ebenfalls auf Konstruktebene untersucht und dient als Maß zur Beurteilung der Konvergenzvalidität. Da im Mittel mehr als die Hälfte der Varianz aller Indikatoren durch das zugrunde liegende Konstrukt erklärt werden soll, wird für die durchschnittlich erfasste Varianz ein Wert von größer als 0,5 gefordert. Die durchschnittlich erfasste Varianz für die Werbestrategie in Zeitungen beträgt 0,864 und für das Surfverhalten berechnet sich ein Wert von 0,995. Beide Konstrukte erklären also deutlich mehr als die Hälfte der Varianz ihrer

Indikatoren, so dass für beide Messansätze Konvergenzvalidität angenommen werden kann.

Mit dem Kriterium der Diskriminanzvalidität soll abschließend beurteilt werden, ob die Messansätze tatsächlich unterschiedliche Größen messen. Zu diesem Zweck erfolgt anhand des Fornell-Larcker-Kriteriums und der Kreuzladungen ein Vergleich über die isolierte Betrachtung der Messansätze hinaus.

latente Variable	Werbestrategie in Zeitungen	Such- und Surf-verhalten
Werbestrategie in Zeitungen	**0,929**	-
Such- und Surfverhalten	-0,047	**0,998**
Keywordanzahl	-0,233	0,528
Wochenbudget	0,196	0,512
Keywordübereinstimmung	0,198	0,346
Klickrate	-0,052	0,235
Gebotsbetrag	0,031	-0,008
Einblendung	0,070	0,599
Rang	-0,131	0,313
Klick	0,012	0,781
Konversion	0,295	0,306
Vertragsabschluss	0,138	0,508

Abb. 43: Diskriminanzvalidität anhand des Fornell-Larcker-Kriteriums unter Berücksichtigung der Suchmaschinendaten

Von Diskriminanzvalidität kann nach FORNELL und LARCKER ausgegangen werden, wenn für jedes reflektiv gemessene Konstrukt gilt, dass die Wurzel aus seiner durchschnittlich erfassten Varianz (vgl. Formel 3.10) größer ist als die Korrelationskoeffizienten dieses Konstruktes mit allen übrigen latenten Variablen.[522] In Abbildung 43 sind der Diagonalen (in Fettschrift) jeweils die Werte der Quadratwurzel aus der durchschnittlich erfassten Varianz zu entnehmen. Unter der Diagonalen sind die entsprechenden Korrelationskoeffizienten abzulesen. Mit einem Wert von 0,929 für das Printverhalten und einem Wert von 0,998 für das Surfverhalten wird die Diskriminanzvalidität anhand des Fornell-Larcker-Kriteriums für beide Messansätze bestätigt.

Im Rahmen der Kreuzladungen werden die Korrelationen zwischen den zu prüfenden reflektiven Indikatoren und allen latenten Konstrukten überprüft. Unter der Bedingung, dass jeder Indikator die höchste Korrelation mit dem Konstrukt aufweist, das der Indikator messen soll, liegt Diskriminanzvalidität vor. Die Ergebnisse, die in Abbildung 44 dargestellt sind, bestätigen die Diskriminanzvalidität anhand der Kreuzladungen.

Indikator	**latente Variable**											
	Werbestrategie in Zeitungen	Surfverhalten	Keywordanzahl	Wochenbudget	Keywordüber-einstimmung	Klickrate	Gebotsbetrag	Einblendung	Rang	Klick	Konversion	Vertragsschluss
Anzeigen	**,934**	-,152	-,346	,083	,226	,018	-,010	-,014	-,210	-,026	,341	,117
Ausgaben	**,933**	-,021	-,179	,284	,144	-,111	-,095	,053	-,158	-,038	,240	,124
Reichweite	**,921**	,073	-,089	,211	,169	-,073	,195	,177	,025	,106	,224	,146
Verweildauer	-,041	**,997**	,546	,505	,342	,230	-,002	,587	,339	,767	,291	,508
Verweiltiefe	-,052	**,998**	,510	,515	,347	,238	-,014	,608	,288	,790	,319	,505

Abb. 44: Diskriminanzvalidität anhand von Kreuzladungen unter Berücksichtigung der Suchmaschinendaten

---

522 Vgl. FORNELL/LARCKER 1981, S. 45.

Anhand der Indikatorreliabilität, der Konstruktreliabilität, der Konvergenzvalidität und der Diskriminanzvalidität wurde die Eignung der beiden reflektiven Ansätze zur Messung der Werbestrategie in Zeitungen und des Surfverhaltens untersucht. Für die Gruppe der Suchmaschinennutzer wird die Messeignung der Indikatoren insgesamt bestätigt.

4.4.3.3. Güteprüfung des Strukturmodells unter Berücksichtigung der Nutzer der Suchmaschinenwerbung

Im vorangegangenen Abschnitt 4.4.3.2. bewährten sich die Messmodelle zur Schätzung der latenten Modellvariablen auch für die Gruppe der Suchmaschinenwerbenutzer. Die Gütebeurteilung des Strukturmodells erfolgt entsprechend Abschnitt 3.3.2. anhand der Pfadkoeffizienten, der Bestimmtheitsmaße, der Effektstärken, der Stone-Geisser-Werte und des Goodness-of-Fit-Index.

Die Pfadkoeffizienten sind insbesondere bzgl. ihrer Richtung, Signifikanz und Stärke zu untersuchen. Für die standardisierten Pfadkoeffizienten wird ein betragsmäßiger Wert größer als 0,1 gefordert.[523] Die Signifikanz der Pfadkoeffizienten wurde anhand der empirischen t-Werte bestimmt, die mittels des Bootstrapping-Verfahrens berechnet wurden. Zur Berechnung der empirischen t-Werte wurden 1.000 Teilstichproben mit einem Umfang von 155 Wochen aus dem Datensatz unter Berücksichtigung der Suchmaschinenwerbenutzer mit Zurücklegen gezogen. Die ermittelten t-Werte und die korrespondierenden Signifikanzniveaus sind in Abbildung 45 dargestellt.

---

[523] LOHMÖLLER 1989, S.60 und SELTING/KEEVES 1994, S. 4356 sehen diesen Wert als Schwelle an, ab dem diese Beziehung nicht vernachlässigt werden darf. Nach CHIN 1998a, S. 11 zeigt ein standardisierter Pfadkoeffizient ab einem Wert von 0,2 einen bedeutsamen Einfluss an.

unabhängige Variable	abhängige Variable	Hypothese	Pfadkoeffizient	t-Wert	p-Wert	Bewährung
Werbestrategie in Zeitungen	Einblendung	+ (H1)	-0,127	1,65	n. s.	nein
Werbestrategie in Zeitungen	Konversion	+ (H2)	0,272	4,50	0,01	ja
Keywordanzahl	Einblendung	+ (H3)	-0,019	0,33	n. s.	nein
Wochenbudget	Einblendung	+ (H4)	0,595	8,46	0,01	ja
Keywordübereinstimmung	Einblendung	- (H5)	-0,384	6,76	0,01	ja
Keywordübereinstimmung	Rang	+ (H6)	0,338	6,48	0,01	ja
Klickrate	Rang	+ (H7)	0,265	5,14	0,01	ja
Gebotsbetrag	Rang	+ (H8)	0,128	2,26	0,05	ja
Einblendung	Klick	+ (H9)	0,751	14,08	0,01	ja
Rang	Klick	+ (H10)	0,176	3,93	0,01	ja
Klick	Konversion	+ (H11)	0,782	9,20	0,01	ja
Such- und Surfverhalten	Konversion	+ (H12)	-0,291	3,28	0,01	nein
Konversion	Vertragsschluss	+ (H13)	0,326	5,46	0,01	ja

Abb. 45: Ergebnisse der Beziehungen im Strukturmodell unter Berücksichtigung der Nutzer der Suchmaschinenwerbung

Anhand dieser empirischen Ergebnisse sind wiederum die Hypothesen 1 und 3 abzulehnen. Des Weiteren zeigt sich unter Berücksichtigung der Suchmaschinenwerbenutzer ein hochsignifikanter, aber negativer Zusammenhang zwischen Such- und Surfverhalten und der Zahl an Konversionen, so dass die Hypothese 12 ebenfalls abzulehnen ist.[524] Die übrigen Koeffizienten entsprechen den unterstellten Beziehungshypothesen und weisen jeweils einen signifikanten Zusammenhang auf, der die Schwelle von 0,1 übersteigt. Die Beziehungen sind also nicht zu vernachlässigen.

In der Gruppe der Suchmaschinenwerbenutzer zeigt sich weiterhin, dass der Pfadkoeffizient zwischen der Zahl an Klicks und der Zahl an Konversionen von 0,450 auf 0,782 ansteigt. Dieser Anstieg ist aufgrund der Untersuchungsgruppe erwartungsgemäß, da die Zahl an Konversionen durch die Suchmaschinenwerbung direkt von der Klickanzahl abhängt.

Der Pfadkoeffizient zwischen der Zahl an Konversionen und der Zahl an Vertragsabschlüssen sinkt dagegen von 0,479 auf 0,326. Dieser Rückgang ist u. U. darauf zurückzuführen, dass die Gruppe der Suchmaschinennutzer im Vergleich zur Grundgesamtheit eine geringere Vertragsabschlussrate aufweist.[525] Eine Erklärung für ein systematisch verschiedenes Vertragsabschlussverhalten könnte z. B. sein, dass mit der Suchmaschinennutzung eine umfassendere Informationssuche einhergeht und mehr Konkurrenzangebote verglichen werden.

Auch der Pfadkoeffizient zwischen der Werbestrategie in Zeitungen und der Zahl an Konversionen fällt leicht von 0,336 auf 0,272. Dieser Koeffizient wird aber weiterhin auf einem Niveau von $\alpha = 0{,}01$ als hochsignifikant ausgewiesen. Für die zentrale Fragestellung nach einem Zusammenhang bei einem gleichzeitigen Einsatz von Zeitungsanzeigen und Suchmaschinenwerbung bedeutet dies, dass zumindest der Fall eines neutralen parallelen Anzeigeneinsatzes nicht aufrechterhalten werden kann. Vielmehr legt dieses Ergebnis nahe, dass die Zeitungsanzeigen einen positiven Einfluss auf die Konversionen aus der Suchmaschinenwerbung haben.

---

524 Da der Zusammenhang zwischen dem Such- und Surfverhalten und der Zahl an Konversionen erneut als hochsignifikant ausgewiesen wird, ist zu vermuten, dass das Suchverhalten auf den Webseiten des Dienstleistungsanbieters abhängig vom Kontakt mit Suchmaschinenwerbeanzeigen unterschiedlich ausfällt. Eine eingehende Untersuchung dieser Vermutung erfolgt im Rahmen von Abschnitt 4.5.2.

525 Der Vermutung, dass der Vertragsabschluss von dem Kontakt mit der Suchmaschinenwerbung abhängt, wird in Abschnitt 4.5.3. nachgegangen.

Die Betrachtung des Bestimmtheitsmaßes für die Konversionen aus der Suchmaschinenwerbung führt ebenfalls zu dem Ergebnis, dass die vorgenommene Datenselektion zu keiner wesentlichen Veränderung geführt hat. Mit einem Wert von 0,427 entspricht das Bestimmtheitsmaß dem vorherigen Niveau von 0,458.

Beinahe alle Bestimmtheitsmaße entsprechen somit den bisherigen Ergebnissen.[526] Lediglich das Bestimmtheitsmaß für den Vertragsabschluss auf Basis der Suchmaschinenanzeigen fällt mit einem Wert von 0,106 gegenüber dem Wert der Grundgesamtheit von 0,226 um mehr als die Hälfte. Auch dieses Ergebnis deutet an, dass die Entscheidungen der Suchmaschinenwerbenutzer, die zu einem Vertragsabschluss führen, in einem größeren Ausmaß von weiteren Faktoren abhängig sind, als dies für andere Interessenten des Dienstleistungsanbieters der Fall ist.[527]

Anhand der Effektstärke f^2 lässt sich, wie in Abschnitt 3.3.1. erläutert, bemessen, ob eine unabhängige Variable einen signifikanten Einfluss auf eine abhängige latente endogene Größe ausübt. In Abbildung 46 sind die Effektstärken unter Berücksichtigung der Suchmaschinenwerbenutzer angegeben.

Im Vergleich zur vorangegangen Untersuchung[528] zeigen sich ähnliche Ergebnisse für die Effektstärken unter Berücksichtigung der Suchmaschinenwerbenutzer. Für den Anzeigenrang, die Anzeigeneinblendungen und die Klickanzahl bleiben die Ergebnisse unverändert. Für die Konversionsanzahl zeigen sich auch weiterhin die Klickanzahl, die Zeitungswerbung und das Surfverhalten mit Effektstärken in Höhe von 0,408, 0,129 und 0,058 verantwortlich. Die Bedeutung der Klickanzahl nimmt erwartungsgemäß deutlich zu, während das Such- und Surfverhalten weiterhin einen geringen Erklärungsbeitrag liefert. Entgegen dem bisherigen Ergebnis zeigen die Zeitungsanzeigen nun keinen moderaten, sondern nur noch einen schwachen

---

526 Vgl. zu den Ergebnissen des Strukturmodells auf Basis der vollständigen Grundgesamtheit Abschnitt 4.4.2.3. und Abbildung 30.

527 Die Frage, ob der Vertragsabschluss systematisch vom Kontakt mit der Suchmaschinenwerbung abhängt, wird in Abschnitt 4.5.3. nochmals aufgegriffen.

528 Vgl. zu den vorangegangenen Ergebnissen die Ausführungen in Abschnitt 4.4.2.3. und insbesondere Abbildung 36.

Erklärungsbeitrag an. Auch anhand der Effektstärke ist also festzuhalten, dass nicht von einem neutralen parallelen Werbeeinsatz beider Maßnahmen auszugehen ist.

unabhängige Variable	**abhängige Variable**			
	Einblendung	**Rang**	**Klick**	**Konversion**
Werbestrategie in Zeitungen	0,027	-	-	0,129
Keywordanzahl	0,001	-	-	-
Wochenbudget	0,644	-	-	-
Keywordübereinstimmung	0,266	0,138	-	-
Klickrate	-	0,084	-	-
Gebotsbetrag	-	0,020	-	-
Such- und Surfverhalten	-	-	-	0,058
Einblendung	-	-	1,376	-
Rang	-	-	0,076	-
Klick	-	-	-	0,408

Abb. 46: Effektstärken f^2 der latenten Variablen unter Berücksichtigung der Suchmaschinendaten

Mithilfe des Stone-Geisser-Kriteriums wird anhand der Prognosegüte der Modellparameter die Generalisierbarkeit der Ergebnisse analysiert. Die Berechnung der Stone-Geisser-Werte erfolgt wiederum mithilfe der Blindfolding-Prozedur und einem Auslassungsabstand von 7. In Abbildung 47 sind die pfadbezogenen Stone-Geisser-Werte q^2 angegeben. Die Beurteilung der pfadbezogenen Stone-Geisser-Werte orientiert sich an den gleichen Richtwerten, die auch für die Effektstärken herangezogen wurden, so dass die bisherigen Ergebnisse bestätigt werden. Insbesondere entsprechen Stärke und Reihenfolge der relativen Prognosestärken q^2 den Resultaten der Effektstärken.

unabhängige Variable	abhängige Variable			
	Einblendung	Rang	Klick	Konversion
Werbestrategie in Zeitungen	0,017	-	-	0,122
Keywordanzahl	0,000	-	-	-
Wochenbudget	0,621	-	-	-
Keywordübereinstimmung	0,267	0,137	-	-
Klickrate	-	0,085	-	-
Gebotsbetrag	-	0,022	-	-
Such- und Surfverhalten	-	-	-	0,060
Einblendung	-	-	1,359	-
Rang	-	-	0,076	-
Klick	-	-	-	0,410

Abb. 47: Pfadbezogene Stone-Geisser-Werte q^2 unter Berücksichtigung der Nutzer der Suchmaschinenwerbung

Mittels der Stone-Geisser-Werte Q^2 wird auch die Prognoserelevanz der latenten Variablen bestimmt. Für Q^2-Werte über 0 wird angenommen, dass die latenten Konstrukte eine hinreichende Prognoserelevanz besitzen. In Abbildung 48 sind alle Q^2-Werte für die Untersuchung aufgeführt. Da alle Werte deutlich über 0 liegen, ist eine verlässliche Prognosegüte der latenten endogenen Größen anzunehmen.

	Einblendung	Rang	Klick	Konversion	Vertragsabschluss
Stone-Geisser Q^2	0,474	0,181	0,588	0,425	0,102

Abb. 48: Konstruktbezogene Stone-Geisser-Werte Q^2 unter Berücksichtigung der Nutzer der Suchmaschinenwerbung

Abschließend wird für das Modell, das die Gruppe der Suchmaschinenwerbenutzer berücksichtigt, der Goodness-of-Fit-(GoF-)Index berechnet. Der GoF-Index für dieses Modell beträgt 0,57 und übersteigt deutlich die Schwelle von 0,36 für einen substanziellen Fit. Der GoF-Index liegt damit auf einem vergleichbaren Niveau wie unter Berücksichtigung der vollständigen Stichprobe mit einem GoF-Index von 0,59. Anhand des GoF-Indexes kann also von einer akzeptablen Gesamtmodellanpassung gesprochen werden.

4.4.3.4. Interpretation der Ergebnisse auf Basis der Suchmaschinenwerbedaten

Um das Modell auf diejenige Gruppe auszurichten, die mittels der Suchmaschinenwerbeanzeigen zum Internetauftritt des Dienstleisters gefunden hat, wurden die Konversionen und die Vertragsabschlüsse ausgewählt, die direkt der Suchmaschinenwerbung zugerechnet werden. Dies trifft auch für die Daten des Such- und Surfverhaltens zu, indem sie das Verhalten der Nutzer der Suchmaschinenwerbung berücksichtigen. Abweichungen zum vollständigen Modell ergeben sich, wie bereits im Rahmen der Modellgüteprüfung festgestellt, insbesondere in Bezug auf diese angepassten Größen. Aus diesem Grund stehen im Folgenden diese Größen und ihre Beziehungen im Fokus der Betrachtung.

Unter Berücksichtigung der Suchmaschinenwerbenutzer ist zu konstatieren, dass der erklärte Varianzanteil der Konversionsanzahl konstant geblieben ist. Das Modell ist also in gleichem Maße dazu geeignet, die Schwankungen der Konversionsanzahl, also der Anforderungen von Informationsmaterial, zu erklären bzw. zu prognostizieren. Dieses Ergebnis ist insbesondere für die hiermit einhergehenden Änderungen der ein- und ausgehenden Pfadbeziehungen von Bedeutung.

Die zentrale Fragestellung nach einem Einfluss der Zeitungsanzeigen auf die Suchmaschinenwerbung kann nun durch den weiterhin hochsignifikanten Einfluss der Printmaßnahmen auf die Konversionen der Suchmaschinenwerbung beantwortet werden. Ein direkter Effekt der Zeitungsanzeigen auf die Einblendungen der Suchmaschinenwerbeanzeigen konnte im Rahmen dieser Untersuchung nicht nachgewiesen werden. Ein nachgelagerter Einfluss auf die Konversionen, die ausschließlich der Suchmaschinenwerbung zugeordnet sind, konnte jedoch auf die Printmaßnahmen zurückgeführt werden. Entgegen den ersten empirischen Erkenntnissen existiert also kein neutraler Zusammenhang zwischen diesen beiden Werbeformen. Vielmehr wirken die Zeitungsanzeigen positiv auf die Endgrößen der Suchmaschinenwerbung.

Inhaltlich lässt sich dieses Ergebnis wie folgt erklären: Anzeigen in Zeitungen nehmen nur in geringem Maße Einfluss auf das ohnehin sehr hohe Niveau der Einblendungen, so dass die wertmäßig geringen Auswirkungen der Printanzeigen auf die Suchmaschinenwerbeeinblendungen durch die Schwankungen im Suchverhalten überdeckt werden. Im Ergebnis bedeutet dies, dass sich die durch die Zeitungsanzeigen angesprochenen Interessenten in einem starken Maße für die Dienstleistung interessieren und zu einem hohen Grad konvertieren.

Anzeigen in Suchmaschinen dienen folglich einem Teil der durch Zeitungsanzeigen aufmerksam gewordenen Interessenten als Wegweiser zur Unternehmenswebseite. Ohne die Suchmaschine als Navigationshilfe gingen dem werbenden Unternehmen u. U. bereits aktivierte Neukunden verloren. Ein Teil der eingeworbenen Vertragsabschlüsse ist also auf den kombinierten Einsatz beider Werbemaßnahmen zurückzuführen.

Der Anstieg des Pfadkoeffizienten zwischen der Klickanzahl und der Zahl an Konversionen fällt erwartungsgemäß deutlich aus. Dieser Anstieg ist plausibel, da das angepasste Modell die Klickanzahl auf die Konversionen bezieht, die direkt aus der Suchmaschinenwerbung hervorgegangen sind und dementsprechend unmittelbar von der Klickanzahl abhängen.

Unter Berücksichtigung der Suchmaschinenwerbenutzer wird der angenommene positive Einfluss des Such- und Surfverhaltens auf die Konversionsanzahl nicht bestätigt. Vielmehr zeigt sich im Rahmen dieser Untersuchung ein hochsignifikant negativer Einfluss. Die veränderte Wirkungsrichtung zeigt also an, dass das Suchverhalten auf den Webseiten des Dienstleistungsanbieters abhängig vom Kontakt mit Suchmaschinenwerbeanzeigen im Gegensatz zu dem Suchverhalten anderer Besucher unterschiedlich ausfällt. Eine mögliche Erklärung ist, dass vergleichsweise viele Interessenten, die die Unternehmenswebseite über die Suchmaschine erreicht haben, die Webseite als irrelevant für ihre Suche einstufen und ohne weitere Inspektion der Inhalte die Webseite wieder verlassen. Alternativ kann diese Differenz auch anhand eines grundlegend verschiedenen Suchverhaltens erklärt werden. Die Suchmaschinennutzer könnten ihren Suchaufwand insbesondere auf die Suchanfrage und die Suchergebnisse fokussieren. Diese Interessenten sind dann nicht dazu bereit, weiteren Aufwand für die Inspektion der aufgerufenen Zielseiten aufzubringen.[529]

Ein weiteres Ergebnis ist in Bezug auf die Zahl an Vertragsabschlüssen zu konstatieren. Mit Abnahme des Erklärungsbeitrages der Konversionsanzahl von 0,479 auf 0,326 nimmt unter Berücksichtigung der Suchmaschinenwerbenutzer auch der erklärte Varianzteil der Vertragsabschlüsse um mehr als die Hälfte ab. Diese Ergebnisse deuten an, dass die Entscheidung der Suchmaschinenwerbenutzer in einem größeren Maße von weiteren Faktoren abhängig ist und diese Gruppe insgesamt eine geringere Quote von der Anforderung des Informationsmaterials zum Abschluss eines Vertrages aufweist.[530] Wenn die Interessenten, die auf die Suchmaschinenwerbung zurückzuführen sind, tatsächlich eine geringere Vertragsabschlussquote aufweisen, so ist dies für den Dienstanbieter bei der Beurteilung insbesondere vorgelagerter Kennzahlen, wie z. B. auf Ebene von Klicks und Konversionen, bedeutsam. Für eine Gesamtbewertung der Suchmaschinenwerbung ist allerdings eine wertmäßige Beurteilung der Werbemaßnahme auf Basis der Vertragsabschlüsse vorzuziehen. Die Ermittlung der generierten Erlöse dürfte hierbei die größte Herausforderung an das Werbe-Controlling stellen.

---

529 In Abschnitt 4.5.2. erfolgt eine tiefergehende Untersuchung des unterschiedlichen Suchverhaltens.

530 Die Quoten der Vertragsabschlüsse werden in Abschnitt 4.5.3. abhängig vom Ursprung des Interesses analysiert.

	Variable	Totaleffekt	t-Wert	Signifikanzniveau
exogene Größe	Werbestrategie in Zeitungen	0,065	2,686	$p < 0,01$
	Keywordanzahl	-0,004	0,317	n. s.
	Wochenbudget	0,114	3,397	$p < 0,01$
	Keywordübereinstimmung	-0,058	2,601	$p < 0,01$
	Klickrate	0,012	2,153	$p < 0,05$
	Gebotsbetrag	0,006	1,987	$p < 0,05$
	Such- und Surfverhalten	-0,095	3,061	$p < 0,01$
endogene Größe	Einblendung	0,191	4,174	$p < 0,01$
	Rang	0,045	3,197	$p < 0,01$
	Klick	0,255	4,667	$p < 0,01$
	Konversion	0,326	5,462	$p < 0,01$

Abb. 49: Totaleffekte in Bezug auf die Zahl an Vertragsabschlüssen unter Berücksichtigung der Nutzer der Suchmaschinenwerbung

Abschließend werden die Totaleffekte für das angepasste Modell beurteilt. Die Totaleffekte bestätigen die Vermutung, dass die Reihenfolge der Steuerungsinstrumente konstant ausfällt und die Höhe dieser Instrumente zunimmt. In absteigender Reihenfolge beeinflussen also das Wochenbudget, die Keywordübereinstimmung, die Klickrate und der Gebotsbetrag die Zahl an Vertragsabschlüssen. Die Wirkung der Keywordanzahl bewährte sich in Übereinstimmung mit den bisherigen Ergebnissen nicht.

Auch im Vergleich der beiden Werbemaßnahmen zeigt sich das erwartete Bild: Die Suchmaschinenwerbung zeigt eine stärkere Wirkung auf den Vertragsabschluss als die Zeitungswerbung. Insgesamt bestätigen die Totaleffekte die bisherigen Ergebnisse. Die Totaleffekte sind Abbildung 49 zu entnehmen.

4.5. Weiterführende Analysen

4.5.1. Überblick

Der Vergleich der kausalanalytischen Untersuchungen liefert Indizien dafür, dass sich die Interessenten, die mittels der Suchmaschinenwerbung zum Angebot des Dienstleistungsunternehmens gefunden haben, von den Interessenten, die keinen Kontakt zur Suchmaschinenwerbung hatten, bzgl. des Suchverhaltens und der Abschlussquote unterscheiden. Diesen Hinweisen wird in den folgenden Abschnitten nachgegangen. Die Untersuchungen folgen hierbei dem Aufbau eines Mehrgruppen-Experimentes ohne Pretest.[531] Als Grundlage der Analyse werden die in Abschnitt 4.2. skizzierten Daten herangezogen und anhand der Kriterien Kontakt mit einer Suchmaschine bzw. mit der Suchmaschinenwerbung gruppiert. In Abschnitt 4.5.2. wird das Such- und Surfverhalten der Suchmaschinennutzer im Vergleich zu anderen Besuchern untersucht. Unter Berücksichtigung verschiedener Werbemaßnahmen erfolgt die Analyse von Vertragsabschlüssen in Abschnitt 4.5.3.

4.5.2. Zum Einfluss der Suchmaschinennutzung auf das Such- und Surfverhalten

Das Such- und Surfverhalten zeigt in Abhängigkeit von der Grundgesamtheit in den kausalanalytischen Untersuchungen einen unterschiedlichen Einfluss auf die Konversionszahlen. Dieses Ergebnis legt die Vermutung nahe, dass sich die Interessenten in ihrem Such- und Surfverhalten unterscheiden. Insbesondere die Nutzung einer Suchmaschine sowie das Anklicken einer Suchmaschinenwerbeanzeige scheinen die Bereitschaft der Interessenten zu beeinflussen, die Internetseiten des Dienstleistungsunternehmens intensiv zu inspizieren. Für die folgende Untersuchung lassen sich als Nullhypothesen für die Nutzung einer Suchmaschine und für den Kontakt mit einer Suchmaschinenwerbeanzeige formulieren, dass das Such- und Surfverhalten, gemessen an der Verweildauer und der Verweiltiefe, keine signifikanten Unterschiede aufweist. Die Alternativhypothesen lauten dementsprechend, dass bei

---

[531] Vgl. zum prinzipiellen Aufbau von Marktforschungsexperimenten sowie deren Beurteilung OLBRICH/BATTENFELD/BUHR 2011, S. 55-64.

Suchmaschinennutzung sowie bei Anklicken einer Suchmaschinenwerbeanzeige die Bereitschaft sinkt, diverse Seiten des Internetauftritts ausgiebig zu durchsuchen.

Die 710.055 anhand der Logdaten ermittelten Besuchsvorgänge auf den Internetseiten des Dienstleistungsunternehmens werden anhand der Kriterien Nutzung einer Suchmaschine und Kontakt mit einer Suchwerbeanzeige in vier Gruppen eingeteilt. Ein Interessent ruft im Durchschnitt vier Seiten auf und verbringt durchschnittlich 172 Sekunden auf den ersten drei Seiten.[532] Auf die Nutzung einer Suchmaschine sind insgesamt 411.835 Besuchsvorgänge (58,0 %) zurückzuführen,[533] von denen 287.865 Besuche aus der Suchmaschinenwerbung hervorgingen. Von den 298.220 Besuchen (42,0 %), die auf anderen Wegen zu den Internetseiten des Dienstleistungsanbieters fanden, sind 35.552 Besuchsvorgängen der Suchmaschinenwerbung auf anderen Webseiten zuzurechnen.[534] Aus der Suchmaschinenwerbung gingen also insgesamt 323.417 (45,6 %) Besuchsvorgänge hervor, während 386.638 (54,4 %) Besucher keine Suchanzeige anklickten.

Für die anhand der Kriterien Nutzung einer Suchmaschine und Kontakt mit einer Suchmaschinenwerbeanzeige identifizierten Gruppen sind die Zahl an Besuchsvorgängen sowie das arithmetische Mittel $\bar{x}$ und die Standardabweichung s für die korrespondierende Verweildauer und Verweiltiefe zusammenfassend in Abbildung 50 dargestellt.

Die Werte in Abbildung 50 legen einen Einfluss sowohl der Suchmaschinen als auch der Suchmaschinenwerbung auf das Such- und Surfverhalten, gemessen an der

532 Da im Rahmen der Logfileanalyse der Absprungzeitpunkt nicht ermittelt werden kann, gibt die ermittelte Verweildauer lediglich Auskunft über die Zeitspanne bis zum Aufruf der letzten Seite, bevor die Internetpräsenz verlassen wird. Vgl. z. B. JANETZKO 1999, S. 179. Die Verweildauer unterliegt folglich einer rechtsschiefen Verteilung. Vgl. PIROLLI/PITKOW 1999, S. 35.

533 Auf den Suchmaschinenanbieter Google kumulieren sich 97,0 % aller durch Suchmaschinen induzierten Besuchsvorgänge. Auf eine Differenzierung unterschiedlicher Anbieter wird deshalb im Folgenden verzichtet.

534 Vgl. zu dieser Unterteilung die Ausführungen in Abschnitt 2.2.1.

Verweildauer und der Verweiltiefe, nahe. Die Untersuchung erfolgt im Folgenden mithilfe eines varianzanalytischen Ansatzes.[535]

			Kontakt mit einer Suchmaschinenwerbeanzeige					
			mit		**ohne**		**Σ**	
			$\bar{x}$	s	$\bar{x}$	s	$\bar{x}$	s
Nutzung einer Suchmaschine	**ja**	n	287.865		123.970		411.835	
		VDauer	126,36	334,17	139,20	414,53	130,22	360,30
		VTiefe	2,97	3,49	3,69	5,36	3,19	4,15
	nein	n	35.552		262.668		298.220	
		VDauer	92,68	278,87	248,01	534,11	229,49	512,90
		VTiefe	3,12	3,27	5,83	6,37	5,51	6,15
	Σ	n	323.417		386.638		710.055	
		VDauer	122,66	328,71	213,12	501,48	171,92	433,80
		VTiefe	2,99	3,46	5,14	6,15	4,16	5,21

Abb. 50: Such- und Surfverhalten abhängig von der Nutzung einer Suchmaschine und vom Kontakt mit einer Suchmaschinenwerbeanzeige

Für die Verfahrensannahmen ist in der vorliegenden Stichprobe zu konstatieren, dass die Residuen nicht normalverteilt und die Fehlervarianzen nicht homogen sind.[536]

---

535 Vgl. zum folgenden Vorgehen der nicht-parametrischen Varianzanalyse BRUNNER/ MUNZEL 2002, S. 160-163.

536 Mithilfe des Kolmogorov-Smirnov-Tests unter Verwendung der Signifikanzkorrektur nach LILLIEFORS (1967) sowie des Shapiro-Wilk-Tests (SHAPIRO/WILK 1965) wurde die Normalverteilungsannahme der Residuen überprüft. Im Rahmen beider Tests wird die unterstellte Normalverteilung mit einer Wahrscheinlichkeit von $p < 0{,}001$ abgelehnt. Die Prüfung der Fehlervarianzhomogenität erfolgte anhand des robusten Levene-Tests (LEVENE 1960). Die Varianzhomogenität wird signifikant auf dem Niveau $\alpha = 0{,}01$ mit einer Wahrscheinlichkeit $p < 0{,}001$ abgelehnt.

Aufgrund der Ablehnung dieser Verfahrensannahmen sowie ungleicher Gruppenumfänge erfolgt die Überprüfung des Suchmaschineneinflusses mithilfe des nicht-parametrischen Testverfahrens nach AKRITAS, ARNOLD und BRUNNER.[537] Da die Testgrößen univariat berechnet werden, wird das Signifikanzniveau einer Bonferroni-Korrektur[538] unterzogen, um eine Kumulierung des α-Fehlers zu vermeiden. Anstelle eines Signifikanzniveaus von α = 0,05, das im multivariaten Fall zu fordern wäre, wird ein Signifikanzniveau von α' = 0,025 für die univariaten Untersuchungen gewählt.

			Kontakt mit einer Suchmaschinenwerbeanzeige					
			mit			**ohne**		
			$\overline{R}_{ij}$	$\hat{p}_{ij}$	s_{ij}	$\overline{R}_{ij}$	$\hat{p}_{ij}$	s_{ij}
Nutzung einer Suchmaschine	**ja**	n	287.865			123.970		
		VDauer	352.698	0,4967	187.343	272.748	0,3841	211.463
		VTiefe	297.302	0,4187	189.846	301.623	0,4248	204.838
	nein	n	35.552			262.668		
		VDauer	321.965	0,4534	182.981	400.890	0,5646	204.440
		VTiefe	333.586	0,4698	164.548	446.399	0,6287	180.325

Abb. 51: Deskriptive Ergebnisse der nicht-parametrischen Analyse

537 AKRITAS, ARNOLD und BRUNNER entwerfen einen Rangtest, der die Durchführung einer nicht-parametrischen, mehrfaktoriellen Varianzanalyse erlaubt. Vgl. hierzu AKRITAS/ARNOLD/BRUNNER 1997 sowie die Erweiterung von MUNZEL/BRUNNER 2000. Für eine Diskussion der zugrunde liegenden Rangtransformation vgl. BRUNNER/PURI 2001 sowie BRUNNER/MUNZEL 2002, S. 222-224. Die folgende Durchführung folgt den Ausführungen in BRUNNER/MUNZEL 2002, S. 160-163.

538 Bei der Bonferroni-Korrektur handelt es sich um eine konservative Methode, um die Inflation des α-Fehlers bei mehreren zusammenhängenden Paarvergleichen zu vermeiden. Das zu testende Signifikanzniveau α ergibt sich für die univariaten Tests durch Division durch die Anzahl n der durchzuführenden Tests. Das resultierende Signifikanzniveau für den multivariaten Fall liegt im Bereich von α bis α/n. Vgl. hierzu z. B. MAXWELL/DELANEY 2003, S. 202-208 sowie BORTZ/LIENERT/BOEHNKE 2008, S. 51 f.

Für den vorliegenden Fall eines 2 x 2-Versuchsplans lässt sich, ausgehend von den mittleren Rängen, eine lineare Rangstatistik ableiten. Die Rangstatistik bestimmt sich aus den Mittelwerten der Ränge sowie den empirischen Varianzen. Die Wahrscheinlichkeit wird dann für große Stichproben an der Standardnormalverteilung abgelesen. Abbildung 51 sind die deskriptiven Ergebnisse zu entnehmen.

In Abbildung 52 sind die Werte der Teststatistik sowie der korrespondierenden Wahrscheinlichkeiten dargestellt.

	Verweildauer		Verweiltiefe	
	Statistik	**p-Wert**	**Statistik**	**p-Wert**
Nutzung einer Suchmaschine	-77,41	< 0,001	-155,89	< 0,001
Kontakt mit Suchmaschinenwerbung	0,82	0,286	-100,85	< 0,001
Interaktionseffekt	126,25	< 0,001	93,41	< 0,001

Abb. 52: Einfluss der Nutzung einer Suchmaschine sowie der Suchmaschinenwerbung auf die Verweildauer und die Verweiltiefe

Anhand der Ergebnisse ist für das untersuchte Dienstleistungsangebot zu konstatieren, dass sich das Suchverhalten, gemessen an der Verweildauer und der Verweiltiefe, in Abhängigkeit von der Suchmaschinennutzung signifikant unterscheidet. Auch der Interaktionseffekt zwischen Suchmaschinennutzung und Klick auf eine Anzeige der Suchmaschinenwerbung wird für beide Indikatoren des Such- und Surfverhaltens als signifikante Einflussgröße ausgewiesen. Lediglich für den Kontakt mit einer Suchmaschinenwerbeanzeige ist anhand der Ergebnisse ein uneinheitliches Bild zu konstatieren. Die unterstellte Wirkung wird lediglich für die Verweiltiefe, nicht aber für die Verweildauer nachgewiesen.

Mit Blick auf die Mittelwerte der Verweiltiefe lässt sich feststellen, dass die Mittelwerte für beide Kriterien die jeweils gleiche Rangfolge aufweisen. In diesem Fall ist also von sogenannter ordinaler Interaktion auszugehen, d. h., dass die Ergebnisse beider Kriterien interpretierbar sind.[539] Die Mittelwerte der Verweildauer zeigen hingegen einen gegenläufigen Trend abhängig von der Nutzung einer Suchmaschine und einen übereinstimmenden Trend abhängig vom Kontakt einer Suchmaschinenwerbeanzeige – sogenannte hybride Interaktion. Hiernach ist also lediglich der Kontakt mit einer Suchmaschinenwerbeanzeige zu interpretieren. Das Interaktionsdiagramm für die Verweildauer veranschaulicht dieses Ergebnis (vgl. Abbildung 53).

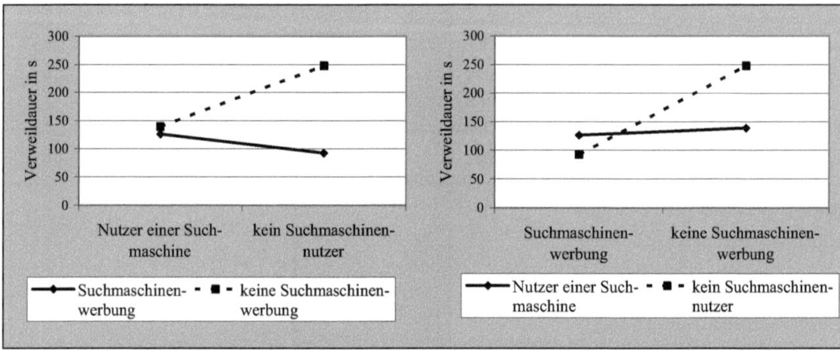

Abb. 53: Interaktionsdiagramm für die Verweildauer

Für die Verweildauer kann also im Ergebnis kein statistisch verlässlicher Nachweis geführt werden. Dieses Ergebnis ist u. U. darauf zurückzuführen, dass sich die Nutzer von Suchmaschinen und der Suchmaschinenwerbung nur geringfügig in ihrem Suchverhalten unterscheiden. Wird dieser Annahme gefolgt, reduziert sich die Differenzierung des Suchverhaltens auf zwei Gruppen. Die entsprechende Zahl an Besuchsvorgängen sowie das arithmetische Mittel $\bar{x}$ und die Standardabweichung s für die korrespondierende Verweildauer und Verweiltiefe sind in Abbildung 54 dargestellt.

539 Vgl. zur Auswertung signifikanter Interaktionseffekte und deren Folgen z. B. BORTZ/ SCHUSTER 2010, S. 244 f.

	Suchender		**Surfender**		**Grundgesamtheit**	
	$\bar{x}$	s	$\bar{x}$	s	$\bar{x}$	s
Besuchsvorgänge	447.387		262.668		710.055	
Verweildauer	127,24	354,66	248,01	534,11	171,92	433,80
Verweiltiefe	3,18	4,09	5,83	6,37	4,16	5,21

Abb. 54: Einfluss auf das Such- und Surfverhalten

Abbildung 54 ist zu entnehmen, dass die Interessenten, die von einer Ergebnisseite einer Suchanfrage zum Internetauftritt des Dienstleistungsanbieters gefunden haben, im Durchschnitt weniger Zeit auf der Interpräsenz verbringen und im Mittel auch weniger Seiten aufsuchen. Da die Residuen nicht normalverteilt und die Fehlervarianzen nicht homogen sind,[540] erfolgt die Überprüfung des Einflusses der Suchmaschinennutzung bzw. der Suchmaschinenwerbung mithilfe des nicht-parametrischen Testverfahrens nach WILCOXON sowie MANN und WHITNEY.[541] Als Signifikanzniveau wird erneut ein korrigiertes $\alpha' = 0{,}025$ für die univariaten Analysen gewählt.

Der Mann-Whitney-U-Test liefert für die Verweildauer einen Wert von $Z = -145{,}90$ und für die Verweiltiefe einen Wert von $Z = -293{,}94$. Die ermittelte Wahrscheinlichkeit $p < 0{,}001$ unterschreitet deutlich das Signifikanzniveau α', so dass die Nullhypothese in beiden Fällen signifikant abzulehnen ist. Anhand der Ergebnisse ist für

540 Die Normalverteilungsannahme der Residuen wird anhand Kolmogorov-Smirnov-Tests unter Verwendung der Signifikanzkorrektur nach LILLIEFORS (1967) sowie des Shapiro-Wilk-Tests (SHAPIRO/WILK 1965) mit einer Wahrscheinlichkeit von $p < 0{,}001$ abgelehnt. Die Varianzhomogenität ist aufgrund des Levene-Tests (LEVENE 1960) signifikant auf dem Niveau $\alpha = 0{,}01$ mit einer Wahrscheinlichkeit $p < 0{,}001$ abzulehnen.

541 Unabhängig voneinander entwickelten WILCOXON 1945 sowie MANN/WHITNEY 1947 auf Basis von Rangtransformationen ein nicht-parametrisches Verfahren, um zu prüfen, ob zwei Verteilungen zu derselben Grundgesamtheit gehören. Da sich der Rangsummentest nach WILCOXON und die U-Teststatistik nach MANN und WHITNEY ineinander überführen lassen, wird dieses Verfahren in der Literatur teilweise auch als Wilcoxon-Mann-Whitney-Test bezeichnet. Die Ergebnisse beider Teststatistiken lassen sich mittels des transformierten Z-Wertes protokollieren. Vgl. z. B. DIEHL/ARBINGER 2001, S. 524-533.

das untersuchte Dienstleistungsangebot zu konstatieren, dass in Abhängigkeit von der Suchmaschinennutzung bzw. der Suchmaschinenwerbung ein signifikant unterschiedliches Suchverhalten, gemessen an der Verweildauer und der Verweiltiefe, vorliegt.

Die Ergebnisse verdeutlichen, dass nach einer Suchanfrage eine kurze Inspektion weniger Seiten des Dienstleistungsunternehmens folgt. Eine mögliche Erklärung für das unterschiedliche Suchverhalten ist, dass aktiv Suchende die Zielseite nach deren Aufruf rasch wieder verlassen, weil die Seite z. B. nicht ihren Erwartungen entspricht oder die gesuchten Informationen nicht umgehend auffindbar sind bzw. bereits gefunden wurden. Als alternativer Erklärungsansatz lässt sich formulieren, dass Suchmaschinennutzer ihren Suchaufwand auf die Seiten der Suchmaschine konzentrieren und deshalb eine geringere Bereitschaft besteht, die verlinkten Internetauftritte zu durchsuchen.

4.5.3. Zum Einfluss der Mediennutzung auf den Vertragsabschluss

Für den Vertragsschluss ergeben sich in der kausalanalytischen Untersuchung ebenfalls Hinweise, dass sich die Interessenten abhängig vom Ursprung ihres Interesses unterscheiden. In diesem Abschnitt werden zunächst die Vertragsabschlussquoten[542] als Ergebnis der Entscheidungsfindung untersucht. Anschließend rückt der Prozess der Entscheidungsfindung, gemessen an der Dauer zwischen Informationsmaterialanforderung und Vertragszeichnung, in den Mittelpunkt der Analyse.

Die Analysen orientieren sich an der in Abschnitt 4.2.1. vorgenommenen Kategorisierung der Informationsanfragen (vgl. Abbildung 23). Die Vertragsabschlussquoten sind abhängig von dieser Einteilung Abbildung 55 zu entnehmen.

542 Die Quoten zum Abschluss eines Vertrages werden anhand der Relation von Informationsanfragen zu der Anzahl geschlossener Verträge in Abhängigkeit von der Herkunft der Informationsangfrage ermittelt. Vgl. Abbildungen 55 und 56.

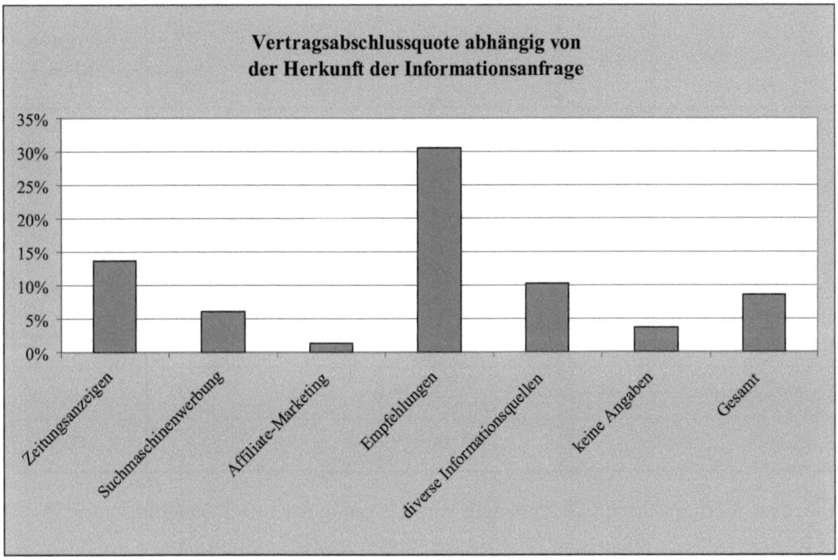

Abb. 55: Vertragsabschlussquoten

Die Abschlussquote beträgt für alle Informationsanfragen 8,5 %. Für die Vertragsabschlüsse, die auf Empfehlungen zurückzuführen sind, ist mit 30,5 % die höchste Relation zwischen Informationsanforderungen und Vertragsabschlüssen zu konstatieren. Die Vertragsabschlussquote abhängig von einem Kontakt mit einer Zeitungsanzeige beträgt 13,7 %. Die Quoten für die eingesetzten Online-Maßnahmen fallen mit 6,0 % für die Suchmaschinenwerbung und mit 1,3 % für das Affiliate-Marketing deutlich geringer aus. Für die sonstigen Vertragsabschlüsse und die Vertragsabschlüsse ohne Angaben betragen die Vertragsabschlussquoten 10,2 % bzw. 3,7 %. Die korrespondierende Anzahl an Informationsanfragen und Vertragsabschlüssen ist in Abbildung 56 in Form einer Kreuztabelle dargestellt. Die Summe der Zeilenwerte entspricht der Zahl an Informationsanforderungen pro Kategorie.[543]

[543] Vgl. zur Anforderung von Informationsmaterial und diesen Kategorien die Ausführungen in Abschnitt 4.2.

	Informations-anforderungen	Vertragsabschluss		Abschluss-quote
		ja	nein	
Zeitungsanzeigen	2.658	363	2.295	13,7 %
Suchmaschinenwerbung	13.002	779	12.223	6,0 %
Affiliate-Marketing	2.107	28	2.079	1,3 %
Empfehlungen	1.614	492	1.122	30,5 %
diverse Informationsquellen	4.420	451	3.969	10,2 %
keine Angaben	1.738	65	1.673	3,7 %
Gesamt	25.539	2.178	23.361	8,5 %

Abb. 56: Vertragsabschlüsse abhängig vom Ursprung der Informationsanfrage

Der Fragestellung, ob der Vertragsschluss abhängig vom Ursprung der Informationsanfrage ist, wird im Folgenden mithilfe einer Kontingenzanalyse nachgegangen.[544] Aufgrund des χ^2-Tests nach PEARSON $\chi^2 (5) = 1401{,}18$, $p < 0{,}001$ ist eine deutliche Ablehnung der Nullhypothese zu konstatieren, dass die beiden Merkmale unabhängig voneinander sind. Die sachlogisch unterstellte Wirkungsrichtung, dass der Vertragsschluss vom Ursprung der Informationsanfrage abhängt, wird auch statistisch mittels der τ-Maße nach GOODMAN und KRUSKAL bestätigt.[545] Für den Vertragsabschluss als exogene Variable beträgt $\tau = 0{,}008$ und als endogene Variable ergibt sich $\tau = 0{,}055$.[546] Die Kenntnis über den Ursprung der Informationsanfrage verbessert signifikant die Vorhersage, ob ein Vertragsschluss erfolgt. Als Maß für die Stärke des Zusammen-

---

544 Vgl. zum generellen Vorgehen im Rahmen einer Kontingenzanalyse z. B. DIEHL/ ARBINGER 2001, S. 488-504 sowie BACKHAUS et al. 2011, S. 303-327.

545 Das τ-Maß nach GOODMAN und KRUSKAL misst, inwieweit die Kenntnis einer Variablen zur Prognose der anderen Variablen hilft. Vgl. hierzu GOODMAN/KRUSKAL 1954, S. 759 f.

546 Die Nullhypothese, dass das betrachtete τ gleich Null ist, ist in beiden Fällen mit einer Wahrscheinlichkeit $p < 0{,}001$ zu verwerfen.

hanges ergibt sich ein Cramérs V[547] von 0,234. Über die verschiedenen Kategorien zeigt sich insgesamt ein schwacher Zusammenhang zwischen Ursprung einer Informationsanfrage und Abschluss eines Vertrages.[548]

Für eine Dienstleistung, die durch hohes Involvement und rationales Entscheidungsverhalten gekennzeichnet ist, ist anzunehmen, dass weitere Faktoren, die insbesondere die Persönlichkeitsstruktur eines Interessenten betreffen, die Entscheidung über den Abschluss eines Vertrages beeinflussen. Vor diesem Hintergrund erscheint das Ergebnis der Kontingenzanalyse relevant. Aus Sicht des Dienstleistungsunternehmens stellt vor allem die hohe Vertragsabschlussquote nach Empfehlungen ein bedeutendes Resultat dar. Die zumindest teilweise auf frühere Werbemaßnahmen zurückzuführenden Empfehlungen bilden einen wirkungsstarken Multiplikator, um weitere Interessenten für die angebotene Dienstleistung zu erreichen. Bei der Bewertung der Werbemaßnahmen sind folglich nicht nur die Werbeausgaben in Bezug zu den Werbekontakten, die zu einem Vertragsabschluss geführt haben, zu setzen, sondern auch zukünftige Empfehlungseffekte in dem Wertansatz eines Vertragsabschlusses zu berücksichtigen.

Die Quoten der Vertragsabschlüsse weisen abhängig vom Ursprung der Informationsanfrage einen signifikanten, schwachen Zusammenhang auf. Die Entscheidung, einen Vertrag bzgl. des Dienstleistungsangebotes abzuschließen, lässt sich also teilweise durch die Herkunft der Informationsanfrage erklären. Ob sich der Ursprung des Interesses nicht nur auf die Entscheidung zur Vertragszeichnung, sondern auch auf die

---

547 Vgl. hierzu CRAMÉR 1946, S. 282. Cramérs V liegt im Wertebereich [0;1]. Falls eine der untersuchten Variablen, wie im vorliegenden Fall der Vertragsschluss, binär ist, sind Cramérs V und der Φ-Koeffizient identisch.

548 Eine Analyse, ohne die Kategorien „keine Angaben" und „diverse Informationsquellen" zu berücksichtigen, führt zu vergleichbaren Ergebnissen. Lediglich die Stärke des Zusammenhanges fällt mit einem Cramérs V von 0,262 für die vier eindeutig unterscheidbaren Gruppen etwas stärker aus. Die ausgelassenen Kategorien dürften Personen beinhalten, die den Ursprung ihres Interesses nicht eindeutig zuordnen konnten oder nicht offen legen wollten, so dass diese Personen anderen Kategorien zuzuordnen gewesen wären.

Entscheidungsfindung auswirkt, wird im Folgenden anhand der Dauer zwischen Informationsmaterialanforderung und Vertragszeichnung analysiert.

1.875 Vertragsschlüsse (86,1 %) konnten eindeutig ihren vorausgegangenen Informationsanfragen zugeordnet werden, um die Dauer zwischen Anforderung einer Informationsanfrage und Unterzeichnung eines Vertrages zu bestimmen. Die durchschnittliche Entscheidungsdauer in Tagen sowie die korrespondierende Standardabweichung sind in Abbildung 57 abhängig vom Ursprung des Interesses kategorisiert.

	Entscheidungsdauer	
	$\overline{x}$	s
Zeitungsanzeigen	34,76	38,49
Suchmaschinenwerbung	29,73	33,82
Affiliate-Marketing	27,50	20,92
Empfehlungen	30,42	31,14
diverse Informationsquellen	32,27	39,67
keine Angaben	46,27	53,90
Gesamt	32,60	36,71

Abb. 57: Entscheidungsdauer in Tagen abhängig vom Ursprung der Informationsanfrage

Mit Ausnahme der Werte für die Informationsanfragen ohne Angaben schwankt die Entscheidungsdauer für die übrigen Kategorien in vergleichbaren Bereichen und ähnlichem Ausmaß. Ob das Entscheidungsverhalten vom Ursprung der Informationsanfrage abhängt, wird im Folgenden mithilfe eines varianzanalytischen Ansatzes untersucht. Für die Verfahrensannahmen ist in der vorliegenden Stichprobe zu konstatieren, dass die Residuen nicht normalverteilt und die Fehlervarianzen nicht homogen sind.[549] Aufgrund der Ablehnung dieser Verfahrensannahmen sowie ungleicher Gruppenumfänge erfolgt die Überprüfung des Suchmaschineneinflusses mithilfe des nicht-parametrischen Testverfahrens nach KRUSKAL und WALLIS.[550]

Nach KRUSKAL und WALLIS errechnet sich ein Wert von $H(5) = 9{,}18$, $p = 0{,}10$. Die Nullhypothese, dass das Entscheidungsverhalten in allen Kategorien gleich ist, bewährt sich folglich anhand dieses Tests. Dem Ursprung des Interesses ist also keine Wirkung auf die Entscheidungsfindung, gemessen an der Dauer der Entscheidung, zuzurechnen.

Für die Entscheidung, einen Vertrag über die angebotene Dienstleistung abzuschließen, wurden in der vorliegenden Analyse Hinweise gefunden, dass der Ursprung des Interesses die Wahrscheinlichkeit eines Vertragsabschlusses beeinflusst. Die höchste Vertragsabschlussquote (30,5 %) weisen Interessanten auf, die durch Empfehlungen auf das Dienstleistungsangebot aufmerksam geworden sind.[551] Mit 13,7 % fällt die Vertragsabschlussquote abhängig von einem Kontakt mit einer Zeitungsanzeige ebenfalls hoch aus. Für die Suchmaschinenwerbung liegt die Quote lediglich bei 6,0 %. Allerdings generiert die Suchmaschinenwerbung die meisten Anforderungen von Informationsmaterial sowie Vertragsabschlüsse im Untersuchungszeitraum. Die Hinweise, dass sich die Interessenten abhängig vom Ursprung

---

549 Mithilfe des Kolmogorov-Smirnov-Tests unter Verwendung der Signifikanzkorrektur nach LILLIEFORS (1967) sowie des Shapiro-Wilk-Tests (SHAPIRO/WILK 1965) wurde die Normalverteilungsannahme der Residuen überprüft. Die unterstellte Normalverteilung wird im Rahmen des Kolmogorov-Smirnov-Tests mit einer Wahrscheinlichkeit von $p < 0{,}01$ und des Shapiro-Wilk-Tests mit einer Wahrscheinlichkeit von $p < 0{,}001$ abgelehnt. Die Prüfung der Fehlervarianzhomogenität erfolgte anhand des robusten Levene-Tests (LEVENE 1960). Die Varianzhomogenität wird signifikant auf dem Niveau $\alpha = 0{,}01$ mit einer Wahrscheinlichkeit $p = 0{,}006$ abgelehnt.

550 Vgl. zu diesem Testverfahren KRUSKAL/WALLIS 1952. Der Kruskal-Wallis-Test, auch H-Test genannt, stellt eine Verallgemeinerung des Wilcoxon-Mann-Whitney-Tests dar. Unabhängig voneinander entwickelten WILCOXON 1945 sowie MANN/WHITNEY 1947 auf Basis von Rangtransformationen ein nicht-parametrisches Verfahren, um zu prüfen, ob zwei Verteilungen zu derselben Grundgesamtheit gehören. Der Kruskal-Wallis-Test erweitert diesen Ansatz, um zu prüfen, ob mehr als zwei Verteilungen zu derselben Grundgesamtheit gehören.

551 Dieses Ergebnis stimmt mit der Literatur bzgl. Weiterempfehlungen im Vergleich zu anderen Marketingmaßnahmen überein. Vgl. TRUSOV/BUCKLIN/PAUWELS 2009.

ihres Interesses bzgl. des Vertragsschlusses unterscheiden, werden im Rahmen dieser Analyse bestätigt. Die hieraus abgeleitete These, dass sich Interessenten abhängig von dem Ursprung ihres Interesses auch unterschiedlich schnell entscheiden, konnte nicht nachgewiesen werden.

4.6. Würdigung der empirischen Resultate

In der empirischen Untersuchung wurden die Werbeaktivitäten eines Dienstleistungsunternehmens über einen Zeitraum von drei Jahren analysiert. Die Werbeaktivitäten umfassen in diesem Zeitraum insbesondere die Anzeigenschaltung in Tageszeitungen und die Anzeigeneinblendung im Rahmen der Suchmaschinenwerbung. Zur Analyse des parallelen Einsatzes dieser Werbemaßnahmen wurden die aus Sicht des Dienstleistungsanbieters relevanten ökonomischen Zielgrößen herangezogen. Die formulierten Untersuchungshypothesen konnten anhand der empirischen Befunde weitestgehend bestätigt werden.

Als Determinanten für den Rang einer Suchmaschinenwerbekampagne konnten die Klickrate, der Gebotsbetrag und die Keywordübereinstimmung in der empirischen Untersuchung verifiziert werden. Die drei Determinanten zeigten einen signifikanten Einfluss auf die Positionierung einer Suchmaschinenwerbeanzeige. Allerdings erklären die drei Determinanten insgesamt nur einen kleinen Anteil der Varianz des Anzeigenranges. Unter Berücksichtigung der Tatsache, dass Suchmaschinen vielfältige Faktoren zur Relevanzbewertung und anschließenden Rangbildung kombinieren, erscheint der schwache Erklärungsgrad des Modells für den Rang wenig überraschend. Für den weltweit führenden Suchmaschinenanbieter Google lässt sich die Prognose des Anzeigenranges ggf. zukünftig mithilfe des mittlerweile verfügbaren Qualitätsfaktors[552] erhöhen.

Die Anzahl der Suchmaschinenwerbeeinblendungen wird durch die Keywordübereinstimmung und das Wochenbudget zufriedenstellend bestimmt. Die Keywordanzahl

[552] Der Qualitätsfaktor wird pro Keyword erst seit dem Jahr 2010 von Google angegeben. Die Zusammensetzung des Qualitätsfaktors ist allerdings nicht bekannt.

zeigt dagegen keinen signifikanten Einfluss. Die Überschneidung der Reichweite einzelner Keywords stellt eine mögliche Erklärung für diesen Fund dar. Möglicherweise stellt die Zahl unterschiedlicher Wörter oder die Anzahl verwendeter Wortfelder einen besseren Indikator dar, um die Zahl an Anzeigeneinblendungen zu prognostizieren.

In Bezug auf die Zahl an Vertragsabschlüssen zeigen von den fünf herangezogenen Instrumenten der Suchmaschinenwerbung das Wochenbudget und die Keywordübereinstimmung die höchsten Totaleffekte. Diese beiden Steuerungsinstrumente leisten also einen signifikanten Beitrag, um die Varianz in der Zahl an Vertragsabschlüssen zu erklären. Das Ergebnis einer Suchmaschinenwerbekampagne lässt sich folglich anhand des Wochenbudgets und der Keywordübereinstimmung auf Kampagnenebene steuern. Eine detaillierte Steuerung der Suchmaschinenwerbekampagne muss dann in Bezug auf einzelne Keywords sowie Anzeigen erfolgen.

Die empirische Untersuchung weist bzgl. der Beziehung zwischen der Anzeigenschaltung in Tageszeitungen und der Anzeigeneinblendung im Rahmen der Suchmaschinenwerbung heterogene Ergebnisse auf. Ein direkter Einfluss der Schaltung von Zeitungsanzeigen auf die Zahl an Suchmaschinenwerbeeinblendungen konnte im Modell nicht nachgewiesen werden. Die Ergebnisse bestätigen allerdings einen Einfluss der Werbeaktivitäten in den Printmedien auf die Resultate der Suchmaschinenwerbung – explizit die Zahl an Informationsanfragen. Interessenten, die durch Zeitungsanzeigen auf die Internetpräsenz des Dienstleistungsunternehmens aufmerksam geworden sind, nutzen möglicherweise die Suchmaschine als Navigationshilfe, um zum beworbenen Internetauftritt zu finden. Mit dem Ziel, die Webseite aufzusuchen, besitzen diese Interessenten eine hohe Wahrscheinlichkeit, die Suchmaschinenwerbeanzeige anzuklicken – insbesondere, wenn die organischen Suchergebnisse die gesuchte Webseite nicht enthalten. Die Ergebnisse legen insgesamt nahe, dass einige Informationsanfragen, die auf die Suchmaschinenwerbung zurückzuführen sind, ursächlich durch die Zeitungsanzeigen hervorgerufen wurden. Für diese Interessenten zeigt sich also der kombinierte Einsatz der beiden Werbemaßnahmen verantwortlich.

Als Konsequenz ist diese Interaktion zwischen den beiden Werbemaßnahmen bei der Beurteilung der Werbekampagnen sowie der Planung des zukünftigen Werbemixes zu berücksichtigen und zu quantifizieren. Eine besondere Herausforderung stellt die Frage dar, wie die zusätzliche Nachfrage, im Fall des Dienstleistungsanbieters die zusätzlichen Informationsanfragen und Vertragsabschlüsse, in der Evaluation einzelner Werbemaßnahmen und in der Planung zukünftiger Maßnahmen einzubeziehen ist.

Im Gegensatz zu mehrkanaligen, rein traditionellen Werbemaßnahmen liefert die Integration von Online-Maßnahmen zusätzliches Datenmaterial bzgl. ihrer Performanz. Aufgabe zukünftiger Forschung ist, eine kohärente Methodologie bereitzustellen. Neben der Identifizierung und Erfassung der relevanten Daten des Online-Mediums müssen diese Ansätze auch das Problem addressieren, die Informationen in der umfassenden Datenmengen aufzudecken, um den Effekt der Werbeaktivitäten evaluieren zu können.

Die Ergebnisse der kausalanalytischen Untersuchungen lieferten Indizien, dass sich die Interessenten, die mittels der Suchmaschinenwerbung zum Angebot des Dienstleistungsunternehmens gefunden haben, von den Interessenten, die keinen Kontakt zur Suchmaschinenwerbung hatten, bzgl. des Suchverhaltens und der Abschlussquote unterscheiden. Diesen Hinweisen wurde in weiterführenden Analysen nachgegangen.

Das Such- und Surfverhalten von Interessenten, die durch eine Suchmaschine bzw. die Suchmaschinenwerbung zum Internetauftritt des Dienstleistungsanbieters fanden, zeigte signifikante Unterschiede, gemessen an der Verweildauer und der Verweiltiefe, im Vergleich zu anderen Interessenten. Diese Differenz lässt sich u. U. anhand eines unterschiedlichen Suchprozesses erklären. Suchmaschinennutzer konzentrieren ihren Suchaufwand möglicherweise auf die Seiten der Suchmaschine, um mit teilweise reformulierten Suchanfragen relevante Suchergebnisse zu identifizieren. Aufgrund dieses Vorgehens besteht eine geringere Bereitschaft, die verlinkten Internetauftritte zu durchsuchen – insbesondere, wenn alternative Angebote direkt den Suchergebnissen zu entnehmen sind. Interessenten, die auf anderen Wegen zu der Internetpräsenz fanden, inspizieren dagegen gründlicher die vorhandenen Informationen, um sich eine

Meinung über die angebotene Dienstleistung zu bilden. Im Vergleich zu den Nutzern von Suchmaschinen haben diese Interessenten ggf. keinen direkten Zugriff auf konkurrierende oder substitutive Angebote. In der vorliegenden Untersuchung wurde das Such- und Surfverhalten an der Verweildauer und der Verweiltiefe gemessen. Die Berücksichtigung komplexer Besuchsmuster, die z. B. anhand sogenannter Klickstream-Daten ermittelt werden können, kann u. U. zu einer besseren Identifikation der spezifischen Suchstrategien beitragen.[553]

Die Wahrscheinlichkeit einen Vertrag abzuschließen zeigte sich in der empirischen Analyse abhängig vom Ursprung des Interesses. Je nachdem, wie ein Interessent auf das Dienstleistungsangebot aufmerksam geworden ist, fiel die Entscheidung für oder gegen den Abschluss eines Vertrages signifikant unterschiedlich aus. Die abgeleitete Hypothese, dass sich die Interessenten auch in der Dauer ihrer Entscheidungsfindung abhängig vom Ursprung des Interesses unterscheiden, konnte in der Untersuchung nicht nachgewiesen werden. Eine vom Medium abhängige Vertragsabschlussquote wirkt sich neben der Evaluation durchgeführter Werbemaßnahmen auch auf die Planung zukünftiger Werbeaktivitäten aus. Bei unterschiedlichen Vertragsabschlussquoten sind z. B. Reichweiten und Abschlussquoten in Beziehung zu setzen und im Vergleich der Maßnahmen abzuwägen. In der Analyse zeigten insbesondere Empfehlungen einen beachtlichen Effekt, um neue Kunden für die angebotene Dienstleistung zu erreichen. Diese nachgelagerten Effekte sind folglich in dem Wertansatz eines Vertragsabschlusses zu berücksichtigen.

4.7. Zwischenfazit zum vierten Kapitel

Im Rahmen des vorliegenden Kapitels wurde ein Vorgehen präsentiert, das am Beispiel eines Dienstleistungsunternehmens aufzeigt, wie der parallele Einsatz von Suchmaschinenwerbung und Zeitungsanzeigen sowie die Wirkung einzelner Instru-

---

553 Vgl. zum Einsatz von Klickstream-Daten in der Forschung z. B. BUCKLIN/SISMEIRO 2003; CHATTERJEE/HOFFMAN/NOVAK 2003; JOHNSON et al. 2004; MOE/FADER 2004a; MOE/FADER 2004b; SISMEIRO/BUCKLIN 2004; VAN DEN POEL/BUCKINX 2005; MOE 2006 sowie OLBRICH/HOLSING 2011.

mente zur Steuerung der Suchmaschinenwerbung analysiert werden können. Die wesentlichen Erkenntnisse dieser Analyse werden im Folgenden kurz zusammengefasst.

Ausgehend von einer umfassenden dreijährigen Datenbasis, die alle ökonomischen Entscheidungsgrößen des Dienstleistungsunternehmens umfasst, wurde die Wirkung der parallelen Schaltung von Suchmaschinenwerbeanzeigen und Zeitungsanzeigen auf die Anforderung von Informationsmaterial und den Vertragsabschluss untersucht. Das Verfahren trägt insbesondere dem kontinuierlich hohen Werbeaufkommen im Untersuchungszeitraum Rechnung. Im Rahmen der Operationalisierung der Daten wurde des Weiteren aufgezeigt, dass sich durch Aggregation auf Wochenbasis ein gegenläufiger Wochenverlauf sowie ein medialer Unterschied bzgl. der Anzeigenschaltung und deren Rezeption sowie in Folge deren Wirkung berücksichtigen lässt. Auch für den räumlichen und zeitlichen Medienbruch zwischen der Anforderung von Informationsmaterial und dem Vertragsabschluss wurde für die empirische Untersuchung mit der Datierung der Vertragszeichnung auf das Datum der Konversion und der Erfassung der Vertragsabschlüsse bis zu einem Jahr nach dem Untersuchungszeitraum eine einfache und praktikable Problemlösung angegeben.

Entsprechend der aus den Leitfragen abgeleiteten Untersuchungshypothesen wurden der Einfluss der Instrumente zur Steuerung der Suchmaschinenwerbung sowie die Beziehung zwischen Werbemaßnahmen in Zeitungen und der Suchmaschinenwerbung analysiert. Der angenommene Einfluss des Wochenbudgets, der Keywordübereinstimmung, der Klickrate und des Gebotsbetrages auf die Zahl an Anzeigeneinblendungen sowie den Rang der Anzeigen bewährt sich im Rahmen der Untersuchung. Die Keywordanzahl zeigt dagegen keinen signifikanten Einfluss. Mit Blick auf die Bedeutung der unterschiedlichen Instrumente weist das Wochenbudget den höchsten Einfluss auf die Zahl an Vertragsabschlüssen auf. Den zweitstärksten Einfluss besitzt der Grad an Keywordübereinstimmung. Für einen höheren Grad an Keywordübereinstimmung ist insgesamt ein negativer Einfluss zu konstatieren, d. h. in der vorliegenden Analyse dominiert der negative Effekt zwischen Keywordübereinstimmung und Anzeigeneinblendung die positive Wirkung der Keywordübereinstimmung auf die

Anzeigenpositionierung. Für die Klickrate gefolgt von dem Gebotsbetrag ist im Vergleich zu dem Wochenbudget und der Keywordübereinstimmung ein geringerer Einfluss zu konstatieren.

Mit Blick auf die Beziehung zwischen der Anzeigenschaltung in Tageszeitungen und der Anzeigeneinblendung im Rahmen der Suchmaschinenwerbung konnte in der empirischen Untersuchung kein direkter Einfluss der Zeitungsanzeigen auf die Einblendungen der Suchmaschinenwerbeanzeige nachgewiesen werden. Die Ergebnisse zeigen allerdings einen Einfluss der Zeitungswerbung auf die Zahl an Informationsanfragen, die aus der Suchmaschinenwerbung resultieren, so dass insgesamt von einer positiven Interaktion zwischen diesen beiden Werbemaßnahmen auszugehen ist.

In weiterführenden Analysen wurde den aus den kausalanalytischen Untersuchungen abgeleiteten Indizien nachgegangen, dass sich die Interessenten, die mittels der Suchmaschinenwerbung zum Angebot des Dienstleistungsunternehmens gefunden haben, von den Interessenten, die keinen Kontakt zur Suchmaschinenwerbung hatten, bzgl. des Suchverhaltens und der Abschlussquote unterscheiden.

Die Analyseergebnisse legen nahe, dass zwei Gruppen an Interessenten existieren. Eine Gruppe lässt sich als Suchende bezeichnen, die mithilfe von Suchmaschinen und der Suchmaschinenwerbung zur Webseite des Unternehmens gelangen. Diese Gruppe zeigt eine geringe Bereitschaft, die Unternehmenswebseiten zu durchsuchen, und konzentriert den Suchaufwand auf vorgelagerte Stufen. Die zweite Gruppe, die als Surfende bezeichnet werden können, zeigt dagegen ein umfänglicheres Informationsbedürfnis, das sich in der Zahl an betrachteten Webseiten und der Dauer des Aufenthaltes manifestiert.

Die Abschlussquote erwies sich ebenfalls als signifikant abhängig vom Ursprung der Informationsanfrage. Die höchste Abschlussquote zeigt sich für die auf Empfehlungen zurückzuführenden Informationsanfragen. Im medialen Vergleich zeigen Interessenten, die durch Zeitungsanzeigen auf das Angebot aufmerksam geworden sind, eine höhere Abschlussquote als die durch die Suchmaschinenwerbung angesprochenen

Interessenten. In ihrem Vertragsabschlussverhalten konnte mit Blick auf die Entscheidungsdauer kein Unterschied in Abhängigkeit vom Ursprung der Informationsanfrage nachgewiesen werden.

5. Fazit und Ausblick

5.1. Zusammenfassung und Implikationen der zentralen Ergebnisse

Mit Blick auf die in Abschnitt 1.1. formulierten Fragestellungen zur ökonomischen Wirkung der Suchmaschinenwerbung werden zunächst die zentralen Ergebnisse der empirischen Untersuchungen zusammengefasst. Im Anschluss werden deren betriebswirtschaftliche Implikationen aus Sicht eines Werbetreibenden erläutert.

Zur Erforschung der ökonomischen Werbewirkung der Suchmaschinenwerbung wurde in der vorliegenden Arbeit der Beitrag einzelner Instrumente analysiert, um ein ökonomisches Werbeziel, am Beispiel abgeschlossener Verträge, zu erreichen. Die eingangs formulierte Fragestellung lautete:

> Welchen Beitrag leisten einzelne Instrumente zur Steuerung der Suchmaschinenwerbung zur Erreichung des ökonomischen Werbeziels?

In der empirischen Untersuchung wurden die Keywordanzahl, das Wochenbudget, die Keywordübereinstimmung und der Gebotsbetrag als unmittelbare Instrumente sowie die Klickrate als mittelbares Instrument zur Steuerung der Suchmaschinenwerbung berücksichtigt, die die einzelnen Kennzahlen sowie Zielgrößen der Suchmaschinenkampagne determinieren. Mit Ausnahme der Keywordanzahl bewähren sich alle Instrumente in der empirischen Untersuchung. Das Wochenbudget und die Keywordübereinstimmung liefern einen signifkanten Erklärungsbeitrag zu der Zahl an Anzeigeneinblendungen. Zur Erklärung des Anzeigenranges tragen die Keywordübereinstimmung, die Klickrate und der Gebotsbetrag signifikant bei.

In ihrer Wirkung beeinflussen die Instrumente auch die ökonomisch relevanten Zielgrößen. Diese Instrumente bestimmen als vorgelagerte Ziele die Klickanzahl und die Zahl an Informationsanfragen und als Hauptziel die Zahl an Vertragsabschlüssen. Von den fünf herangezogenen Instrumenten der Suchmaschinenwerbung weist das Wochenbudget den stärksten und die Keywordübereinstimmung den zweitstärksten Effekt mit Blick auf die Zahl an Vertragsabschlüssen auf. Ein im Vergleich geringer

Einfluss ist für die Klickrate gefolgt von dem Gebotsbetrag zu konstatieren. Die unterstellte Wirkung der Keywordanzahl konnte in der empirischen Analyse nicht bestätigt werden.

In der empirischen Untersuchung bewährte sich für die Keywordübereinstimmung die gegenläufige Wirkung auf die Anzeigeneinblendungen und auf den Anzeigenrang. Ein höherer Grad an Übereinstimmung zwischen Keyword und Suchanfrage führt also zu einer geringeren Zahl an Anzeigeneinblendungen, die aber auf der Suchergebnisseite höher positioniert werden. In der vorliegenden Untersuchung ist zu konstatieren, dass der Effekt zwischen Keywordübereinstimmung und Anzeigeneinblendung die Wirkung der Keywordübereinstimmung auf den Anzeigenrang dominiert. Für einen höheren Grad an Keywordübereinstimmung ist also ein insgesamt negativer Einfluss auf die Zielgröße festzustellen.

Für das Beispiel des Dienstleistungsunternehmens lässt sich auf Kampagnenebene das Ergebnis der Suchmaschinenwerbung folglich durch das Budget und den Grad der Keywordübereinstimmung in erheblichem Maße steuern. Durch Berücksichtigung der Klickrate sowie des Gebotsbetrages kann die Kampagne weiter auf ihre Zielsetzung ausgerichtet werden. Eine detaillierte Steuerung der Suchmaschinenwerbekampagne muss dann in Bezug auf einzelne Keywords und Anzeigen erfolgen.

Alle Keywords und Anzeigen sind jeweils auf den Grad ihrer Zielerreichung zu untersuchen. Neben der Analyse inhaltlicher Zielvorgaben, angefangen von der adäquaten Zielgruppenansprache bis zur Erfüllung vorökonomischer sowie ökonomischer Zielvorgaben, sind auch die strukturellen Eigenschaften der Suchmaschinenkampagne, so z. B. die Zuordnung von Anzeigen zu Keywords, zu hinterfragen. Die detaillierte Steuerung der Werbekampagne kann also in dem dynamischen Umfeld der Suchmaschinenwerbung, das Werbetreibenden ermöglicht, zeitnahe Modifikationen an den Werbekampagnen vorzunehmen, einen erheblichen Aufwand auslösen. Ein Unternehmen, das die Suchmaschinenwerbung seinem Werbemix hinzufügen möchte, muss folglich im Rahmen der Ressourcenallokation nicht nur über das Werbebudget, sondern auch über die personelle Ausstattung zur Betreuung dieser Maßnahme entscheiden.

Mittels der empirischen Untersuchung wurde ein Vorgehen aufgezeigt, das verschiedene Instrumente zur Steuerung einer Suchmaschinenwerbekampagne analysiert. Werbetreibenden ist hiermit ein Verfahren an die Hand gegeben, das die zentralen Steuerungsinstrumente der Suchmaschinenwerbung identifiziert. In seiner Applikation lässt es sich um weitere exogene Größen erweitern und so an die spezifische unternehmerische Situation anpassen.

Als weitere Zielsetzung, um die ökonomische Werbewirkung der Suchmaschinenwerbung zu erforschen, wurde in dieser Arbeit am Beispiel von parallel geschalteten Zeitungsanzeigen und Suchmaschinenwerbung die Interaktion zwischen klassischer und Online-Werbung analysiert. Eingangs wurde hierzu folgende Frage formuliert:

> Welchen Einfluss übt die parallele Schaltung von Zeitungsanzeigen auf die Zielgrößen einer Suchmaschinenwerbekampagne aus?

Zum Einfluss der Anzeigenschaltung in Tageszeitungen auf die Suchmaschinenwerbung liefert die empirische Untersuchung heterogene Ergebnisse. Die Hypothese, dass die Schaltung von Zeitungsanzeigen zu einem Anstieg der Einblendungen der Suchmaschinenwerbeanzeigen führt, bewährte sich in der vorliegenden Untersuchung nicht. Die Ergebnisse bestätigen allerdings einen Einfluss der Werbeaktivitäten in Printmedien auf die Ergebnisgrößen der Suchmaschinenwerbung – explizit die Zahl an Informationsanfragen, die direkt der Suchmaschinenwerbung zuzurechnen sind. Das Ergebnis lässt sich inhaltlich so erklären, dass die Anzeigen in Zeitungen nur in geringem Maße das ohnehin sehr hohe Niveau an Einblendungen der Suchmaschinenwerbung beeinflussen. Die wertmäßig geringen Auswirkungen der Zeitungsanzeigen auf die Suchmaschinenwerbeeinblendungen werden dann durch die Schwankungen im Suchverhalten überdeckt.

Als Ergebnis ist festzuhalten, dass einzelne der durch Zeitungsanzeigen aufmerksam gewordenen Interessenten die Suchmaschine als Navigationshilfe nutzen. Die Suchmaschinenwerbeanzeigen dienen hierbei als Wegweiser zur Unternehmenswebseite. Die durch die Zeitungsanzeigen angesprochenen Interessenten interessieren sich also in einem starken Maße für die Dienstleistung und konvertieren zu einem hohen Grad. Ohne die Suchmaschine gingen dem werbenden Unternehmen u. U. bereits aktivierte Interessenten sowie Neukunden verloren. Ein Teil der durch die Werbemaßnahmen abgeschlossen Verträge ist also auf den kombinierten Einsatz beider Werbemaßnahmen zurückzuführen.

Aus der Existenz des positiven Effekts der Zeitungsanzeigen auf die Suchmaschinenwerbung lassen sich einige Implikationen für den Werbetreibenden ableiten. Die Interaktion zwischen diesen beiden Werbemaßnahmen ist bei der Beurteilung der Werbekampagnen sowie der Planung des zukünftigen Werbemixes zu berücksichtigen und zu quantifizieren. Eine besondere Herausforderung stellt die Frage dar, wie die zusätzliche Nachfrage, im Fall des Dienstleistungsanbieters die zusätzlichen Informationsanfragen und Vertragsabschlüsse, in die Evaluation einzelner Werbemaßnahmen und in der Planung zukünftiger Maßnahmen einzubeziehen ist. Welcher Maßnahme ist die zusätzliche Nachfrage zuzurechnen? Und welche Konsequenzen sind aus diesem Ergebnis für den zukünftigen Einsatz der Maßnahmen zu ziehen?

Insbesondere in Märkten, die durch hohe Konkurrenz in der Suchmaschinenwerbung gekennzeichnet sind, ist für Werbetreibende nicht nur der direkte Interaktionseffekt der geschalteten Zeitungsanzeigen auf die eigene Kampagne der Suchmaschinenwerbung von Bedeutung. In diesem Zusammenhang ist auch die Wirkung der eigenen Zeitungsanzeigen auf Suchmaschinenwerbekampagnen der Konkurrenz zu berücksichtigen. Für Werbetreibende kann u. U. die Notwendigkeit bestehen, die Schaltung von Zeitungsanzeigen mit einer zumindest geringen Präsenz von Suchanzeigen zu kombinieren, um nicht einen Teil der aktivierten Interessenten der Konkurrenz zu überlassen. Im Umkehrschluss können Marktteilnehmer mit geringem Werbebudget diese Interaktion nutzen, um an den klassischen Werbeaktivitäten der Konkurrenz zu partizipieren. Zielsetzung dieser Unternehmen ist folglich, sich als Alternative bei den bereits aktivierten Interessenten zu präsentieren.

Neben der Erfassung und Zurechnung dieses Interaktionseffektes muss das werbende Unternehmen auch Unterschiede in der Wirkung der verschiedenen Werbemaßnahmen berücksichtigen. Weisen Interessenten, die durch unterschiedliche Maßnahmen angesprochen werden, z. B. mit Blick auf die Wahrscheinlichkeit einen Vertrag abzuschließen, unterschiedliches Verhalten auf, so beeinflusst dies neben der vergangenheitsorientierten Beurteilung der eingesetzten Maßnahmen auch die Auswahl der zukünftigen Werbeaktivitäten.

In der empirischen Analyse bestätigten sich die Vermutungen, dass sich die Interessenten hinsichtlich des Such- und Surfverhaltens sowie der Vertragabschlussquote unterscheiden. Anhand ihres Suchprozesses lassen sich zwei Gruppen an Interessenten identifizieren. Eine Gruppe an Interessenten, die als ‚Suchende' bezeichnet werden können, konzentriert ihren Suchaufwand auf die Seiten der Suchmaschine, um mit reformulierten Suchanfragen relevantere Suchergebnisse zu identifizieren. Mittels der organischen und werblichen Ergebnisse gelangen diese Interessenten dann zu den verlinkten Webseiten. Da sich der Suchaufwand auf die Suchmaschine konzentriert, besteht eine geringe Bereitschaft, den Internetauftritt nach relevanten Angaben zu durchsuchen. Eine zweite Gruppe an Interessenten, ohne Kontakt zu einer Suchmaschine oder einer Anzeige der Suchmaschinenwerbung, die als ‚Surfende' bezeichnet werden können, inspiziert dagegen gründlicher die vorhandenen Informationen, um sich eine Meinung über das Angebot zu bilden. Im Vergleich zu den Nutzern von Suchmaschinen haben diese Interessenten i. d. R. keinen direkten Zugriff auf konkurrierende oder substitutive Angebote.

Aus den unterschiedlichen Suchprozessen leitet sich die Notwendigkeit ab, den identifizierten Gruppen die relevanten Informationen entsprechend ihrer Bedürfnisse bereitzustellen. Für die Gruppe der Suchenden müssen die Informationen ohne hohen Aufwand erkennbar und verfügbar sein, d. h. die Suche muss möglichst zeitnah zum gewünschten Ergebnis führen. Die Gruppe der Surfenden erwartet dagegen ein umfassenderes Informationsangebot, das nicht nur die gesuchten Inhalte kommuniziert, sondern auch weitere Informationen zu dem Anbieter bereitstellt, um sich einen umfassenden Eindruck von dem Anbieter zu bilden. In diesem Zusammenhang ist

z. B. aus Sicht eines Werbetreibenden zu entscheiden, auf welche Webseite die Werbemaßnahmen verlinken und ob für verschiedene Maßnahmen u. U. alternative Internetauftritte sinnvoll sind.

Die Interessenten zeigten in der empirischen Analyse in Abhängigkeit von dem Ursprung ihres Interesses unterschiedliche Wahrscheinlichkeiten, einen Vertrag abzuschließen. Die Hypothese, dass die Interessenten auch in der Dauer ihrer Entscheidungsfindung voneinander abweichen, konnte in der Untersuchung nicht nachgewiesen werden. Die abweichenden Abschlussquoten sind in Beziehung zu den Reichweiten und Ausgaben der Maßnahmen zu setzen, um die einzelnen Aktivitäten evaluieren zu können. Insbesondere mit Blick auf den Interaktionseffekt des parallelen Werbeeinsatzes muss ein Werbetreibender die Wirkung der einzelnen Maßnahmen abwägen, sofern die Interessenten sich in ihrer Wahrscheinlichkeit zu konvertieren unterscheiden.

Im Rahmen der Analyse wiesen diejenigen Interessenten die höchste Vertragsabschlussquote auf, die durch Empfehlungen Dritter auf das Dienstleistungsangebot aufmerksam geworden sind. Bei der Beurteilung und Planung der werblichen Maßnahmen sind diese Ausstrahlungseffekte folglich auch in dem Wertansatz eines Vertragsabschlusses zu berücksichtigen, um die ökonomische Wirkung des Marketing-Mix sowie der einzelnen Maßnahmen abschätzen zu können. In diesem Zusammenhang ist zu prüfen, ob das Empfehlungsverhalten und dessen Wirkung bei variierendem Werbebudget und für verschiedene Werbemaßnahmen konstant sind.

In der vorliegenden Arbeit konnte der Einfluss von zentralen Steuerungsinstrumenten der Suchmaschinenwerbung sowie eine positive Wirkung von Zeitungsanzeigen auf die Zielgrößen der Suchmaschinenwerbung identifiziert werden. Vertiefende Analysen zeigten, dass sich die angesprochenen Interessenten in ihrem Suchverhalten und ihrer Vertragsabschlusswahrscheinlichkeit unterscheiden. Diese Zusammenhänge sind in der Planung und der Umsetzung der zukünftigen Werbemaßnahmen zu berücksichtigen. Eine wohlinformierte und bewusste Entscheidung z. B. über die Auswahl und das Ausmaß einzelner Maßnahmen ist dann anhand einer entsprechenden Informationsbasis zu treffen.

5.2. Ausblick auf zukünftige Forschung

In der vorliegenden Arbeit wurden die zentralen Instrumente zur Steuerung der Suchmaschinenwerbung identifiziert und ihr Beitrag zur Zielerreichung verglichen. Die Auswahl folgte den Werbeaktivitäten des Unternehmens und beinhaltet als unmittelbares Instrument die Keywordanzahl, das Wochenbudget, die Keywordübereinstimmung, und den Gebotsbetrag sowie als mittelbares Instrument die Klickrate. Auf Basis der explorativen Ergebnisse können im Rahmen zukünftiger Forschungsarbeiten weitere Instrumente untersucht werden, die die Einblendung und den Rang der Suchmaschinenwerbeanzeige möglicherweise darüber hinaus beeinflussen. Wie bereits bei der Diskussion zur Anzahl verwendeter Keywords angemerkt, stellt die Anzahl unterschiedlicher Wörter oder verwendeter Wortfelder u. U. einen besseren Indikator dar, um die Zahl an Anzeigeneinblendungen zu prognostizieren. Für Werbetreibende, die mit einem geringen und ausgeschöpften Budget operieren, bietet sich die Inspektion der zeitlichen Steuerungsmöglichkeiten unter Berücksichtigung der korrespondierenden Zielerreichung an. Die Möglichkeiten, bestimmte Wochentage in Kombination mit ausgewählten Uhrzeiten auszuwählen, sind folglich auf Unterschiede mit Blick auf die Zielgrößen der Suchmaschinenwerbekampagne zu analysieren.

Die Untersuchung konzentrierte sich auf die Werbeaktivitäten eines Dienstleistungsunternehmens mit Blick auf den Einfluss von Zeitungsanzeigen auf die Suchmaschinenwerbung. Für die gleichzeitige Schaltung von Zeitungsanzeigen fand sich eine positive Wirkung auf die unternehmerisch relevanten Zielgrößen des Dienstleistungsunternehmens. Ausgehend von diesen Ergebnissen können zukünftige Forschungsarbeiten den Erkenntnisstand zu dieser Kombination von Werbemaßnahmen im Sinne eines multimedialen Werbemixes erweitern. Andere Kombinationen traditioneller und Online-Werbemaßnahmen bedürfen ebenso einer auf ökonomisch relevante Zielgrößen konzentrierten Analyse.

Zur Bestätigung der vorliegenden Ergebnisse wurde am Beispiel eines Dienstleistungsunternehmens ein Vorgehen aufgezeigt, das zur Analyse verschiedener Steuerungsinstrumente der Suchmaschinenwerbung herangezogen werden kann, um deren zentrale Instrumente zu identifizieren. Anhand dieses Vorgehens können weitere Untersuchungen die präsentierten Resultate prüfen.

Gegenstand der Werbeaktivitäten ist eine Dienstleistung, die durch ein hohes Involvement und ein entsprechend rationales Entscheidungsverhalten gekennzeichnet ist. Diese Charakteristika der Interessenten haben u. U. zu einem intensiven Suchprozess im Sinne einer ausführlichen Informationsphase geführt.[554] Für alternative Leistungsbündel, wie z. B. Dienstleistungen, die durch ein geringes Involvement geprägt sind sowie digitalisierbare und nicht-digitalisierbare Produkte, ist zu untersuchen, ob sich die Untersuchungsergebnisse übertragen lassen.

Als weitere charakteristische Eigenschaft des Unternehmens ist zu konstatieren, dass das Unternehmen die Dienstleistung primär über seinen Internetauftritt vertreibt. Durch die Existenz lediglich eines Vertriebskanals wird die Zurechnung der Werbewirkung im Rahmen der Untersuchung erleichtert. Eine offene Frage ist somit, welche Auswirkungen die gleichzeitige Schaltung von z. B. Zeitungsanzeigen und Suchmaschinenwerbung auf einen mehrkanaligen Vertrieb besitzt, da vielfach Online-Anzeigen bzw. Online-Informationen einem Kauf im Ladengeschäft vorausgehen.[555]

In der vorliegenden Arbeit wurde das Such- und Surfverhalten anhand der weitverbreiteten Indikatoren Verweildauer und Verweiltiefe als Teil des Entscheidungsprozesses der Interessenten berücksichtigt. In der Diskussion zu dem abweichenden Such- und Surfverhalten wurde bereits vorgeschlagen, die Untersuchung zu diesem Aspekt anhand sogenannter Klickstreamdaten zu vertiefen. Zukünftige Unter-

---

554 Für eine Einführung in die Kaufphasen sowie unterschiedliche Modellansätze vgl. SCHULTZ 2007, S. 49-72.

555 Vgl. hierzu z. B. ABRAHAM 2008. Dieses Verhalten wird auch in zahlreichen Marktstudien zum Konsumentenverhalten bestätigt. Vgl. z. B. die dem Consumer Commerce Barometer (http://www.consumerbarometer.com) für verschiedene Länder und Produktkategorien zugrundeliegenden Studien.

suchungen könnten auch weitere Verhaltenscharakteristika in die Analyse integrieren, um die Entscheidungsfindung von einzelnen Interessenten bzw. von Interessentengruppen abzubilden.

Weiterer Forschung bedarf auch der funktionale Zusammenhang zwischen den herangezogenen Größen. Für eine, wie die vorliegende, weitgehend explorative Untersuchung eines komplexen und interaktiven Beziehungszusammenhangs ist die vorgenommene Linearisierung eines unbekannten funktionalen Zusammenhangs insofern akzeptabel, als dass die Analyse nur auf einem Ausschnitt der wahren Funktion erfolgt – für die lineare Schätzer meist gute Ergebnisse liefern. Inwiefern sich alternative funktionale Zusammenhänge zur Prognose eignen, sollte Gegenstand zukünftiger Arbeiten sein.

In der vorliegenden Untersuchung wurden die Werbeaktivitäten über einen Zeitraum von drei Jahren analysiert, um eine Aussage über die Interaktion zwischen Zeitungsanzeigen und Suchmaschinenwerbung zu gewinnen. Dieser Untersuchungszeitraum bedingt sich durch die Notwendigkeit, die Daten auf Wochenbasis zu aggregieren, die insbesondere dem Zeitverzug in der Werbewirkung der Werbemaßnahmen sowie der Tendenz zur Anzeigenschaltung in Printmedien hin zum Wochenende geschuldet ist. Für eine praktikable Anwendung, um auch dem dynamischen Charakter der Suchmaschinenwerbung gerecht zu werden, sollten Forscher ihre Bestrebungen darauf richten, eine Methodologie zu entwickeln, die kurzfristige Datenbasen nutzen kann, um die Werbewirkung zeitnah prognostizieren zu können.

Literaturverzeichnis

Abhishek, V. (2007): Keyword Generation for Search Engine Advertising using Semantic Similarity between Terms. Third Workshop on Sponsored Search Auctions, International World Wide Web Conference (WWW2007). Banff, Canada, 2007.

Abraham, M. (2008): The Off-Line Impact of Online Ads, in: Harvard Business Review, Vol. 86, 2008, No. 4, p. 28.

Abrams, Z. (2006): Revenue maximization when bidders have budgets. Proceedings of the seventeenth annual ACM-SIAM symposium on discrete algorithms. Miami, Florida, USA, 2006.

Abrams, Z./Ghosh, A. (2007): Auctions with Revenue Guarantees for Sponsored Search. Third Workshop on Sponsored Search Auctions, International World Wide Web Conference (WWW2007). Banff, Canada, 2007.

Abrams, Z./Ghosh, A./Vee, E. (2007): Cost of Conciseness in Sponsored Search Auctions. Third Workshop on Sponsored Search Auctions, International World Wide Web Conference (WWW2007). Banff, Canada, 2007.

Abrams, Z./Mendelevitch, O./Keerthi, S. S./Tomlin, J. A. (2008): Ad Delivery with Budgeted Advertisers: A Comprehensive LP Approach, in: Journal of Electronic Commerce Research, Vol. 9, 2008, No. 1, pp. 16-32.

Abrams, Z./Mendelevitch, O./Tomlin, J. A. (2007): Optimal delivery of sponsored search advertisements subject to budget constraints. Proceedings of the 8th ACM conference on electronic commerce. San Diego, California, USA, 2007.

Acharya, S./Krishnamurthy, P./Deshpande, K./Yan, T. W./Chang, C.-C. (2007): A Simulation Framework for Evaluating Designs for Sponsored Search Markets. Third Workshop on Sponsored Search Auctions, International World Wide Web Conference (WWW2007). Banff, Canada, 2007.

Adar, E./Huberman, B. A. (2000): The Economics of Surfing, in: Quarterly Journal of Electronic Commerce, Vol. 1, 2000, No. 3, pp. 203-214.

Aggarwal, G./Feldman, J./Muthukrishnan, S./Pál, M. (2008): Sponsored Search Auctions with Markovian Users. Fourth Workshop on Ad Auctions, Conference on Electronic Commerce (EC'08). Chicago, Illinois, USA, 2008.

Aggarwal, G./Goel, A./Motwani, R. (2006): Truthful auctions for pricing search keywords. Proceedings of the 7th ACM conference on electronic commerce. Ann Arbor, Michigan, USA, 2006.

Aggarwal, G./Hartline, J. D. (2005): Knapsack Auctions. First Workshop on Sponsored Search Auctions, ACM Conference on Electronic Commerce (EC'05). Vancouver, Canada, 2005.

Aggarwal, G./Muthukrishnan, S./Pál, D./Pál, M. (2009): General auction mechanism for search advertising, in: Proceedings of the 18th international conference on World Wide Web. Madrid, Spain, 2009, pp. 241-250.

Agichtein, E./Brill, E./Dumais, S. (2006): Improving Web Search Ranking by Incorporating User Behavior Information, in: Proceedings of the 29th annual international ACM SIGIR conference on Research and development in information retrieval. Seattle, Washington, USA, 2006, pp. 19-26.

Agichtein, E./Brill, E./Dumais, S./Ragno, R. (2006): Learning user interaction models for predicting web search result preferences. Proceedings of the 29th annual international ACM SIGIR conference on Research and development in information retrieval. Seattle, Washington, USA, 2006, pp. 3-10.

Akritas, M. G./Arnold, S. F./Brunner, E. (1997): Nonparametric hypotheses and rank statistics for unbalanced factorial designs, in: Journal of the American Statistical Association, Vol. 92, 1997, No. 437, pp. 258-265.

Albers, S./Hildebrandt, L. (2006): Methodische Probleme bei der Erfolgsfaktorenforschung – Messfehler, formative versus reflektive Indikatoren und die Wahl des

Strukturgleichungs-Modells, in: Zeitschrift für betriebswirtschaftliche Forschung, 58. Jg., 2006, Nr. 1, S. 2-33.

Ali, K./Scarr, M. (2007): Robust methodologies for modeling web click distributions, in: Proceedings of the 16th international conference on World Wide Web. Banff, Alberta, Canada, 2007.

Almpanidas, G./Kotropoulos, C./Pitas, I. (2006): Combining text and link analysis for focused crawling – An application for vertical search engines, in: Information Systems, Vol. 32, 2006, No. 6, pp. 886-908.

Anderson, C. (2006): The Long Tail – Why the Future Business is Selling Less of More, New York, 2006.

Animesh, A./Ramachandran, V./Viswanathan, S. (2005): Online Advertisers' Bidding Strategies for Search, Experience, and Credence Goods: An Empirical Investigation. First Workshop on Sponsored Search Auctions, ACM Conference on Electronic Commerce (EC'05). Vancouver, Canada, 2005.

Animesh, A./Ramachandran, V./Viswanathan, S. (2010): Quality uncertainty and the performance of online sponsored search markets, in: Information Systems Research, Vol. 21, 2010, No. 1, pp. 190-201.

Animesh, A./Viswanathan, S./Agarwal, R. (2011): Competing 'Creatively' in Sponsored Search Markets: The Effect of Rank, Differentiation Strategy, and Competition on Performance, in: Information Systems Research, Vol. 22, 2011, No. 1, pp. 1-20.

Archak, N./Mirrokni, V./Muthukrishnan, M. (2010): Budget Optimization for Online Advertising Campaigns with Carryover Effects. Sixth Workshop on Ad Auctions, Conference on Electronic Commerce (EC'10). Cambridge, Massachusetts, USA, 2010.

Asdemir, K. (2006): Bidding Patterns in Search Engine Auctions. Second Workshop on Sponsored Search Auctions, ACM Conference on Electronic Commerce (EC'06). Ann Arbor, Michigan, USA, 2006.

Asdemir, K. (2011): A dynamic model of bidding patterns in sponsored search auctions, in: Journal of Information Technology and Management, Vol. 12, 2011, No. 1, pp. 1-16.

Ashlagi, I./Braverman , M./Hassidim, A./Lavi, R./ Tennenholtz, M. (2010): Position Auctions with Budgets: Existence and Uniqueness. Sixth Workshop on Ad Auctions, Conference on Electronic Commerce (EC'10). Cambridge, Massachusetts, USA, 2010.

Ashlagi, I./Monderer, D./Tennenholtz, M. (2008): Competing Ad Auctions. Fourth Workshop on Ad Auctions, Conference on Electronic Commerce (EC'08). Chicago, Illinois, USA, 2008.

Athey, S./Ellison, G. (2011): Position Auctions with Consumer Search, in: Quarterly Journal of Economics, Vol. 126, 2011, No. 3, pp. 1213-1270.

Backhaus, K./Blechschmidt, B./Eisenbeiß, M. (2006): Der Stichprobeneinfluss bei Kausalanalysen, in: Die Betriebswirtschaft, 66. Jg., 2006, Nr. 6, S. 711-726.

Backhaus, K./Erichson, B./Plinke, W./Weiber, R. (2011): Multivariate Analysemethoden – Eine anwendungsorientierte Einführung, 13., vollst. überarb. Aufl., Berlin u. a . 2011.

Bagozzi, R. P./Fornell, C. (1982): Theoretical Concepts, Measurements, and Meaning, in: Fornell, C. (ed.): A Second Generation Multicariate Analysis, New York, 1982, pp. 24-38.

Bagozzi, R. P./Yi, Y. (1988): On the evaluation of Structural Equation Models, in Journal of the Academy of Marketing Science, Vol. 16, 1988, No. 1, pp. 74-94.

Bagozzi, R. P./Yi, Y. (1994): Advanced topics in structural equation models, in: Bagozzi, R. P. (ed.): Advanced methods of marketing research, Cambridge, 1994, pp. 1-51.

Balachander, S./Kannan, K./Schwartz, D. G. (2009): A Theoretical and Empirical Analysis of Alternate Auction Policies for Search Advertisements, in: Review of Marketing Science, Vol. 7, 2009, No. 1, pp. 1-49.

Balcan, M.-F./Blum, A./Hartline, J. D./Mansour, Y. (2005): Sponsored Search Auction Design via Machine Learning. First Workshop on Sponsored Search Auctions, ACM Conference on Electronic Commerce (EC'05). Vancouver, Canada, 2005.

Bartlett, M. (1937): Properties of sufficiency and statistical tests, in: Proceedings of the Royal Society of London. Series A, Mathematical and Physical Sciences, Vol. 160, 1937, No. 901, pp. 268–282.

Bartz, K./Murthi, V./Sebastian, S. (2006): Logistic Regression and Collaborative Filtering for Sponsored Search Term Recommendation. Second Workshop on Sponsored Search Auctions, ACM Conference on Electronic Commerce (EC'06). Ann Arbor, Michigan, USA, 2006.

Bauer, H. H./Grether, M. (2004): Flow – Gebannt im Internet surfen, in: Bauer, H. H./Rösger, J./Neumann, M. M. (Hrsg.): Konsumentenverhalten im Internet, München 2004, S. 107-131.

Bauer, H. H./Hammerschmidt, M. (2005): Customer-Based Corporate Valuation – Integrating the Concepts of Customer Equity and Shareholder Value, Management Decision, Vol. 43, 2005, No. 3, pp. 331-348.

Beerli, A./Santana, J. D. M. (1999): Design and validation of an instrument for measuring advertising effectiveness in the printed media, in: Journal of Current Issues & Research in Advertising, Vol. 21, 1999, No. 2, pp. 11-30.

Bellizzi, J. A. (2000): Drawing Prospects to E-Commerce Websites, in: Journal of Advertising Research, Vol. 40, 2000, No. 1, pp. 43-53.

Benisch, M./Sadeh, N./Sandholm, T. (2008): The Cost of Inexpressiveness in Advertisement Auctions. Fourth Workshop on Ad Auctions, Conference on Electronic Commerce (EC'08). Chicago, Illinois, USA, 2008.

Bensberg, F. (2001): Web Log Mining als Instrument der Marketingforschung – Ein systemgestaltender Ansatz für internetbasierte Märkte, in: Becker, J./Grob, H. L./Klein, S. (Hrsg.): Schriftenreihe Informationsmanagement und Controlling, zugl. Diss. Univ. Münster, Wiesbaden 2001.

Bergkvist, L./Rossiter, J. R. (2007): The predictive validity of multiple-item versus single-item measures of the same constructs, in: Journal of Marketing Research, Vol. 44, 2007, No. 2, pp. 175-184.

Bhargava, H. K./Feng, J. (2002): Paid placement strategies for internet search engines, in: Proceedings of the 11th international conference on World Wide Web. Honolulu, Hawaii, USA, 2002, pp. 117-123.

Bischopinck, Y. von/Ceyp, M. (2009): Suchmaschinen-Marketing – Konzepte, Umsetzung und Controlling, 2., überarb., akt. u. erw. Aufl., Berlin u. a. 2009.

Bliemel, F./Eggert, A./Fassott, G./Henseler, J. (2005): Die PLS-Pfadmodellierung: Mehr als eine Alternative zur Kovarianzstrukturanalyse, in: Bliemel, F./Eggert, A./Fassott, G./Henseler, J. (Hrsg.): Handbuch PLS-Pfadmodellierung – Methode, Anwendung, Praxisbeispiele, Stuttgart 2005, S. 9-16.

Blumrosen, L./Hartline, J. D./Nong, S. (2008): Position Auctions and Non-uniform Conversion Rates, Fourth Workshop on Ad Auctions, Conference on Electronic Commerce (EC'08). Chicago, Illinois, USA, 2008.

Bohrnstedt, G. (1970): Reliability and Validity Assessment in Attitude Measurement, in: Summers, G. (ed.): Attitude, Measurement, London 1970, pp. 80-99.

Bollen, K. A./Stine, R. A. (1993): Bootstrapping goodness-of-fit measures in structural equation models, in: Bollen, K. A./Long, J. S. (eds.) Testing structural equation models, Newbury Park 1993, pp. 111-130.

Booth, D./Jansen, B. J. (2009): A Review of Methodologies for Analyzing Websites, in: Jansen, B. J./Spink, A./Taksa, I. (eds.): Handbook of Research on Web Log Analysis, Hershey 2009, pp. 143-164.

Borgs, C./Chayes, J./Etesami, O./Immorlica, N./Jain, K./Mahdian, M. (2006): Bid optimization in online advertisement auctions. Second Workshop on Sponsored Search Auctions, ACM Conference on Electronic Commerce (EC'06). Ann Arbor, Michigan, USA, 2006.

Borgs, C./Chayes, J./Etesami, O./Immorlica, N./Jain, K./Mahdian, M. (2007): Dynamics of Bid Optimization in Online Advertisement Auctions. Third Workshop on Sponsored Search Auctions, International World Wide Web Conference (WWW2007). Banff, Canada, 2007.

Borgs, C./Chayes, J./Immorlica, N./Mahdian, M./Saberi, A. (2005): Multi-unit auctions with budget-constrained bidders. Proceedings of the 6th ACM conference on electronic commerce. Vancouver, Canada, 2005.

Borodin, A./El-Yaniv, R. (2005): Online Computation and Competitive Analysis, Cambridge 2005.

Bortz, J./Lienert, G. A./Boehnke, K. (2008): Verteilungsfreie Methoden in der Biostatistik, 3., korr. Aufl., Heidelberg 2008.

Bortz, J./Schuster, C. (2010): Statistik für Human- und Sozialwissenschaftler, 7., vollst. überarb. u. erw. Aufl., Berlin u. a. 2010.

Boßow-Thies, S./Panten, G. (2009): Analyse kausaler Wirkungszusammenhänge mit Hilfe von Partial Least Squares (PLS), in: Albers, S./Klapper, D./Konradt, U./Walter, A./Wolf, J. (Hrsg.): Methodik der empirischen Forschung, 3. erw. Aufl., Wiesbaden 2009, S. 365-380.

Box, G. E. P./Tiao, G. C. (1973): Bayesian inference in statistical analysis, Reading.

Briggs, R./Hollis, N. (1997): Advertising on the Web: Is There Response before Click-Through?, in: Journal of Advertising Research, Vol. 37, 1997, No. 2, pp. 33-45.

Briggs, R./Krishnan, R./Borin, N. (2005): Integrated multichannel communication strategies: Evaluating the return on marketing objectives – the case of the 2004 Ford F-150 launch, in: Journal of Interactive Marketing, Vol. 19, 2005, No. 3, pp. 81-90.

Brin, S./Page, L. (1998): The anatomy of a large-scale hypertextual Web search engine, in: Computer Networks and ISDN Systems, Vol. 30, 1998, No. 1-7, pp. 107-117.

Broder, A. J. (2000): Data Mining, the Internet, and Privacy, in Massand, B. M./Spiliopoulou, M. (eds.): Web Usage Analysis and User Profiling, Revised Papers from the International Workshop on Web Usage Analysis and User Profiling, WebKDD'99, San Diego, California, USA, August 15, 1999, Vol. 1836 of Lecture Notes in Computer Science, Berlin 2000, pp. 56-73.

Broder, A. (2002): A taxonomy of web search, in: ACM SIGIR Forum, Vol. 36, 2002, No. 2, pp. 3-10.

Broder, A./Ciaramita, M./Fontoura, M./Gabrilovich, E./Josifovski, V./Metzler, D./Murdock, V./Plachouras, V. (2008): To swing or not to swing: learning when (not) to advertise, in: Proceeding of the 17th ACM conference on Information and knowledge management. Napa Valley, California, USA, 2008, pp. 1003-1012.

Brunner, E./Munzel, U. (2002): Nicht-parametrische Datenanalyse – unverbundene Stichproben. Berlin u. a. 2002.

Brunner, E./Puri, M. (2001): Nonparametric methods in factorial designs, in: Statistical Papers, Vol. 42, 2001, No. 1, pp. 1-52.

Brynjolfsson, E./Hu, Y. J./Smith, M. D. (2006): From Niches to Riches: Anatomy of the Long Tail, in: MIT Sloan Management Review, Vol. 47, 2006, No. 4, pp. 67-71.

Brynjolfsson, E./Hu, Y. J./Simester, D. (2011): Goodbye Pareto Principle, Hello Long Tail: The Effect of Search Costs on the Concentration of Product Sales, in: Management Science, Vol. 57, 2011, No. 8, pp. 1373-1386.

Bu, T.-M./Deng, X./Qi, Q. (2007): Dynamics of Strategic Manipulation in Ad-Words Auction. Third Workshop on Sponsored Search Auctions, International World Wide Web Conference (WWW2007). Banff, Canada, 2007.

Bucklin, R. E./Sismeiro, C. (2003): A Model of Web Site Browsing Behavior Estimated on Clickstream Data, in: Journal of Marketing Research, Vol. 40, 2003, No. 3, pp. 249-267.

Budinich, M./Codenotti, B./Geraci, F./Pellegrini, M. (2010): On the Benefits of Keyword Spreading in Sponsored Search Auctions: An Experimental Analysis. 11th International Conference on Electronic Commerce and Web Technologies (EC-Web 2010). Bilbao, Spain, 2010, pp. 158-171.

Büttgen, M. (2002): Affiliate Marketing, in: Die Betriebswirtschaftslehre, 62. Jg., 2002, Nr. 5, S. 566-571.

BVDW (2009): TV-Werbung: Niemals ohne Suche, Düsseldorf 2009.

Cassel, C./Hackl, P./Westlund, A. H. (1999): Robustness of partial least-squares method for estimating latent variable quality structures, in: Journal of Applied Statistics, Vol. 26, 1999, No. 4, pp. 435-446.

Chakrabarty, D./Zhou, Y./Lukose, R. (2007): Budget Constrained Bidding in Keyword Auctions and Online Knapsack Problems. Third Workshop on Sponsored Search Auctions, International World Wide Web Conference (WWW2007). Banff, Canada, 2007.

Chakraborty, S./Devanur, N. (2008): An Online Multi-unit Auction with Improved Competitive Ratio. Fourth Workshop on Ad Auctions, Conference on Electronic Commerce (EC'08). Chicago, Illinois, USA, 2008.

Chang, Y./Thorson, E. (2004): Television and Web Advertising Synergies, in: Journal of Advertising, Vol. 33, 2004, No. 2, pp. 75-84.

Chatterjee, P. (2008): Are Unclicked Ads Wasted? Enduring Effects of Banner and Pop-Up Ad Exposures on Brand Memory and Attitudes, in: Journal of Electronic Commerce Research, Vol. 9, 2008, No. 1, pp. 51-61.

Chatterjee, P./Hoffman, D. L./Novak, T. P. (2003): Modeling the Clickstream: Implications for Web-Based Advertising Efforts, in: Marketing Science, Vol. 22, 2003, No. 4, pp. 520-541.

Chen, J./Feng, J./Whinston, A. B. (2009): Keyword Auctions, Unit-Price Contracts, and the Role of Commitment, in: Production and Operations Management, Vol. 19, 2009, No. 3, pp. 305-321.

Chen, Y./Ghosh, A./McAfee, P./Pennock, D. M. (2008): Sharing Online Advertising Revenue with Consumers. Fourth Workshop on Ad Auctions, Conference on Electronic Commerce (EC'08). Chicago, Illinois, USA, 2008.

Chen, Y./Xue, G.-R./Yu, Y. (2008): Advertising keyword suggestion based on concept hierarchy, in: Proceedings of the international conference on Web search and web data mining. Palo Alto, California, USA, 2008, pp. 251-260.

Cheng, Z./Gao, B./Liu, T.-Y. (2010): Actively Predicting Diverse Serach Intent from User Browsing Behaviors, in: Proceedings of the 19th international conference on World Wide Web. Raleigh, North Carolina, USA, 2010, pp. 221-230.

Chin, W. W. (1998a): Issues and opinion on structural equation modelling, in: Management Information Systems Quarterly, Vol. 22, 1998, No. 1, pp. 7-16.

Chin, W. W. (1998b): The Partial Least Squares Approach to Structural Equation Modelling, in: Marcoulides, G.A. (ed.): Modern Methods for Business Research, Mahwah 1998, pp. 295-358.

Chin, W. W./Newsted, P. R. (1999): Structural Equation Modeling Analysis With Small Smaple Sizes USing Partial Least Squares, in: Hoyle, R. H. (ed.): Strategies for Small Sample Research, Thousand Oaks 1999, pp. 307-341.

Chmielewicz, K. (1994): Forschungskonzeptionen der Witschaftswissenschaft, 3. Aufl., Stuttgart 1994.

Cho, J./Roy, S. (2004): Impact of search engines on page popularity. Proceedings of the 13th international conference on World Wide Web. New York, New York, USA, 2004.

Choi, Y./Fontoura, M./Gabrilovich, E./Josifovski, V./Mediano, M./Pang, B. (2010): Using Landing Pages for Sponsored Search Ad Selection, in: Proceedings of the 19th international conference on World Wide Web. Raleigh, North Carolina, USA, 2010, pp. 251-260.

Christopherson, T./Grape, C. (2009): Die Erfassung latenter Konstrukte mit Hilfe formativer und reflektiver Messmodelle, in: Albers, S./Klapper, D./Konradt, U./Walter, A./Wolf, J. (Hrsg.): Methodik der empirischen Forschung, Wiesbaden 2009, S. 103-118.

Ciaramita, M./Murdock, V./Plachouras, V. (2008a): Semantic Associations for Contextual Advertising, in: Journal of Electronic Commerce Research, Vol. 9, 2008, No. 1, pp. 1-15.

Ciaramita, M./Murdock, V./Plachouras, V. (2008b): Online learning from click data for sponsored search, in: Proceeding of the 17th international conference on World Wide Web. Beijing, China, 2008, pp. 227-236.

Cohen, J. (1988): Statistical Power Analysis for the Behavioral Sciences, 2nd ed., Hillsdale 1988.

Coltman, T./Devinney, T. M./Midgley, D. F./Venaik, S. (2008): Formative versus reflective measurement models: Two applications of formative measurement, in: Journal of Business Research, Vol. 61, 2008, No. 12, pp. 1250-1262.

Constantin, F./Feldman, J./Muthukrishnan, S./Pal, M. (2008): Online Ad Slotting With Cancellations Fourth Workshop on Ad Auctions, Conference on Electronic Commerce (EC'08). Chicago, Illinois, USA, 2008.

Constantin, F./Rao, M./Huang, C.-C./Parkes, D. (2010): On Expressing Value Externalities in Position Auctions. Sixth Workshop on Ad Auctions, Conference on Electronic Commerce (EC'10). Cambridge, Massachusetts, USA, 2010.

Cooley, R./Mobasher, B./ Srivastava, J. (1999): Data preparation for mining world wide web browsing patterns, in: Knowledge and Information Systems, Vol. 1, 1999, No. 1, pp- 5-32.

Cramér, H. (1946): Mathematical Methods of Statistics, Princeton 1946.

Craswell, N./Zoeter, O./Taylor, M./Ramsey, B. (2008): An experimental comparison of click position-bias models. Proceedings of the international conference on Web search and Web data mining. Palo Alto, California, USA, 2008.

Cronbach, L. J. (1951): Coefficient alpha and the internal structure of tests, in: Psychometrika, Vol. 16, 1951, No. 3, pp. 297-334.

Dahlén, M./Murray, M./Nordenstamm (2004): An empirical study of perceptions of implicit meanings in World Wide Wed advertisements versus print advertisements, in: Journal of Marketing Communications, Vol. 10, 2004, No. 1, pp. 35-47.

Danescu-Niculescu-Mizil, C./Broder, A. Z./Gabrilovich, E./Josifovski, V./Pang, B. (2010): Competing for users' attention: on the interplay between organic and sponsored search results, in: Proceedings of the 19th international conference on World Wide Web. Raleigh, North Carolina, USA, 2010, pp. 291-300.

Dasdan, A./Kolay, S./Papadimitriou, P./Garcia-Molina, H. (2009): Output Bidding: A New Search Advertising Model Complementary to Keyword Bidding. Fifth Workshop on Ad Auctions, Conference on Electronic Commerce (EC'09). Stanford, California, USA, 2009.

Daswani, N./Mysen, C./Rao, V./Weis, S./Gharachorloo, K./Ghosemajumder, S. (2008): Online Advertising Fraud, in: Jakobsson, M./Ramzan, Z. (eds.): Crimeware: Understanding New Attacks and Defenses, Upper Saddle River 2008, pp. 325-353.

Daswani, N./Stoppelman, M. (2007): The Anatomy of Clickbot.A. Proceedings of the first conference on First Workshop on Hot Topics in Understanding Botnets. Cambridge, Massachusetts, USA, 2007.

Dellarocas, C./Viswanathan, S. (2008): The Holy Grail of Advertising? Allocative Efficiency and Revenue Implications of Pay-per-Action Advertising in Environments with Quality Uncertainty. Fourth Workshop on Ad Auctions, Conference on Electronic Commerce (EC'08). Chicago, Illinois, USA, 2008.

Diamantopoulos, A. (1999): Export performance measurement: reflective versus formative indicators, in: International Marketing Review, Vol. 16, 1999, No. 6, pp. 444-457.

Diamantopoulos, A./Riefler, P./Roth, K. P. (2008): Advancing formative measurement models, in: Journal of Business Research, Vol. 61, 2008, No. 12, pp. 1203-1218.

Diamantopoulos, A./Winklhofer, H. M. (2001): Index Construction with Formative Indicators: An Alternative to Scale Development, in: Journal of Marketing Research, Vol. 38, 2001, No. 2, pp. 269-277.

Diehl, J. M./Arbinger, R. (2001): Einführung in die Inferenzstatistik, 3. korr. Aufl., Eschborn 2001.

Diehl, S./Terlutter, R. (2006): Der Einfluss der Medien auf die Wirkung emotionaler Werbung – Wirkt emotionale Internetwerbung ähnlich wie emotionale Printwerbung? Ein interkultureller Vergleich in zwei Ländern, in: Marketing – Zeitschrift für Forschung und Praxis, 28. Jg., 2006, Nr. 3, S. 155-168.

Dijkstra, M./Buijtels, H. E. J. J. M./van Raaij, W. F. (2005): Separate and joint effects of medium type on consumer responses: a comparison of television, print, and the Internet, in: Journal of Business Research, Vol. 58, 2005, No. 3, pp. 377-386.

Dinev, T./Hu, Q./Yayla, A. (2008): Is There an On-line Advertisers' Dilemma? A Study of Click Fraud in Pay-Per-Click Model, in: International Journal of Electronic Commerce, Vol. 13, 2008, No. 2, pp. 29-59.

Dobzinsky, S./Lavi, R./Nisan, N. (2009): Multi unit auctions with budget limits. Foundation of Computer Science, Philadelphia, Pennsylvania, USA, 2009.

Dopichaj, P. (2009): Ranking-Verfahren für Web-Suchmaschinen, in: Lewandowski, D. (Hrsg.): Handbuch Internet-Suchmaschinen – Nutzerorientierung in Wissenschaft und Praxis, Heidelberg 2009, S. 101-115.

Dou, W./Lim, K. H./Su, C./Zhou, N./Cui, N. (2010): Brand Positioning Strategy Using Search Engine Marketing, in: MIS Quarterly, Vol. 34, 2010, No. 2, pp. 261-279.

Drèze, X./Hussherr, F.-X. (2003): Internet Advertising: Is Anybody Watching?, in: Journal of Interactive Marketing, Vol. 17, 2003, No. 4, pp. 8-23.

Eberl, M. (2006): Formative und reflektive Konstrukte und die Wahl des Strukturgleichungsverfahrens – Eine statistische Entscheidungshilfe, in: Die Betriebswirtschaft, 66. Jg., 2006, Nr. 6, S. 651-668.

Ebert, T. A. E./Raithel, S. (2009): Leitfaden zur Messung von Konstrukten, in: Schwaiger, M./Meyer, A. (Hrsg.): Theorien und Methoden der Betriebswirtschaft – Handbuch für Wissenschaftler und Studierende, München 2009, S. 511-540.

Edelman, B./Ostrovsky, M. (2005): Strategic Bidder Behavior in Sponsored Search Auctions. First Workshop on Sponsored Search Auctions, ACM Conference on Electronic Commerce (EC'05). Vancouver, Canada, 2005.

Edelman, B./Ostrovsky, M. (2007): Strategic bidder behavior in sponsored search auctions, in: Decision Support Systems, Vol. 43, 2007, No. 1, pp. 192-198.

Edelman, B./Ostrovsky, M./Schwarz, M. (2006): Internet Advertising and the Generalized Second Price Auction: Selling Billions of Dollars Worth of Keywords.

Second Workshop on Sponsored Search Auctions, ACM Conference on Electronic Commerce (EC'06). Ann Arbor, Michigan, USA, 2006.

Edelman, B./Ostrovsky, M./Schwarz, M. (2007): Internet Advertising and the Generalized Second-Price Auction: Selling Billions of Dollars Worth of Keywords, in: The American Economic Review, Vol. 97, 2007, No. 1, pp. 242-259.

Efron, B. (1979): Bootstrap Methods: Another Look at the Jackknife, in: The Annals of Statistics, Vol. 7, 1979, No. 1, pp. 1–26.

Efron, B. (1982): The Jackknife, the Bootstrap and other Resampling Plans, Society for Industrial and Applied Mathematics, Philadelphia 1982.

Efron, B. (2003): Second Thoughts on the Bootstrap, in: Statistical Science, Vol. 18, 2003, No. 2, pp. 135–140.

Efron, B./Gong, G. (1983): A Leisurely Look at the Bootstrap, the Jackknife and Cross-Validation, in: The American Statistician, Vol. 37, 1983, No. 1, pp. 36-48.

Efron, B./Tibishirani, R. J. (1993): An Introduction to the Bootstrap, New York 1993.

Elberse, A. (2008): Should You Invest in the Long Tail?, in: Harvard Business Review, Vol. 86, 2008, No. 7/8, pp. 88-96.

Erlhofer, S. (2011): Suchmaschinen-Optimierung – Das umfassende Handbuch, 5., akt. u. erw. Aufl., Bonn 2011.

Even-Dar, E./Feldman, J./Muthukrishnan, S./Mansour, Y. (2008): Position Auctions with Bidder-Specific Minimum Prices. Fourth Workshop on Ad Auctions, Conference on Electronic Commerce (EC'08). Chicago, Illinois, USA, 2008.

Even-Dar, E./Kearns, M./Wortman, J. (2007): Sponsored Search with Contexts. Third Workshop on Sponsored Search Auctions, International World Wide Web Conference (WWW2007). Banff, Canada, 2007.

Even-Dar, E./Mirrokni, V. S./Muthukrishnan, S./Mansour, Y./Nadav, U. (2009): Bid optimization for broad match ad auctions. Proceedings of the 18th international conference on World Wide Web. Madrid, Spain, 2009, pp. 231-240.

Fassott, G. (2006): Operationalisierung latenter Variablen in Strukturgleichungsmodellen: Eine Standortbestimmung, in: Zeitschrift für betriebswirtschaftliche Forschung, 58. Jg., 2006, Nr. 2, S. 67-88.

Fassott, G./Eggert, A. (2005): Zur Verwendung formativer und reflektiver Indikatoren in Strukturgleichungsmodellen: Bestandsaufnahme und Anwendungsempfehlung, in: Bliemel, F./Eggert, A./Fassott, G./Henseler, J. (Hrsg.): Handbuch PLS-Pfadmodellierung – Methode, Anwendung, Praxisbeispiele, Stuttgart 2005, S. 31-47.

Feldman, J./Mehta, A./Mirrokni, V./Muthukrishnan, S. (2009): Online Stochastic Matching: Beating 1-1/e. Proceedings of the 2009 50th Annual IEEE Symposium on Foundations of Computer Science. Atlanta, Georgia, USA, 2009, pp. 117-126.

Feng, J. (2008): Optimal Mechanism for Selling a Set of Commonly Ranked Objects, in: Marketing Science, Vol. 27, 2008, No. 3, pp. 501-512.

Feng, J./Bhargave, H. K./Pennock, D. M. (2003): Comparison of allocation rules for paid placement advertising in search engines, in: Proceedings of the 5th international conference on Electronic Commerce. Pittsburgh, Pennsylvania, USA, 2003, pp. 294-299.

Feng, J./Bhargave, H. K./Pennock, D. M. (2007): Implementing Sponsored Search in Web Search Engines: Computational Evaluation of Alternative Mechanisms, in: INFORMS Journal on Computing, Vol. 19, 2007, No. 1, pp. 137-148.

Ferber, R. (2003): Information Retrieval – Suchmodelle und Data-Mining-Verfahren für Textsammlungen und das Web, Heidelberg 2003.

Fornell, C. (1987): A Second Generation of Multivariate Analysis: Classifications of Methods and Implications for Marketing Research, in: Houston, M. j. (ed.): Review of Marketing, Chicago, 1987, pp. 407-450.

Fornell, C./Bookstein, F. L. (1982): Two Structural Equation Models: LISREL and PLS Applied to Consumer Exit-Voice Theory, in: Journal of Marketing Research, Vol. 19, 1982, No. 4, pp. 440-452.

Fornell, C./Cha, J. (1994): Partial Least Squares, in: Bagozzi, R. P. (ed.): Advanced Methods of Marketing Research, Cambridge 1994, pp. 52-78.

Fornell, C./Larcker, D. F. (1981): Evaluating structural equation models with unobservable variables and measurement errors, in: Journal of Marketing Research, Vol. 18, 1981, No. 1, pp. 39-50.

Fritz, W. (2004): Internet-Marketing und Electronic Commerce, 3. vollst. überarb. und erw. Aufl., Wiesbaden 2004.

Fuchs, D. (2007): Die marken- und wettbewerbsrechtliche Zulässigkeit von kontextabhängiger Suchmaschinenwerbung (Keyword Advertising), in: Wirtschaftsrechtliche Blätter, Bd. 21, 2007, S. 414-424.

Fuchs, C./Diamantopoulos, A. (2009): Using single-item measures for construct measurement in management research – Conceptual issues and application guidelines, in: Die Betriebswirtschaft, 69. Jg., 2009, Nr. 2, S. 195-210.

Gallagher, K./Foster, K. D./Parsons, J. (2001): The Medium is Not the Message: Advertising Effectiveness and Content Evaluation in Print and on the Web, in: Journal of Advertising Research Vol. 41, 2001, No. 4, pp. 57-70.

Gallagher, K./Parsons, J./Foster, K. D. (2001): A Tale of Two Studies: Replicating 'Advertising Effectiveness and Content Evaluation in Print and on the Web', in: Journal of Advertising Research, Vol. 41, 2001, No. 4, pp. 71-81.

Ganchev, K./Kulesza, A./Tan, J./Gabbard, R./Liu, Q./Kearns, M. (2007): Empirical Price Modeling for Sponsored Search. Third Workshop on Sponsored Search Auctions, International World Wide Web Conference (WWW2007). Banff, Canada, 2007.

Gandal, N. (2001): The dynamics of competition in the Internet search engine market, in: International Journal of Industrial Organization, Vol. 19, 2001, No.7, pp. 1103-1117.

Gandhi, M./Jakobsson, M./Ratkiewicz, J. (2006): Badvertisements: Stealthy Click-Fraud with Unwitting Accessories, in: Journal of Digital Forensic Practice, Vol. 1, 2006, No. 2, pp. 131-142.

Geisser, S. (1974): A predictive approach to the random effect model, in: Biometrika, Vol. 61, 1974, No. 1, pp. 101-107.

Geisser, S. (1975): The predictive sample reuse method with applications, in: Journal of the American Statistical Association, Vol. 70, 1975, No. 350, pp. 320-328.

Ghose, A./Yang, S. (2009): An Empirical Analysis of Search Engine Advertising: Sponsored Search in Electronic Markets, in: Management Science, Vol. 55, 2009, No. 10, pp. 1605-1622.

Ghosh, A./Mahdian, M. (2008): Externalities in online advertising. Proceeding of the 17th international conference on World Wide Web. Beijing, China, 2008.

Ghosh, A./Sayedi, A. (2009): Expressive Auctions for Externalities in Online Advertising. Fifth Workshop on Ad Auctions, Conference on Electronic Commerce (EC'09). Stanford, California, USA, 2009.

Glöggler, M. (2003): Suchmaschinen im Internet – Funktionsweisen, Ranking Methoden, Top Positionen, Berlin u. a. 2003.

Goel, A./Mahdian, M./Nazerzadeh, H./Saberi, A. (2008): Advertisement Allocation for Generalized Second Pricing Schemes Fourth Workshop on Ad Auctions, Conference on Electronic Commerce (EC'08). Chicago, Illinois, USA, 2008.

Goel, G./Mehta, A. (2008): Online budgeted matching in random input models with applications to Adwords. Proceedings of the nineteenth annual ACM-SIAM symposium on discrete algorithms. San Francisco, California, USA, 2008, pp. 982-991.

Goldfarb, A./Tucker, C. E. (2008): Search Engine Advertising: Pricing ads to context. Fourth Workshop on Ad Auctions, Conference on Electronic Commerce (EC'08). Chicago, Illinois, USA, 2008.

Goldfarb, A./Tucker, C. E. (2011): Search Engine Advertising: Channel Substitution When Pricing Ads to Context, in: Management Science, Vol. 57, 2011, No. 3, pp. 458-470.

Gomes, R./Immorlica, N./Markakis, E. (2009): Externalities in Keyword Auctions: an Empirical and Theoretical Assessment. Fifth Workshop on Ad Auctions, Conference on Electronic Commerce (EC'09). Stanford, California, USA, 2009.

Gonen, R./Vassilvitskii, S. (2008): Sponsored Search Auctions With Reserve Prices: Going Beyond Separability. Fourth Workshop on Ad Auctions, Conference on Electronic Commerce (EC'08). Chicago, Illinois, USA, 2008.

Goodman, J. (2005): Pay-Per-Percentage of Impressions: An Advertising Method that is Highly Robust to Fraud. First Workshop on Sponsored Search Auctions, ACM Conference on Electronic Commerce (EC'05). Vancouver, Canada, 2005.

Goodman, L. A./Kruskal, W. H. (1954): Measures of association for cross classifications, in: Journal of the American Statistical Association, Vol. 49, 1954, No. 268, pp. 732-764.

Götz, O./Liehr-Gobbers, K. (2004): Analyse von Strukturgleichungsmodellen mit Hilfe der Partial-Least-Squares-(PLS-)Methode, in: Die Betriebswirtschaft, 64. Jg., 2004, Nr. 6, S. 714-738.

Götz, O./Liehr-Gobbers, K./Krafft, M. (2010): Evaluation of Structural Equation Models Using the Partial Least Squares (PLS) Approach, in: Esposito Vinzi, V./Chin, W. W./Henseler, J./Wang, H. (eds.): Handbook of Partial Least Squares – Concepts, Methods and Applications, Berlin u. a. 2010, pp. 691-711.

Granka, L. A./Joachims, T./Gay, G. (2004): Eye-tracking analysis of user behavior in WWW search, in: Proceedings of the 27th annual international ACM SIGIR conference on Research and development in information retrieval. Sheffield, United Kingdom, 2004, pp. 478-479.

Ha, L. (2008): Online Advertising Research in Advertising Journals: A Review, in: Journal of Current Issues & Research in Advertising, Vol. 30, 2008, No. 1, pp. 31-48.

Haddadi, H. (2010): Fighting online click-fraud using bluff ads, in: ACM SIGCOMM Computer Communication Review, Vol. 40, 2010, No. 2, pp. 21-25.

Hafalir, I./Ravi, R./Sayedi, A. (2009): Sort-Cut: A Pareto-Optimal and Semi-Truthful Mechanism for Multi-Unit Auctions with Budget-Constrained Bidders. Fifth Workshop on Ad Auctions, Conference on Electronic Commerce (EC'09). Stanford, California, USA, 2009.

Hair, J. F./Black, W. C./Babin, B. J./Anderson, R. E./Tatham, R. L. (2010): Multivariate Data Analysis – A Global Perspective, 7th ed., Upper Saddle River 2010.

Hair, J. F./Ringle, C. M./Sarstedt, M. (2011): PLS-SEM: Indeed a silver bullet, in: Journal or Marketing Theory and Practice, Vol. 19, 2011, No. 2, pp. 139-151.

Hashimoto, T. (2010): Equilibrium Selection, Inefficiency, and Instability in Internet Advertising Auctions. Sixth Workshop on Ad Auctions, Conference on Electronic Commerce (EC'10). Cambridge, Massachusetts, USA, 2010.

Havlena, W./Cardarelli, R./de Montigny, M. (2007): Quantifying the Isolated and Synergistic Effects of Exposure Frequency for TV, Print, and Internet Advertising, in: Journal of Advertising Research, Vol. 47, 2007, No. 3, pp. 215-221.

Heinen, E. (1969): Zum Wissenschaftsprogramm in der entscheidungsorientierten Betriebswirtschaftslehre, in: Zeitschrift für Betriebwirtschaftslehre, 39. Jg., 1969, Nr. 4, S. 207-220.

Hempel, C. G./Oppenheim, P. (1948): Studies in the Logic of Explanation, in: Philosophy of Science, Vol. 15, 1948, No. 2, pp. 135-175.

Henseler, J./Ringle, C. M./Sinkovics, R. R. (2009): The use of partial least squares path modeling in international marketing, in: Sinkovics, R. R./Ghauri, P. N. (Hrsg.): Advances in International Marketing, Vol. 20, Bingley 2009, pp. 277-319.

Herrmann, A./Huber, F./Kressmann, F. (2006): Varianz- und kovarianzbasierte Strukturgleichungsmodelle – Ein Leitfaden zu deren Spezifikation, Schätzung und Beurteilung, in: Zeitschrift für betriebswirtschaftliche Forschung, 58. Jg., 2006, Nr. 2, S. 34-66.

Heukrodt-Bauer, S. (2006): Gefährliches Suchmaschinen-Marketing für Ihren Webshop, in: Internet World Business, o. Jg., 2006, Nr. 15, o. S.

Hinz, O./Eckert, J./Skiera, B. (2011): Drivers of the Long Tail Phenomenon: An Empirical Analysis, in: Journal of Management Information Systems, Vol. 27, 2011, No. 4, pp. 43-70.

Höchstötter, N./Lewandowski, D. (2009): What users see – Structures in search engine results pages, in: Information Sciences, Vol. 179, 2009, No. 12, pp. 1796-1812.

Hoffman, D. L./ Novak, T. P. (1996): Marketing in Hypermedia Computer-Mediated Environments: Conceptual Foundations, in: Journal of Marketing, Vol. 60, 1996, No. 3, pp. 50-68.

Hoffman, D. L./Novak, T. P. (2009): Flow Online: Lessons Learned and Future Prospects, in: Journal of Interactive Marketing, Vol. 23, 2009, No. 1, pp. 23-34.

Homburg, C./Baumgartner, H. (1995): Die Kausalanalyse als Instrument der Marketingforschung: Eine Bestandsaufnahme, in: Zeitschrift für Betriebswirtschaft, 65. Jg., 1995, Nr. 10, S. 1091-1108.

Homburg, C./Hildebrandt, L. (1998): Die Kausalanalyse: Bestandsaufnahme, Entwicklungsrichtungen, Problemfelder, in: Homburg, C./Hildebrandt, L. (Hrsg.): Die

Kausalanalyse – Instrument der empirischen betriebswirtschaftlichen Forschung, Stuttgart 1998, S. 15-43.

Homburg, C./Klarmann, M. (2006): Die Kausalanalyse in der empirischen betriebswirtschaftlichen Forschung – Problemfelder und Anwendungsempfehlungen, in: Die Betriebswirtschaft, 66. Jg., 2006, Nr. 6, S. 727-748.

Hotchkiss, G. (2006): Eye Tracking Report: Google, MSN and Yahoo! Compared – An In Depth Look at Interactions with Google, MSN & Yahoo! using eye Tracking Methodology, Enquiro Report 2006.

Hothckiss, G./Alston, S./Edwards, G. (2005): Eye Tracking Study – An In Depth Look at Interactions with Google using Eye Tracking Methodology, Enquiro Report 2005.

Huang, H./Kauffman, R. J. (2011): On the design of sponsored keyword advertising slot auctions: An analysis of a generalized second-price auction approach, in: Electronic Commerce Research and Applications, Vol. 10, 2011, No. 2, pp. 194-202.

Hulland, J. (1999): Use of Partial Least Squares (PLS) in Strategic Management Research: A Review of Four Recent Studies, in: Strategic Management Journal, Vol. 20, 1999, No. 2, pp. 195-204.

Hwang, H./Malhotra, N./Kim, Y. C./Tomiuk, M. A./Hong, S. (2010): A Comparative Study on Parameter Recovery of Three Approaches to Structural Equation Modeling, in: Journal of Marketing Research, Vol. 47, 2010, No. 4, pp. 699-712.

Hwang, H./Takane, Y. (2004): Generalized structured component analysis, in: Psychometrika, Vol. 69, 2004, No. 1, pp. 81-99.

IAB (2006): IAB Internet Advertising Revenue Report – An Industry Survey Conducted by PwC and Sponsored by the Interactive Advertising Bureau (IAB) 2005 Full Year Results, o. O. 2006.

IAB (2007): IAB Internet Advertising Revenue Report – An Industry Survey Conducted by PwC and Sponsored by the Interactive Advertising Bureau (IAB) 2006 Full Year Results, o. O. 2007.

IAB (2008): IAB Internet Advertising Revenue Report – An Industry Survey Conducted by PwC and Sponsored by the Interactive Advertising Bureau (IAB) 2007 Full Year Results, o. O. 2008.

IAB (2009): IAB Internet Advertising Revenue Report – An Industry Survey Conducted by PwC and Sponsored by the Interactive Advertising Bureau (IAB) 2008 Full Year Results, o. O. 2009.

IAB (2010): IAB Internet Advertising Revenue Report – An Industry Survey Conducted by PwC and Sponsored by the Interactive Advertising Bureau (IAB) 2009 Full Year Results, o. O. 2010.

IAB (2011): IAB Internet Advertising Revenue Report – An Industry Survey Conducted by PwC and Sponsored by the Interactive Advertising Bureau (IAB) 2010 Full Year Results, o. O. 2011.

IAB (2012): IAB Internet Advertising Revenue Report – An Industry Survey Conducted by PwC and Sponsored by the Interactive Advertising Bureau (IAB) 2011 Full Year Results, o. O. 2012.

Immorlica, N./Jain, K./Mahdian, M./Talwar, K. (2005): Click Fraud Resistant Methods for Learning Click-Through Rates, Internet and Network Economics, First International Workshop, WINE 2005, Hong Kong, China, 2005.

Iyengar, G./Kumar, A. (2006): Characterizing optimal keyword auctions. Second Workshop on Sponsored Search Auctions, ACM Conference on Electronic Commerce (EC'06). Ann Arbor, Michigan, USA, 2006.

Janetzko, D. (1999): Statistische Anwendungen im Internet – Daten in Netzumgebungen erheben, auswerten und präsentieren, München u. a. 1999.

Jansen, B. J. (2006a): Adversarial Information Retrieval Aspects of Sponsored Search, in: Proceedings of the Second Workshop on Adversarial Information Retrieval on the Web (AIRWeb 2006). Seattle, Washington, USA, 2006, pp. 33-36.

Jansen, B. J. (2006b): Search log analysis: What it is, what's been done, how to do it, in: Library and Information Science Research, Vol. 28, 2006, No. 3, pp. 407-432.

Jansen, B. J. (2007): The Comparative Effectiveness of Sponsored and Non-Sponsored Links for Web Ecommerce Queries, in: ACM Transactions on the Web, Vol. 1, 2007, No. 1, Article No. 3.

Jansen, B. J./Booth, D. L./Spink, A. (2008): Determining the informational, navigational, and transactional intent of Web queries, in: Information Processing and Management, Vol. 44, 2008, No. 3, pp. 1251-1266.

Jansen, B. J./Brown, A./Resnick, M. (2007): Factors relating to the decision to click on a sponsored link, in: Decision Support Systems, Vol. 44, 2007, No. 1, pp. 46-59.

Jansen, B. J./Mullen, T. (2008): Sponsored search: An overview of the concept, history, and technology, in: International Journal of Electronic Business, Vol. 6, 2008, No. 2, pp. 114-131.

Jansen, B. J./Resnick, M. (2005): Examining Searcher Perceptions of and Interactions with Sponsored Results. First Workshop on Sponsored Search Auctions, ACM Conference on Electronic Commerce (EC'05). Vancouver, Canada, 2005.

Jansen, B. J./Resnick, M. (2006): An Examination of Searcher's Perceptions of Nonsponsored and Sponsored Links During Ecommerce Web Searching, in: Journal of the American Society for Information Science and Technology, Vol. 57, 2006, No. 14, pp. 1949-1961.

Jansen, B. J./Spink, A. (2006): How are we searching the World Wide Web? A comparison of nine search engine transaction logs, in: Information Processing & Management, Vol. 42, 2006, No. 1, pp. 248-263.

Jansen, B. J./Spink, A. (2007): The Effect on Click-through of Combining Sponsored and Non-sponsored Search Engine Results in a Single Listing. Third Workshop on Sponsored Search Auctions, International World Wide Web Conference (WWW2007). Banff, Canada, 2007.

Jansen, B. J./Spink, A. (2009): Investigating Customer Click through Behavior with Integrated Sponsored and Non-sponsored Results, in: International Journal of Internet Marketing and Advertising, Vol. 5, 2009, No. 1/2, pp. 74-94.

Jansen, B. J./Spink, A./Blakely, C./Koshman, S. (2007): Defining a session on Web search engines, in: Journal of the American Society for Information Science & Technology, Vol. 58, 2007, No. 6, pp. 862-871.

Jarvis, C. B./MacKenzie, S. B./Podsakoff, P. M. (2003): A Critical Review of Construct Indicators and Measurement Model Misspecification in Marketing and Consumer Research, in: Journal of Consumer Research, Vol. 30, 2003, No. 2, pp. 199-218.

Jerath, K./Ma, L./Park, Y.-H./Srinivasan, K. (2011): A "Position Paradox" in Sponsored Search Auctions, in: Marketing Science, Vol. 30, 2011, No. 4, pp. 612-627.

Joachims, T./Granka, L./Pan, B./Hembrooke, H./Gay, G. (2005): Accurately Interpreting Clickthrough Data as Implicit Feedback. 28th annual international ACM SIGIR conference on Research and development in information retrieval. Salvador, Brazil, 2005.

Joachims, T./Granka, L./Pan, B./Hembrooke, H./Radlinski, F./Gay, G. (2007): Evaluating the Accuracy of Implicit Feedback from Clicks and Query Reformulations in Web Search, in: ACM Transactions on Information Systems, Vol. 25, 2007, No. 2, Article No. 7.

Johnson, E. J./Moe, W. W./Fader, P. S./Bellman, S./Lohse, G. L.(2004): On the Depth and Dynamics of Online Search Behavior, in: Management Science Vol. 50, 2004, No. 3, pp. 299-308.

Jones, M. Y./Gabler, J./Holden, S. J. S. (2004): URLs in Advertising: Australia Versus the US. The Tenth Australian World Wide Web Conference. Gold Coast, Australia, 2004.

Jones, R./Rey, B./Madani, O./Greiner, W. (2006): Generating query substitutions, in: Proceedings of the 15th international conference on World Wide Web. Edinburgh, Scotland, 2006.

Jonker, J. J./Piersma, N./Van den Poel, D. (2004): Joint Optimization of Customer Segmentation and Marketing Policy to Maximize Long-Term Profitability, Expert Systems with Applications, Vol. 27, 2004, No. 2, pp. 159-165.

Jöreskog, K. G. (1967): Some contributions to Maximum Likelihood factor analysis, in: Psychometrika, Vol. 32, 1967, No. 4, pp. 443-482.

Jöreskog, K. G. (1969): A general approach to confirmatory maximum likelihood factor analysis, in: Psychometrika, Vol. 34, 1969, No. 2, pp. 183-202.

Jöreskog, K. G. (1970): A general method for analysis of covariance structures, in: Biometrika, Vol. 57, 1970, No. 2, pp. 239-251.

Jöreskog, K. G. (1971): Simultaneous factor analysis in several populations, in: Psychometrika, Vol. 36, 1971, No. 4, pp. 409-426.

Jöreskog, K. G. (1973): A general method for estimating a linear structural equation system, in: Goldberg, A. S./Duncan, O. D. (eds.): Structural equation models in the social sciences, New York, 1973, pp. 85-112.

Jöreskog, K. G./Wold, H. O. A. (1982): The ML and PLS for modeling with latent variables: Historical and comperative aspects, in: Jöreskog, K. G./Wold, H. O. A. (eds.): Systems under indirect observations: Causalty, structure, prediction, Part 1, Amsterdam 1982, pp. 263-270.

Joshi, A./Motwani, R. (2006): Keyword Generation for Search Engine Advertising. 6th IEEE International Conference on Data Mining. Hong Kong, China, 2006.

Jung, S./Herlocker, J. L./Webster, J. (2007): Click data as implicit relevance feedback in web search, in: Information Processing and Management, Vol. 43 2007, No. 3, pp. 791-807.

Kabateck, B. S./Ghollian, A. (2010): Deterring Bad Faith Clicks: Can the Computer Fraud and Abuse Act Deter Internet Click Fraud Schemes?, in: The Computer & Internet Lawyer, Vol. 27, 2010, No. 7, pp. 1-6.

Kaiser, H. F. (1974): An Index of Factorial Simplicity, in: Psychometrika, Vol. 39, 1974, No. 1, pp. 31-36.

Kaiser, H. F./Rice, J. (1974): Little Jiffy, Mark IV, in: Educational and Psychological Measurement, Vol. 34, 1974, No. 1, pp. 111-117.

Kalczynski, P. J./Senecal, S./Nantel, J. (2006): Predicting On-Line Task Completion with Clickstream Complexity Measures: A Graph-Based Approach, in: International Journal of Electronic Commerce, Vol. 10, 2006, No. 3, pp. 121-141.

Kanso, A. M./Nelson, R. A. (2004): Internet and Magazine Advertising: Integrated Partnerships or Not?, in: Journal of Advertising Research, Vol. 44, 2004, No. 4, pp. 317-326.

Katona, Z./Sarvary, M. (2010): The Race for Sponsored Links: Bidding Patterns for Search Advertising, in: Marketing Science, Vol. 29, 2010, No. 2, pp. 199-215.

Kempe, D./Mahdian, M. (2008): A Cascade Model for Externalities in Sponsored Search. Fourth Workshop on Ad Auctions, Conference on Electronic Commerce (EC'08). Chicago, Illinois, USA, 2008.

Kempe, D./Mu'Alem, A./Salek, M. (2009): Envy-Free Allocations for Budgeted Bidders, in: Proceedings of the 5th International Workshop on Internet and Network Economics. Rome, Italy, 2009, pp. 537-544.

Kieser, A. (1995): Anleitung zum kritischen Umgang mit Organisationstheorien, in: Kieser, A. (Hrsg.): Organisationstheorien, 2., überarb. Aufl., Stuttgart u. a. 1995, S. 1-30.

Kitts, B./Laxminarayan, P./LeBlanc, B./Meech, R. (2005): A Formal Analysis of Search Auctions Including Predictions on Click Fraud and Bidding Tactics. First Workshop on Sponsored Search Auctions, ACM Conference on Electronic Commerce (EC'05). Vancouver, Canada, 2005.

Kitts, B./LeBlanc, B. (2004): Optimal Bidding on Keyword Auctions, in: Electronic Markets, Vol. 14, 2004, No. 3, pp. 186-201.

Kitts, B./LeBlanc, B./Meech, R./Laxminarayan, P. (2006): Click Fraud, in: Bulletin of the American Society for Information Science and Technology, Vol. 32, 2006, No. 2, pp. 20-23.

Kominers, S. D. (2009): Dynamic Position Auctions with Consumer Search, in: Proceedings of the 5th International Conference on Algorithmic Aspects in Information and Management. San Francisco, California, USA, 2009, pp. 240-250.

Konegen, N./Sondergeld, K. (1985): Wissenschaftstheorie für Sozialwissenschaftler – Eine problemorientierte Einführung, Opladen 1985.

Koshman, S./Spink, A./Jansen, B. J. (2006): Web searching on the Vivisimo search engine, in: Journal of the American Society for Information Science & Technology, Vol. 57, 2006, No. 14, pp. 1875-1887.

Kotler, P./Armstrong, (2006): Principles of Marketing, 11th ed., Upper Saddle River 2006.

Kroeber-Riel, W./Esch, F.-R. (2011): Strategie und Technik der Werbung – verhaltens- und neurowissenschaftliche Erkenntnisse, 7., akt. u. überarb. Aufl., Stuttgart 2011.

Kruskal, W. H./Wallis, W. A. (1952): Use of ranks in one-criterion variance analysis, in: Journal of the American Statistical Association, Vol. 47, 1952, No. 260, pp. 583-621.

Kshetri, N. (2010): The Economics of Click Fraud, in: IEEE Security and Privacy, Vol. 8, 2010, No. 3, pp. 45-53.

Kuhn, W. (1984): Marktsegmentierung zum Zwecke segmentspezifischer Werbepolitik, Würzburg 1984.

Kumar, E./Kohli, S. (2007): A Strategic Analysis of Search Engine Advertising in Web based-commerce, in: Journal of Internet Banking & Commerce, Vol. 12, 2007, No. 2, pp. 1-13.

Kumar, N./Lang, K. R./Peng, Q. (2005): Consumer Search Behavior in Online Shopping Environments, in: e-Service Journal, Vol. 3, 2005, No. 3, pp. 87-102.

Laffey, D. (2007): Paid Search: The innovation that changed the Web, in: Business Horizons, Vol. 50, 2007, No. 3, pp. 211-218.

Lahaie, S. (2006): An analysis of alternative slot auction designs for sponsored search. Proceedings of the 7th ACM conference on electronic commerce. Ann Arbor, Michigan, USA, 2006.

Lahaie, S./Pennock, D. M. (2007): Revenue analysis of a family of ranking rules for keyword auctions, in: Proceedings of the 8th ACM Conference on Electronic Commerce. San Diego, California, USA, 2007, pp. 50-56.

Leme, R. P./Tardos, E. (2009): Sponsored Search Equilibria for Conservative Bidders. Fifth Workshop on Ad Auctions, Conference on Electronic Commerce (EC'09). Stanford, California, USA, 2009.

Leong, E. K. F./Huang, X./Stanners, P.-J. (1998): Comparing the Effectiveness of the Web Site with Traditional Media, in: Journal of Advertising Research, Vol. 38, 1998, No. 5, pp. 44-51.

Levene, H. (1960): Robust Tests for Equality of Variances, in: Olkin, I./Ghurye, S. G./Hoeffding, W./Madow, W. G./Mann, H. B. (eds.): Contributions to Probability and Statistics – Essays in Honor of Harold Hotelling, Stanford 1960, pp. 278-292.

Lewandowski, D. (2005): Web searching, search engines and Information Retrieval, in: Information Services and Use, Vol. 25, 2005, No. 3, pp. 137-147.

Lewandowski, D. (2006): Query types and search topics of German Web search engine users, in: Information Services & Use, Vol. 26, 2006, No. 4, pp. 261-269.

Liang, L./Qi, Q. (2007): Cooperative or vindictive: bidding strategies in sponsored search auction. Proceedings of the 3rd international conference on Internet and network economics. San Diego, California, USA, 2007, pp. 167-178.

Lifshits, Y. and D. Nowotka (2007): Estimation of the Click Volume by Large Scale Regression Analysis, in: Diekert, V./Volkov, M./Voronkov, A. (eds.): Computer Science – Theory and Applications, Second International Symposium on Computer Science in Russia (CSR 2007), Ekaterinburg, Russia, Berlin u. a. 2007.

Lilliefors, H. (1967): On the Kolmogorov-Smirnov Test for Normality with Mean and Variance Unknown, in: Journal of the American Statistical Association, Vol. 62, 1967, No. 318, pp. 399–402.

Lim, W. S./Tang, C. S. (2006): An auction model arising from an Internet search service provider, in: European Journal of Operational Research, Vol. 172, 2006, No. 3, pp. 956-970.

Linden, G./Meek, C./Chickering, M. (2009): The Pollution Effect: Optimizing Keyword Auctions by Favoring Relevant Advertising. Fifth Workshop on Ad Auctions, Conference on Electronic Commerce (EC'09). Stanford, California, USA, 2009.

Liu, D./Chen, J. (2006): Designing online auctions with past performance information, in: Decision Support Systems, Vol. 42, 2006, No. 3, pp. 1307-1320.

Liu, D./Chen, J./Whinston, A. B. (2006): Weighted Unit Price Auctions. Second Workshop on Sponsored Search Auctions, ACM Conference on Electronic Commerce (EC'06). Ann Arbor, Michigan, USA, 2006.

Liu, D./Chen, J./Whinston, A. B. (2010): Ex Ante Information and the Design of Keyword Auctions, in: Information Systems Research, Vol. 21, 2010, No. 1, pp. 133-153.

Lohmöller, J. B. (1989): Latent Variable Path Modeling with Partial Least Squares, Heidelberg 1989.

Lutzky, C./Teichmann, M.-H. (2002): Logfiles in der Marktforschung: Gestaltungsoptionen für Analysezwecke, in: Jahrbuch der Absatz- und Verbrauchsforschung, 48. Jg., 2002, Nr. 3, S. 295-317.

MacCallum, R. C./Browne, M. W. (1993): The use of causal indicators in covariance structure models: Some practical issues, in: Psychological Bulletin, Vol. 114, 1993, No. 3, pp. 533-541.

Mahdian, M./Saberi, A. (2006): Multi-unit auctions with unknown supply. Proceedings of the 7th ACM conference on electronic commerce. Ann Arbor, Michigan, USA, 2006.

Mahdian, M./Tomak, K. (2008): Pay-Per-Action Model for On-line Advertising, in: International Journal of Electronic Commerce, Vol. 13, 2008, No. 2, pp. 113-128.

Malaga, R. A. (2007): The Value of Search Engine Optimization: An Action Research Project at a New E-Commerce Site, in: Journal of Electronic Commerce in Organizations, Vol. 5, 2007, No. 3, pp. 68-82.

Mamaghani, F. (2009): Search Engine Marketing: Techniques, Tools, and Utilization, in: Review of Business Research, Vol. 9, 2009, No. 3, pp. 130-137.

Mangàni, A. (2004): Online advertising: Pay-per-view versus pay-per-click, in: Journal of Revenue and Pricing, Vol. 2, 2004, No. 4, pp. 295-302.

Mann, H. B./Whitney, D. R. (1947): On a Test of Whether one of Two Random Variables is Stochastically Larger than the Other, in: The Annals of Mathematical Statistics, Vol. 18, 1947, No. 1, pp. 50-60.

Marcoulides, G. A./Saunders, C. (2006): PLS: A Silver Bullet?, in: MIS Quarterly, Vol. 30, 2006, No. 2, pp. 211-211.

Maxwell, S. E./Delaney, H. D. (2003): Designing Experiments and Analyzing Data – A Model Comparison Perspective, 2nd ed., Mahwah 2003.

Meek, C./Chickering, D. M./Wilson, D. B. (2005): Stochastic and Contingent-Payment Auctions. First Workshop on Sponsored Search Auctions, ACM Conference on Electronic Commerce (EC'05). Vancouver, Canada, 2005.

Mehta, A./Saberi, A./Vazirani, U./Vazirani, V. (2005): Adwords and generalized online matching. 46th Annual IEEE Symposium on Foundations of Computer Science (FOCS'05). Los Alamitos, California, USA, 2005, pp. 264-273.

Mehta, A./Saberi, A./Vazirani, U./Vazirani, V. (2007): AdWords and Generalized Online Matching, in: Journal of the ACM, Vol. 54, 2007, No. 5, pp. 1-19.

Moe, W. W. (2006): A field experiment to assess the interruption effect of pop-up promotions, in: Journal of Interactive Marketing, Vol. 20, 2006, No. 1, pp. 34-44.

Moe, W. W./Fader, P. S. (2004a): Capturing Evolving visit Behavior in Clickstream Data, in: Journal of Interactive Marketing, Vol. 18, 2004, No. 1, pp. 5-19.

Moe, W. W./Fader, P. S. (2004b): Dynamic Conversion Behavior at E-Commerce Sites, in: Management Science, Vol. 50, 2004, No. 3, pp. 326-335.

Montgomery, A. L./Li, S./Srinivasan, K./Liechty, J. C. (2004): Modeling Online Browsing and Path Analysis Using Clickstream Data, in: Marketing Science, Vol. 23, 2004, No. 4, pp. 579-595.

Moran, M./Hunt, B. (2006): Search Engine Marketing, Inc. – Driving Search Traffic to Your Company's Web Site, IBM Press, Upper Sadle River 2006.

Munzel, U./Brunner, E. (2000): Nonparametric methods in multivariate factorial designs, in: Journal of Statistical Planning and Inference, Vol. 88, 2000, No. 1, pp. 117-132.

Naik, P. A./Peters, K. (2009): A Hierarchical Marketing Communications Model of Online and Offline Media Synergies, in: Journal of Interactive Marketing, Vol. 23, 2009, No. 4, pp. 288-299.

Naik, P. A./Raman, K. (2003): Understanding the Impact of Synergy in Multimedia Communications, in: Journal of Marketing Research, Vol. 40, 2003, No. 4, pp. 375-388.

Naik, P. A./Raman, K./Winer, R. S. (2005): Planning Marketing-Mix Strategies in the Presence of Interaction Effects, in: Marketing Science, Vol. 24, 2005, No. 1, pp. 25-34.

Naldi, M./D'Acquisto, G./Italiano, G. F. (2010): The value of location in keyword auctions, in: Electronic Commerce Research and Applications, Vol. 9, 2010, No. 2, pp. 160-170.

Nettleton, D./Calderón-Benavides, L./Baeza-Yates, R. (2006): Analysis of Web Search Engine Query Sessions. Knowledge Discovery on the Web (WebKDD 2006), Workshop on Web Mining and Web Usage Analysis, held in conjunction with the 12th ACM SIGKDD International Conference on Knowledge Discovery and Data Mining (KDD 2006). Philadelphia, Pennsylvania, USA, 2006.

Nicholson, S./Sierra, T./Eseryel, U. Y./Park, J.-H./Barkow, P./Pozo, E. J./Ward, J. (2006): How Much of It Is Real? Analysis of Paid Placement in Web Search Engine Results, in: Journal of the American Society for Information Science and Technology, Vol. 57, 2006, No. 4, pp. 448-461.

Nieschlag, R./Dichtl, E./Hörschgen, H. (2002): Marketing, 19., überarb. u. erg. Aufl., Berlin 2002.

Novak, T. P./Hoffman, D. L./Yung, Y. F. (2000): Measuring the Customer Experience in Online Environments: A Structural Modeling Approach, in: Marketing Science, Vol. 19, 2000, No. 1, pp. 22-44.

Nunnally, J. C. (1978): Psychometric theory, 2nd ed., New York 1978.

Nysveen, H./Breivik, E. (2005): The influence of media on advertising effectiveness, in: International Journal of Market Research, Vol. 47, 2005, No. 4, pp. 383-405.

Olbrich, R. (2006): Marketing – Eine Einführung in die marktorientierte Unternehmensführung, 2., überarb. u. erw. Aufl., Berlin u. Heidelberg 2006.

Olbrich, R./Battenfeld, D./Buhr, C.-C. (2012): Marktforschung – Ein einführendes Lehr- und Übungsbuch, Berlin u. Heidelberg 2012.

Olbrich, R./Holsing, C. (2011): Modeling Consumer Purchasing Behavior in Social Shopping Communities with Clickstream Data, in: International Journal of Electronic Commerce, Special Issue on Social Commerce, Vol. 16, 2011, No. 2, pp. 15-40.

Olbrich, R./Schultz, C. D. (2008a): Suchmaschinenmarketing und Klickbetrug, in: Bortfeldt, A./Homberger, J./Kopfer, H./Pankratz, G./Strangmeier, R. (Hrsg.): Intelligente Entscheidungsunterstützung – Aktuelle Herausforderungen und Lösungsansätze, Festschrift für Hermann Gehring, Wiesbaden 2008, S. 255-271.

Olbrich, R./Schultz, C. D. (2008b): Suchmaschinenmarketing und Klickbetrug, in: Olbrich, R. (Hrsg.): Berichte aus dem Lehrstuhl für Betriebswirtschaftslehre, insbesondere Marketing, Forschungsbericht Nr. 16, FernUniversität in Hagen 2008.

Olbrich, R./Schultz, C. D. (2010a): Mehrkanalstrategien zur Gewinnung von Neukunden – Zur Wirkung eines parallelen Einsatzes von Printmedien und Suchmaschinenwerbung, in: Ahlert, D./Kenning, P./Olbrich, R./Schroeder, H. (Hrsg.): Multichannel-Management, Jahrbuch Vertriebs- und Handelsmanagement 2010/2011, Frankfurt a. M. 2010, S. 203-225.

Olbrich, R./Schultz, C. D. (2010b): Suchmaschinenmarketing, in: Olbrich, R. (Hrsg.): Berichte aus dem Lehrstuhl für Betriebswirtschaftslehre, insbesondere Marketing, Forschungsbericht Nr. 19, FernUniversität in Hagen 2010.

Ostrovsky, M./Schwarz, M. (2010): Reserve Prices in Internet Advertising Auctions: A Field Experiment. Sixth Workshop on Ad Auctions, Conference on Electronic Commerce (EC'10). Cambridge, Massachusetts, USA, 2010.

OVK (2006): OVK Online-Report 2006/02 – Zahlen und Trends im Überblick. Düsseldorf, 2006.

OVK (2007): OVK Online-Report 2007/02 – Zahlen und Trends im Überblick. Düsseldorf, 2007.

OVK (2008): OVK Online-Report 2008/02 – Zahlen und Trends im Überblick. Düsseldorf, 2008.

OVK (2009): OVK Online-Report 2009/02 – Zahlen und Trends im Überblick. Düsseldorf, 2009.

OVK (2010): OVK Online-Report 2010/02 – Zahlen und Trends im Überblick. Düsseldorf, 2010.

OVK (2011): OVK Online-Report 2011/02 – Zahlen und Trends im Überblick. Düsseldorf, 2011.

Özlük, Ö./Cholette, S. (2007): Allocating expenditures across keywords in search advertising, in: Journal of Revenue and Pricing Management, Vol. 6, 2007, No. 4, pp. 347-356.

Pandey, S./Roy, S./Olston, C./Cho, J./Chakrabarti, S. (2005): Shuffling a stacked deck: the case for partially randomized ranking of search engine results. Proceedings of the 31st international conference on very large data bases. Trondheim, Norway, 2005.

Panten, G./Boßow-Thies, S. (2007): Analyse kausaler Wirkungszusammenhänge mit Hilfe von Partial Least Squares (PLS), in: Söhnke, A./Klapper, D./Konradt, U./Wolf, J. (Hrsg.): Methodik der empirischen Forschung, 2., überarb. u. erw. Aufl., Wiesbaden 2007, S. 311-326.

Pardun, C. J./Lamb, L. (1999): Corporate Web sites in traditional print advertisements, in: Internet Research: Electronic Networking Applications and Policy, Vol. 9, 1999, No. 2, pp. 93-99.

Parkes, D. C./Sandholm, T. (2005): Optimize-and-Dispatch Architecture for Expressive Ad Auctions. First Workshop on Sponsored Search Auctions, ACM Conference on Electronic Commerce (EC'05). Vancouver, Canada, 2005.

Pavlou, P. A./Stewart, D. W. (2000): Measuring the Effects and Effectiveness of Interactive Advertising: A Research Agenda, in: Journal of Interactive Advertising, Vol. 1, 2000, No. 1, pp. 62-78.

Pelzer, G. (2011): Google Adwords Advanced – Zielgerichtetes Internet Marketing mit Google-Anzeigen, Zürich 2011.

Pfeiffer, M./Zinnbauer, M. (2010): Can Old Media Enhance New Media? How Traditional Advertising Pays off for an Online Social Network, in: Journal of Advertising Research, Vol. 50, 2010, No. 1, pp. 42-49.

Pirolli, P. L. T./Pitkow, J. E. (1999): Distributions of surfers' paths through the World Wide Web: Empirical characterizations, in: World Wide Web, Vol. 2, 1999, No. 1-2, pp. 29-45.

Pohle, C./Spiliopoulou, M. (2002): Building and Exploiting Ad Hoc Concept Hierarchies for Web Log Analysis, in: Kambayashi, Y./Winiwarter, W./Arikawa, M. (eds.): Data Warehousing and Knowledge Discovery, Proceedings of the 4th International Conference, DaWaK 2002, Aix-en-Provence, France, September 4-6, 2002, Vol. 2454 of Lecture Notes in Computer Science, Berlin, pp. 83-93.

Popper, K. R. (2005): Logik der Forschung, 11., durchges. u. erg. Aufl., hrsg. von H. Keuth, Tübingen, 2005.

Prasad, A./Sethi, S. P. (2009): Integrated marketing communications in markets with uncertainty and competition, in: Automatica, Vol. 45, 2009, No. 3, pp. 601-610.

Rabe, L. (2009): Suchmaschinen-Optimierung, in: Eisinger, T./Rabe, L./Thomas, W. (Hrsg.) Performance-Marketing – Erfolgsbasiertes Online-Marketing, 3., überarb. u. erw. Aufl., Göttingen 2009, S. 61-78.

Radlinski, F./Joachims, T. (2007): Active Exploration for Learning Rankings from Clickthrough Data, in: Proceedings of the ACM Conference on Knowledge Discovery and Data Mining (KDD), San Jose, California, USA, 2007, pp. 570-579.

Rangaswamy, A./Giles, C. L./Seres, S. (2009): A Strategic Perspective on Search Engines: Thought Candies for Practitioners and Researchers, in: Journal of Interactive Marketing, Vol. 23, 2009, No. 1, pp. 49-60.

Regelson, M./Fain, D. C. (2006): Predicting Click-Through Rate Using Keyword Clusters. Second Workshop on Sponsored Search Auctions, ACM Conference on Electronic Commerce (EC'06). Ann Arbor, Michigan, USA, 2006.

Reimer, K. (2009): Bootstrapping und andere Resampling-Methoden, in: Albers, S./Klapper, D./Konradt, U./Walter, A./Wolf, J. (Hrsg.): Methodik der empirischen Forschung, 3. erw. Aufl., Wiesbaden 2009, S. 521-536.

Reinartz, W./Haenlein, M./Henseler, J. (2009): An empirical comparison of the efficacy of covariance-based and variance-based SEM, in: International Journal of Research in Marketing, Vol. 26, 2009, No. 4, pp. 332-344.

Richardson, M./Dominowska, E./Ragno, R. (2007): Predicting Clicks: Estimating the Click-Through Rate for New Ads, in: Proceedings of the 16th international conference on World Wide Web. Banff, Canada, 2007.

Ringle, C. M. (2004): Kooperation in Virtuellen Unternehmungen, Wiesbaden 2004.

Ringle, C. M./Spreen, F. (2007): Beurteilung der Ergebnisse von PLS-Pfadanalysen, in: Das Wirtschaftsstudium, 36. Jg., 2007, Nr. 2, S. 211-216.

Ringle, C. M./Wende, S./Will, A. (2005): Smart PLS 2.0 (beta), University of Hamburg, unter: http://www.smartpls.de.

Rusmevichientong, P./Williamson, D. P. (2006): An adaptive algorithm for selecting profitable keywords for search-based advertising services, in: Proceedings of the 7th ACM conference on electronic commerce. Ann Arbor, Michigan, USA, 2006.

Rutz, O. J./Bucklin, R. E. (2007): A model of individual keyword performance in paid search advertising. Working Paper 2007.

Rutz, O. J./Bucklin, R. E. (2010): From Generic to Branded: A Model of Spillover in Paid Search Advertising, in: Journal of Marketing Research, Vol. 48, 2010, No. 1, pp. 87-102.

Rutz, O. J./Trusov, M./Bucklin, R. E. (2011): Modeling Indirect Effects of Paid Search Advertising: Which Keywords Lead to More Future Visits?, Marketing Science, Vol. 30, 2011, No. 4, pp. 646-665.

Santos, R. L. T./Macdonald, C./Ounis, I. (2010): Exploiting Query Reformulation for Web Search Diversification, in: Proceedings of the 19th international conference on World Wide Web, Raleigh, North Carolina, USA, 2010, pp. 881-890.

Sarstedt, M./Wilczynski, P. (2009): More for Less? A Comparison of Single-Item and Multi-Item Measures, in: Die Betriebswirtschaft, 69. Jg., 2009, Nr. 2, S. 211-227.

Scherm, E./Maaß, C. (2007): Suchmaschinen-Marketing, in: Das Wirtschaftsstudium, 36. Jg., 2007, Nr. 6, S. 822-825.

Schloderer, M. P./Ringle, C. M./Sarstedt, M. (2009): Einführung in die varianzbasierte Strukturgleichungsmodellierung. Grundlagen, Modellevaluation und Interaktionseffekte am Beispiel von SmartPLS, in: Schwaiger, M./Meyer, A. (Hrsg.): Theorien und Methoden der Betriebswirtschaft – Handbuch für Wissenschaftler und Studierende, München 2009, S. 573-601.

Schmidt-Mänz, N. (2007): Untersuchung des Suchverhaltens im Web – Interaktion von Internetnutzern mit Suchmaschinen, Hamburg 2007.

Scholderer, J./Balderjahn, I. (2005): PLS versus LISREL: Ein Methodenvergleich, in: Bliemel, F./Eggert, A./Fassott, G./Henseler, J. (Hrsg.): Handbuch PLS-Pfadmodellierung – Methode, Anwendung, Praxisbeispiele, Stuttgart 2005, S. 87-98.

Scholderer, J./Balderjahn, I. (2006): Was unterscheidet harte und weiche Strukturgleichungsmodelle nun wirklich? Ein Klärungsversuch zur LISREL-PLS-Frage, in: Marketing – Zeitschrift für Forschung und Praxis, 28. Jg., 2006, Nr. 1, S. 57-70.

Schultz, C. D. (2007): Consumer Trust in E-Commerce – An Analysis of Means Communicating Trustworthiness From a Buying Transaction Life Cycle Perspective, Hamburg 2007.

Schultz, C. D. (2009): Suchmaschinenmarketing, in: Lewandowski, D. (Hrsg.): Handbuch Internet-Suchmaschinen – Nutzerorientierung in Wissenschaft und Praxis, Heidelberg 2009, S. 70-98.

Schurz, G. (2006): Einführung in die Wissenschaftstheorie, Darmstadt 2006.

Schwaiger, M./Cannon, H. M./Numberger, S. (2011): Is two better than one? The impact of cross-media print and internet advertising in Germany, in: Communicative Business, Vol. 3, 2011, No. 1, pp. 7-26.

Schweitzer, M. (1978): Wissenschaftsziele und Auffassungen in der Betriebswirtschaftslehre – Eine Einführung, in: Schweitzer, M. (Hrsg.): Auffassungen und Wissenschaftsziele der Betriebswirtschaftslehre, Darmstadt 1978, S. 1-14.

Seltin, N./Keeves, J. P. (1994): Path analysis with latent variables, in: Husen, T./Postlethwaite, T. N. (eds.): International encyclopedia of education, 2nd ed., Oxford 1994, pp. 4352-4359.

Sen, R. (2005): Optimal Search Engine Marketing Strategy, in: International Journal of Electronic Commerce, Vol. 10, 2005, No. 1, pp. 9-25.

Sen, R./Bandyopadhyay, S./Hess, J. D./Jaisingh, J. (2008): Pricing Paid Placements on Search Engines, in: Journal of Electronic Commerce Research, Vol. 9, 2008, No. 1, pp. 33-50.

Sen, S./Padmanabhan, B./Tuzhilin, A./White, N./Stein, R. (1998): The identification and satisfaction of consumer analysis-driven information needs of marketers on the WWW, in: European Journal of Marketing: Special Issue on Marketing in Cyberspace, Vol. 32, 1998, No. 7/8, pp. 688-702.

Sentker, A./Drösser, C. (2006): Wissenschaft zwischen Wochenzeitung und Magazin: Zu wenig Zeit für Die Zeit, in: Wormer, H. (Hrsg.): Die Wissensmacher – Profile und Arbeitsfelder von Wissenschaftsredaktionen in Deutschland, Wiesbaden 2006, S. 62-79.

Shapiro, S. S./Wilk, M. B. (1965): An analysis of variance test for normality (complete samples), in: Biometrika, Vol. 52, 1965, No. 3-4, pp. 591-611.

Sheehan, K. B./Doherty, C. (2001): Re-Weaving the Web: Integrating Print and Online Communications, in: Journal of Interactive Marketing, Vol. 15, 2001, No. 2, pp. 47-59.

Shij, T. D./Piron, F. (2002): Advertising agencies and advertisers' perceptions of internet advertising, in: International Journal of Advertising, Vol. 21, 2002, No. 3, pp. 381-397.

Silk, A. J./Klein, L. R./Berndt, E. R. (2001): The Emerging Position of the Internet as an Advertising Medium, in: Netnomics, Vol. 3, 2001, No. 2, pp. 129-148.

Simon, J. L./Arndt, J. (1980): The Shape of the Advertising Response Function, in: Journal of Advertising Research, Vol. 20, 1980, No. 4, pp. 11.

Singh, S. K./Roychowdhury, V. P. (2008): To Broad-Match or Not to Broad-Match: An Auctioneer's Dilemma? Fourth Workshop on Ad Auctions, Conference on Electronic Commerce (EC'08). Chicago, Illinois, USA, 2008.

Sismeiro, C./Bucklin, R. E. (2004): Modeling Purchase Behavior at an E-Commerce Web Site: A Task-Completion Approach, in: Journal of Marketing Research, Vol. 41, 2004, No. 3, pp. 306-323.

Skiera, B./Spann, M. (2000): Werbeerfolgskontrolle im Internet, in: Controlling, 12. Jg., 2000, Nr. 8/9, S. 417-423.

Skiera, B./Eckert, J./Hinz, O. (2010): An analysis of the importance of the long tail in search engine marketing, in: Electronic Commerce Research and Applications, Vol. 9, 2010, No. 6, pp. 488-494.

Skiera, B./Gerstmeier, E./Stepanchuk, T. (2008): Stichwort Suchmaschinenmarketing, in: Die Betriebswirtschaft, 68. Jg., 2008, Nr. 1, S. 113-118.

Sosik, J. J./Kahai, S. S./Piovoso, M. J. (2009): Silver Bullet or Voodoo Statistics? A Primer for Using the Partial Least Squares Data Analytic Technique in Group and Organization Research, in: Group & Organization Management, Vol. 34, 2009, No. 1, pp. 5-36.

Spink, A./Jansen, B. J. (2004): Web Search: Public Searching of the Web. New York u. a. 2004.

Stegmüller, W. (1969): Probleme und Resultate der Wissenschaftstheorie und der Analytischen Philosophie, Band 1: Wissenschaftliche Erklärung und Begründung, Berlin 1969.

Stock, W. G. (2007): Information-Retrieval – Informationen suchen und finden, München 2007.

Stone, M. (1974): Cross-Validatory Choice and Assessment of Statistical Predictions, in: Journal of the Royal Statistical Society, Vol. 36, 1974, No. 2, pp. 111-147.

Stuber, L. (2004): Suchmaschinen-Marketing – Direct Marketing im Internet, Zürich 2004.

Sundar, S. S./Narayan, S./Obregon, R./Uppal, C. (1998): Does Web Advertising Work? Memory for Print vs. Online Media, in: Journalism and Mass Communication Quarterly, Vol. 75, 1998, No. 4, pp. 822-835.

Szymanski, B. K./Lee, J.-S. (2006): Impact of ROI on Bidding and Revenue in Sponsored Search Advertisement Auctions Second Workshop on Sponsored Search Auctions, ACM Conference on Electronic Commerce (EC'06). Ann Arbor, Michigan, USA, 2006.

Tauberger, J. (2008): Konsumentengerichtete Verkaufsförderung – Verfahren zur Wirkungsmessung auf der Basis von POS-Daten, in: Olbrich, R. (Hrsg.): Schriftenreihe Marketing, Handel und Management, Band 7, Lohmar und Köln 2008.

Temme, D. (2006): Die Spezifikation und Identifikation formativer Messmodelle der Marketingforschung in Kovarianzstrukturanalysen, in: Marketing – Zeitschrift für Forschung und Praxis, 28. Jg., 2006, Nr. 3, S. 183-196.

Temme, D./Kreis, H./Hildebrandt, L. (2009): PLS path modeling – A software review, in: Esposito Vinzi, V./Chin, W. W./Henseler, J./Wang, H. (eds.): Handbook of Partial Least Squares – Concepts, Methods and Applications, Berlin u. a. 2009, pp. 737-756.

Tenenhaus, M./Vinzi, V. E./Chatelin, Y.-M./Lauro, C. (2005): PLS path modeling, in: Computational Statistics & Data Analysis, Vol. 48, 2005, No. 1, pp. 159-205.

Trusov, M./Bucklin, R. E./Pauwels, K. (2009): Effects of Word-of-Mouth Versus Traditional Marketing: Findings from an Internet Social Networking Site, in: Journal of Marketing, Vol. 73, 2009, No. 5, pp. 90-102.

Tuzhilin, A. (2006): The Lane's Gifts vs. Google Report, abrufbar unter: http://googleblog.blogspot.com/pdf/Tuzhilin_Report.pdf [Stand: 18.04.2012].

Tyacke, N./Higgins, R. (2004): Searching for trouble – keyword advertising and trade mark infringement, in: Computer Law & Security Report, Vol. 20, 2004, No. 6, pp. 453-465.

Vakratsas, D. (2005): Advertising response models with managerial impact: an agenda for the future, in: Applied Stochastic Models in Business and Industry, Vol. 21, 2005, No. 4-5, pp. 351-361.

Vakratsas, D./Ma, Z. (2005): A Look at the Long-run Effectiveness of Multimedia Advertising and Its Implications for Budget Allocation Decisions, in: Journal of Advertising Research, Vol. 45, 2005, No. 2, pp. 241-254.

Van den Poel, D./Buckinx, W. (2005): Predicting online-purchasing behavior, in: European Journal of Operational Research, Vol. 166, 2005, No. 2, pp. 557-575.

Varian, H. R. (2006): Position auctions, in: International Journal of Industrial Organization, Vol. 25, 2006, No. 6, pp. 1163-1178.

Venkatesan, R./Kumar, V. (2004): A Customer Lifetime Value Framework for Customer Selection and Resource Allocation Strategy, in: Journal of Marketing Vol. 68, 2004, No. 4, pp. 106-125.

Vidyasagar, N. (2004): India's secret army of online ad 'clickers', in: The Times of India Online, May 3rd, 2004.

Vorobeychik, Y./Reeves, D. M. (2007): Equilibrium analysis of dynamic bidding in sponsored search auctions, in: Proceedings of the 3rd international conference on Internet and network economics. San Diego, California, USA, 2007, pp. 155-166.

Vorobeychik, Y./Reeves, D. M. (2008): Equilibrium analysis of dynamic bidding in sponsored search auctions, in: International Journal of Electronic Business, Vol. 6, 2008, No. 2, pp. 172-193.

Wakolbinger, L. M./Denk, M./Oberecker, .K (2009): The Effectiveness of Combining Online and Print Advertisements: Is the Whole Better Than the Individual Parts?, in: Journal of Advertising Research, Vol. 49, 2009, No. 3, pp. 360-372.

Weiber, R./Adler, J. (1995): Informationsökonomisch begründete Typologisierung von Kaufprozessen, in: Schmalenbachs Zeitschrift für betriebswirtschaftliche Forschung, 47. Jg., 1995, Nr. 1, S. 43-65.

Weiber, R./Mühlhaus, D. (2010): Strukturgleichungsmodellierung – Eine anwendungsorientierte Einführung in die Kausalanalyse mit Hilfe von AMOS, SmartPLS und SPSS, Heidelberg 2010.

Wertz, C./Linn, R./Jöreskog, K. (1974): Intraclass reliability estimates: Testing structural assumptions, in: Educational and Psychological Measurement, Vol. 34, 1974, No. 1, pp. 25-33.

Wetzels, M./Odekerken-Schröder, G./van Open, C. (2009): Using PLS Modeling for Assessing Hierarchical Construct Models: Guidelines and Empirical Illustration, in: MIS Quarterly, Vol. 33, 2009, No. 1, pp. 177-195.

White, R. W./Bailey, P./Chen, L. (2009): Predicting user interests from contextual information, in: Proceedings of the 32nd international ACM SIGIR conference on research and development in information retrieval. New York, New York, USA, 2009, pp. 363-370.

Wilbur, K. C./Zhu, Y. (2009): Click Fraud, in: Marketing Science, Vol. 28, 2009, No. 2, pp. 293-308.

Wilcoxon, F. (1945): Individual Comparisons by Ranking Methods, in: Biometrics Bulletin, Vol. 1, 1945, No. 6, pp. 80–83.

Winer, R. S. (2009): New Communications Approaches in Marketing: Issues and Research Directions, in: Journal of Interactive Marketing, Vol. 23, 2009, No. 2, pp. 108-117.

Wold, H. O. A. (1966): Estimation of Principal Components and Related Models by Iterative Least Squares, in: Krishnaiah, P. R. (ed.): Multivariate Analysis, New York 1966, pp. 391-420.

Wold, H. O. A. (1975): Path models with latent variables: the NIPALS approach, in: Blalock, H. M./Aganbegian, A./Borodkin, F. M./Boudon, R./Capecchi, V. (eds.): Quantative sociology: International perspectives on mathematical and statistical model building, New York 1975, pp. 307-357.

Wold, H. O. A. (1980): Model Construction and Evaluation When Theoretical Knowledge Is Scarce – Theory and Application of Partial Least Squares, in: Kmenta, J./Ramsey, J. B. (eds.): Evaluation of Econometric Models, New York u. a. 1980, pp. 47-74.

Wold, H. O. A. (1982): Soft modelling: The basic design and some extensions, in: Jöreskog, K. G./Wold, H. O. A. (eds.): Systems under indirect observations: Causality, structure, prediction, Part 2, Amsterdam 1982, pp. 1-54.

Xue, G.-R./Zeng, H.-J./Chen, Z./Yu, Y./Ma, W.-Y./Xi, W./Fan, W. (2004): Optimizing Web Search Using Web Click-through Data, in: Proceedings of the thirteenth ACM international conference on Information and knowledge management. Washington, District of Columbia, USA, 2004, pp. 118-126.

Yang, S./Ghose, A. (2010): Analyzing the Relationship Between Organic and Sponsored Search Advertising: Positive, Negative, or Zero Interdependence?, in: Marketing Science, Vol. 29, 2010, No. 4, pp. 585-601.

Yao, S./Mela, C. F. (2011): A Dynamic Model of Sponsored Search Advertising, Marketing Science, Vol. 30, 2011, No. 3, pp. 447-468.

Yih, W.-t./Goodman, J./Carvalho, V. R. (2006): Finding Advertising Keywords on Web Pages, in: Proceedings of the 15th international conference on World Wide Web. Edinburgh, Scotland, 2006, pp. 213-222.

Yoo, C. Y. (2009): Effects beyond click-through: Incidental exposure to web advertising, in: Journal of Marketing Communications, Vol. 15, 2009, No. 4, pp. 227-246.

Yoon, S.-J./Kim, J.-H. (2001): Is the Internet More Effective Than Traditional Media? Factors Affecting the Choice of Media, in: Journal of Advertising Research Vol. 41, 2001, No. 6, pp. 53-60.

Yoon, H.-S./Lee, D.-H. (2007): The exposure effect of unclicked banner advertisements, in: Advances in International Marketing, Vol. 7, 2007, w/o No., pp. 211-229.

Zhang, X./Feng, J. (2005): Price cycles in online advertising auctions, in: Proceedings of the 26th International Conference on Information Systems (ICIS 2005). Las Vegas, Nevada, USA, 2005, pp. 769-781.

Zhou, Y./Lukose, R. (2006): Vindictive Bidding in Keyword Auctions. Second Workshop on Sponsored Search Auctions, ACM Conference on Electronic Commerce (EC'06). Ann Arbor, Michigan, USA, 2005.

Zundel, S. (1995): Der methodologische Status der Rationalitätsannahme in der Ökonomie. Berlin 1995.